装备科技译著出版基金

构建全面 IT 安全规划

——实用指南和最佳实践

Building a Comprehensive IT Security Program:
Practical Guidelines and Best Practices

［美］Jeremy Wittkop（杰里米·维特科普） 著

马宏斌　王英丽　译

国防工业出版社

·北京·

著作权合同登记　图字：军-2021-003 号

图书在版编目（CIP）数据

构建全面 IT 安全规划/（美）杰里米·维特科普（Jeremy Wittkop）
著；马宏斌，王英丽译. —北京：国防工业出版社，2022.12
书名原文：Building a Comprehensive IT Security Program
ISBN 978-7-118-12598-6

I. ①构… II. ①杰… ②马… ③王… III. ①信息安全—安全
技术 IV. ①TP309

中国版本图书馆 CIP 数据核字（2022）第 194793 号

※

国防工业出版社出版发行

（北京市海淀区紫竹院南路 23 号　邮政编码 100048）
北京虎彩文化传播有限公司印刷
新华书店经售

*

开本 710×1000　1/16　印张 13½　字数 272 千字
2022 年 12 月第 1 版第 1 次印刷　印数 1—1500 册　定价 178.00 元

（本书如有印装错误，我社负责调换）

国防书店：（010）88540777　　书店传真：（010）88540776
发行业务：（010）88540717　　发行传真：（010）88540762

献 给

我的父母，感谢他们一直陪伴着我；

罗伯和恰克，他们一次次给我机会；

我的妻子，在这疯狂的旅途中一直爱着我。

特别感谢，格雷厄姆·莱尔德和 Apress 出版社使这一切成真。

前　言

　　我着手写的是源于我自身经历的关于信息安全的书，这还要从我在美国陆军服役时说起。在军队的那段时间里，我开始热衷于保护那些面对威胁却因无法自保而备受伤害的人。那段时间里，我亲历了大量信息的产生，而这些信息即便是良性的，一旦被披露，也会伤害到我的战友，甚至造成他们的死亡。那时我还不知道该如何描述或应用关键资产保护。此外，那段时间里，无人驾驶飞机和无人机在战场上首次亮相。无人机早期，信息是以一种未经加密的方式传输，从机身发送到无人机操作员和地面人员的。令人难以置信的是，这些军方的保密传输居然是可以被轻松拦截的。

　　离开军队并大学毕业后，我在音乐行业找到了一份工作。由于种种原因，我觉得这个行业并不适合我，但也正是那段经历使我着迷于知识产权法律，并亲身见证了知识产权没有得到适当保护时，对个人和组织造成的经济损害。

　　在完成国防合同之后，我辗转到了科罗拉多州的城堡岩，在那里，与罗伯特·艾格布雷希特的相遇彻底改变了我的生活。当时，罗伯特经营着一家名为 BEW Global 的小公司，也就是 InteliSecure 公司的前身。由此我找到了我的人生目标，那就是保护那些无法保护自己的人，以及那些在飞速发展、瞬息万变的网络世界中，对于他们至关重要的信息。

　　我写这本书是为了帮助人们了解我们面临的问题，并激发他们的希望，去相信如果选择直面这些挑战，问题就能够被解决。我衷心地希望，读到这本书的每一位读者都能够理解这场遍布全球，帮助合法企业对抗可能造成重大财务损失的威胁的斗争。我还将努力向每个读者介绍如何构建一个全面 IT 安全规划，以保护他们组织的信息。我们的最终目标是帮助安全专业人士和商业领袖更好地沟通，在相互尊重的基础上共同努力，共同解决复杂的难题。

　　获得所有这些经验的过程，是我一生中最有益的经历之一。写这本书于我来说也是一种奇妙的经历。感谢你们的阅读，希望你们也能发现和我一样有价值的见解。希望你们喜欢阅读这本书，就像我喜欢写这本书一样。

目　录

第 1 章　我们正面临的问题

你们是否坐在过刚遭受完网络攻击的会议室里？要我说，那绝对是可怕的经历。所有的首席执行官（CEO）、首席信息安全官（CISO）和首席信息官（CIO）都盯着窗外默默地摇着头，琢磨自己的人生是不是已经被这次攻击毁掉了，以及接下来几个月里他们的组织会遭受什么变故，又有多少人会因此被辞退。太多的人双手捧着头，思量着这次网络攻击对这个他们付出毕生心血的组织造成的伤害。他们也不免想到，即便渡过危机，又有多少家庭因为不可避免的裁员而受到牵连。彼时他们会问自己一个核心的问题，一个我过去几年来一直在努力想要去回答的问题，一个驱使我寻找其答案，并最终在本书中分享经验、想法、观察和研究的问题：为什么我们无法保护敏感数据的安全？

曾经，发生这种情况的原因，要么是私营企业的高层没有给予足够的重视，要么是组织没有足够的资金来保护自己。然而只需浏览上市公司 10-K 表格的风险因素部分，或者简单看看网络安全公司的盈利能力和产品的数量就能明白，我们所面临的挑战显然不是投入不足，或是没有意识到网络威胁显而易见的危害。和我聊过的很多高管告诉我，他们一直在这个问题上花着钱，但是攻击的范围和流行率却仍在持续增长。对于许多公司来说，重大网络攻击的威胁无疑是一直存在的。如果信息安全措施的不足不是资金或人为导致的，那为什么我们的努力总是受挫？作为商业上的一个集体，我们如何保护我们最重要的信息，或说服其他人相信采取信息安全措施的重要性，并保护高管免受网络丛林的摧残与吞噬，而正如我们努力解决的任何其他问题一样，我们必须从明确的定义开始。

1.1　网络威胁形势

"据美联社报道，美国情报官员表示，网络犯罪目前已超越恐怖主义成为美国国家安全的最大威胁。"（http://blog.trendmicro.com/cyber-attacks considered-top-national-security-threat/）你可以仔细品味一下这则声明：虽然新闻报道中基地组织、伊斯兰国际组织、哈马斯和无数其他极端组织占据着大量的篇幅，美国国家安全的最大威胁却是网络犯罪。这个问题也不单单发生在美国。事实上，互联网已经打破了距离对犯罪的限制。在没有互联网之前，我如果想要窃取你的信用卡，就必须离你足够近，才能将那张卡从你手中抢走。那种不连通性不单单显著限制了窃取你信用卡的条件，还使得犯罪分子每次只能窃取一张卡。而现在，犯罪分子可以穿着睡衣喝着咖啡就偷走数以百万计的信用卡或是攻击成千上万的组织。此外，在互联网某处还有一整个不为人知的非法市场的存在，即"暗网"。暗网是一个数字黑市，充斥着各种各样的非法活动、赃物、服务和信息买卖。暗网的匿名性使得它是黑客、破解者和程序员利用他们与一般人之间的巨大知识差距来获取个人利益的众多途径之一。这些技术精湛的个人可能是独立个体，也可能隶属于某些团体。

在互联网打破了局限之后，拥有高超技术的国家、团体和个人就有机会从那些没有相对应防范技术的人手中窃取财富，目标包含但不限于需要权限访问的金融工具、身份，以及任何在暗网上有交易价值的信息。而当国家中的某个企业的信息被盗时，该国的每一个人都会受到影响，因为经济体内的个体都是相互关联的。

根据 McAfee 的《净损失：估算网络犯罪的全球成本》报告（http://www.mcafee.com/us/resources/reports/rp-economic-impact-cybercrime2.pdf），美国每年在网络犯罪方面的损失占国内生产总值的 0.64%。2013 年，美国国内生产总值为 16.77 万亿美元，这意味着在那一年，美国就有大约 1070 亿美元的损失源于网络犯罪。按国内生产总值的占比来算，网络犯罪带来的损失相当于每年损失 1.5 亿个就业岗位中的 40 万个左右（参考目前的就业统计数据）。网络犯罪是一个全球性的问题，但它毫无疑问对发达国家的影响更大。像 911 事件那样的恐怖主义诚然对美国经济造成了重大而持久的影响，死亡的人数、影像直观展示出的死亡和破坏所带来的冲击力也的确引起了持续性的关注。网络犯罪，相比那种暴力极端主义或恐怖主义，却更为普遍，也更有可能对个人和组织有直接的影响。另外，不同于网络威胁的是，个体面对恐怖袭击时往往是无能为力的。有关恐怖主义，让我想起了自己被派往伊拉克时常常对母亲说的一句话："担心就像摇椅，它多多少少都会影响你，但是不会让现状有任何改变。"这并不是说一般人不应该对恐怖主义有所顾虑，就像我的母亲必然为我在伊拉克的服役感到焦虑，但花费大量的时间去担心你无法控制的情况是没什么用的。然而，对于商业领袖来说，网络威胁却的的确确是他们能够切实防护的。因此，重要的是了解威胁形势，并采取措施保护自身和组织免受灾难性的危害。

从宏观经济学的角度来看，网络犯罪日益盛行导致了供给方面回报和创新动力的降低，与此同时，消费者信心的下降也导致了经济模式中需求方面的减少。简而言之，消费支出的减少和知识产权数量的减少对美国经济造成了重大的间接影响，这要比攻击行为对国内生产总值的直接影响难以衡量得多。在其他发达经济体系和全球富裕人士之间也有类似的情形。而发展中国家，像南美洲许多不断增长的经济体以及非洲部分地区，如果不能保护公民的想法和他们从中合法获利的权利，将面临移民的可能，导致人才流失和随之而来的该国地区的经济发展迟缓，生活质量下降。

对于想要在全球或地区基础上研究网络犯罪对经济影响的人，可供参考的研究数量越来越多。这种研究的重点是了解网络犯罪、网络恐怖主义和行业间谍活动对美国国家安全的影响程度，并推断这些影响对全球其他发达国家的影响程度。了解威胁程度的目的不是让局势显得绝望；相反，它能为组织和政府提供一个支出水平的参考，让他们能选择适当的对策面对威胁。

面对来自资金充足且经验丰富的攻击者的针对性攻击，个体企业不太可能拥有成功防御此类攻击所需的能力。虽然此时情况比较糟糕，但是仍会存在一线希望，因为在评估攻击目标时，攻击者通常会进行某种成本效益分析。举个例子来说，假设你和 4 个朋友在森林里露营时被熊袭击了，你不需要跑得比熊快；你只需要超过你 4 个朋友中最慢的人就没有关系。同样，组织不需要构建完全不受网络攻击的防御机制，当然很多人会说这反正也不可能，倒不如让攻击者需要花费在你身上的工作量、时间、金钱和精力足够高，让他们在看着成本效益分析时会想："不如我们去攻击其他更好攻击的组织吧。"

那么对于一个组织来说，什么是合适的对策呢？回答这个问题的第一步是明确不同的威胁源以及他们的目标信息。联邦调查局 FBI 7 个部门的刑事、网络、应对和服务部门执行副总监理查德·A. 麦克菲利（Richard A. McFeely）说："我们在网络领域的对手包括那些来自民族国家（mation-states），窥探我们秘密和知识产权的间谍；想窃取我们的身份和财产的有组织的犯罪分子；企图袭击我们的电网、供水或和其他基础设施的恐怖分子；以及试图发表政治或社会宣言的黑客组织。"

> **注释** 可以说，也有独立行事的罪犯想利用他们的技术来赚取非法利润。而本书中，我们将把这类人也归为有组织的犯罪分子，因为即便他们独立行事，在资源，技术和犯罪动机方面也不免与有组织犯罪集团密切相关。

执行攻击时，每个威胁源都有各自不同的特点、目标、动机、策略、攻击手段和攻击步骤。针对不同攻击者的防护措施也应因他们各自的动机和手段而异。作为构建全面安全规划的至关重要的一步，我们需要明确组织中存在什么有价值且易受攻击的资产，并考虑哪个或哪些威胁源会将那些资产列为攻击目标。

在继续介绍威胁类别之前需要明确的是，威胁源和他们的目标并不是一成不变的。信息安全团队和专业人员有责任及时了解来自威胁源的风吹草动，以及他们可能瞄准的信息。一般来说，威胁源的类别会保持相对稳定，而他们的目标信息类型则可能会改变。举例来讲，从理查德·A. 麦克菲利说出那句话到我写下这本书的 3 年间，没有什么新类型的有组织威胁源出现，但有一些威胁源就改变了他们的关注重点，而在某些情况下，同一时期内他们甚至会有多次目标的改变。

1.2 动机问题

每个威胁源都有独特的策略、手段、协议和目标，这让我们有机会在攻击发生后，通过有效的取证调查来确定可能的罪魁祸首。然而，为了分类防范各式攻击，最重要的是考虑攻击者的动机。每个威胁源的动机都不是绝对的，但有足够的证据表明，其动机模式都可以归类于以下 4 个类别中的一个。

1.2.1 间谍和民族国家

间谍和民族国家通常有两个主要目的：第一个目的是更有效地与目标竞争，或是寻找比自己开发更能快速获取知识产权和秘密的途径；第二个目的则是传统的间谍活动。有很多与信息违约有关的国家的案件，如美国获取有关伊朗核计划的案件。这是一个相对安全的假设，全世界每天有数不清的成功和不成功的网络间谍在进行攻击。美国中央情报局前任局长莱昂·帕内塔（Leon Panetta）在 2015 年的 RSA 信息安全会议上表示，在担任局长期间，每天有大约 100 万次针对中央情报局的攻击。

有理由认为，大多数网络间谍活动将针对世界各国政府及其机构或部委。然而，也有一些私营企业是犯罪分子的目标，他们的目的是获得政府雇员的信息。其中一个最常见的例子是医疗保险公司，因为这些公司通常存储了个人和他们雇主的相应记录。民族国家的攻击者往往是资金充足的，因此他们可以雇佣具有创造力和聪明才智的人，这也使他们很有可能以独特的方式继续寻找和收集所寻求的信息，此时的成功率高、代价低。

1.2.2 有组织的犯罪分子

在这个问题上，有组织的罪犯和个人犯罪行为者都是由利润驱动的。无论他们是使用网络攻击还是采用更传统的方法来实现其目标，获得利润是所有类型的罪犯的普遍动机。这是一个相对简单的动机，而且很容易从他们窃取的大部分信息可能会在某个时刻在暗网出售这一事实中辨认出来。有组织的罪犯也通常以与正当业务类似的方式经营其组织。因此，他们努力实现利润最大化，同时尽量减少人力和资本资源方面的开支。

1.2.3 恐怖分子

许多人很容易混淆民族国家的攻击和国家支持的恐怖袭击。他们之间关键的区别在于动机和意图。恐怖分子，无论是政府支持的还是其他形式的，相较于信息的窃取，他们更想通过技术手段破坏信息系统，或制造可能导致财产破坏或生命损失的场景。此外，恐怖分子通常会在袭击发生后将其所为归功于自己，而从事间谍活动或窃取知识产权的民族国家行为者则会在袭击发生前、期间和之后秘密进行这些活动。因此，在这本书中，如果不是为了窃取情报，而是为了对目标造成伤害而有意公开或实施的攻击，无论是否来自民族国家，都被归类为恐怖袭击。

1.2.4 黑客组织

具有相似目的的黑客组织或个人都是通过发表声明来说出自己的动机。攻击的动机通常是暴露目标的秘密信息，以使目标难堪或向公众暴露目标的某些信息。通常，他们的攻击根本不是针对信息，而是破坏、降级或摧毁属于目标组织的资产，诸如破坏网站或发起拒绝服务（DOS）攻击都属于此类攻击。其动机不是为了盈利，也不是为了自己组织能够使用这些信息；相反他们总是将信息公开，作为他们成功实施攻击或行动的证据。

1.3 电子间谍

第一类威胁源是在日常生活中遇到的最普通的一类。然而，因为他们能够在相对短的时间内造成大量的破坏，他们在新闻媒体和许多信息安全圈经常被认为是最内行、最熟练且最被人津津乐道的。由国家或者其他组织支持的高级持续威胁（APT），属于麦克菲利所讨论的以知识产权为目标的间谍和民族国家这类威胁。这些威胁总是有动机、目标并且是早有预谋的行动计划。通常，当私营企业成为受害者时，知识产权一定是最主要的目标。但是，有的人认为知识产权仅限于产品设计、版权、商标和专利，如果是这样，对知识产权的看法就太狭隘了。

这一类别的威胁中，知识产权最大价值是商业情报。什么是商业情报？从这个角度来看，商业情报被定义为允许一个组织以比其竞争对手更高的利润率向其客户交付更高质量、更便宜的商品的计划的过程。简单地说，商业情报被定义为组织用来获得和保持竞争优势的任何事情。

太多时候，我经常坐在企划室里，帮助这样一类组织，这类组织连"你拥有什么类型的知识产权"这样一个简单问题都无法回答，而给出的是令人无法接受的回答"我们没有任何知识产权"。此外，这种回答并不局限于行政层级，而是各级员工的一致回答。我向你保证，如果你在一个高成本和高生活水平的发达国家做生意，而且你这样做是为了盈利，那么你或你的公司拥有知识产权，就能使你盈利。如果你没有知识产权，而且你所做的一切完全可以通过公开信息来重复，那么一个在欠发达国家成立的公司，完全能够以较低的价格提供和你公司相同的商品和服务进而取代你。

根据我的经验，我把国家和间谍这类威胁针对组织内部攻击的目标范围加以扩大，包含了所有可以扩大他们对对手的了解的信息。例如，高级间谍团体不会窃取信用卡数据、受保护的健康信息（PHI）或其他类型的受监管信息，因为他们的攻击目的远远超出窃取敏感信息以转卖的目的。我曾参加了一个来自赛门铁克公司安全技术应变团队的乔恩·迪马吉奥（Jon DiMaggio）组织的研究报告会，该报告详细介绍了一个赛门铁克研究团队称之为黑藤集团的组织，该组织曾攻击过医疗保健行业。人们认为，黑藤集团应该为 Anthem 保险公司受到的攻击负责。为什么要攻击医疗保健行业呢？各种说法比比皆是，但在我看来最可信的理论是，他们攻击Anthem 和其他专门为政府雇员及其家属提供医疗保险的大型医疗保健提供商，以便他们建立美国政府雇员的信息数据库。我想，如果他们可以建立一个美国政府雇员的综合数据库，不在数据库中的某人入境该国时，那么很有可能这个人参与美国情报和使用假名字。这个说法只是一个理论。但我们知道，国家支持的攻击过于复杂、超前，无法窃取健康记录信息并试图在暗网上出售。此外，有可靠情报称，在这些攻击中没有受保护的健康信息（PHI）被盗。相反，只有身份和雇主信息被盗。

间谍攻击有很多来源。许多国家出于各种原因想要获得各种商业信息。举例来说，当外国企业想要在一个控制其境内所有财产的国家开展业务时，他们必须从政府购买土地来实现他们的计划。事先了解或研究外国企业的商业计划（如石油和天然气勘探数据），进而操纵房地产价格，这样做对这些国家来说是相当有利可图的。

进行网络间谍活动符合每个拥有情报机构的国家的利益。有记录显示，美国曾向技术娴熟的黑客罪犯提供减刑，以换取他们为美国政府服务。许多军队有时也聘请有"网络战士"称号的专家，以加强进攻、防御和反击，这也是为了国家的利益。

此外，非国家攻击者可以委托或发展攻击者小组，以获得与其竞争对手竞争的优势，或获得必要的秘密，以克服进入某些行业的重大障碍。简而言之，这些类型的攻击的资金支持上可能相差很大，但它们之间在攻击类型、战术技术和协议方面以及它们保持隐蔽的愿望方面，有一些共同的特点。

这些攻击者之所以最为人所知、却最难防范，是因为他们经验丰富、资金充足、适应性强、意志坚定。"高级持久威胁"这个术语很可能来源于这类威胁，该术语已经成为陈词滥调，并且使用它已经变得适得其反，因为它不再具体和具备描述性。组织用"高级持久威胁"来描述任何成功攻击他们的攻击者。

使这些攻击如此难以抵御并使其获得如此高成功率的一个方面是：它们通常始于社会工程。社会工程广义上是指通过社会手段从个人身上收集信息的行为。这些类型的活动有多种形式，例如：冒充信息安全团队的一员进行呼叫用户并取得授权，以诱骗收件人为目的发送看似合法的电子邮件的网络钓鱼行动，或者利用恶意软件攻击合法网站，以此获取授权证明等。

认识到这些威胁具有适应性和复杂性是至关重要的，因为这意味着制止这类威胁将需要适应力强大和复杂的个人团队来抵御其攻击。尽管技术供应商经常夸大其词，但没有一种技术能够单独抵御技术上复杂和适应性强的攻击者。事实上，攻击者是技术成熟的、适应性强的，这意味着攻击者将能够识别并采取必要的步骤来规避组织的技术解决方案。警惕和训练有素的团队有必要认识到环境中有问题，并调查问题，以遏制、根除攻击，并从攻击中恢复。

另一个关于这些攻击者的关键信息是，他们不希望被发现。他们不仅不希望在攻击过程中被发现，而且在攻击时和攻击结束后也会努力掩盖自己的行踪。令人印象深刻的是，他们会在攻击时修复安全漏洞，让其他人更难察觉到他们的存在，并巩固他们控制环境的能力。

1.3.1　间谍和民族国家作案手法

那么，网络间谍究竟是如何攻击组织的呢？与任何威胁行为者一样，不同组织间的攻击配置文件有很大差异，但有一些共同的线程。这些攻击几乎总是从某种社会工程运动开始。社会工程的实践包括钓鱼式攻击，攻击者会发送看似来自合法来源（如银行）的电子邮件，并试图欺骗用户登录一个虚假的门户网站，以窃取他们的凭证，冒充信息技术（IT）团队或高管团队的人打来的电话，要求用户透露自己的密码。这些攻击还可能包括漏洞攻击，这是合法网站感染恶意软件的攻击，攻击者可以通过这些软件获取登录 Web 页面的所有用户的凭据。然后，攻击者将使用他们收获的凭据在整个网络中活动以便收集他们需要的信息。虽然社会工程的攻击方式各不相同，但它们通常的特征是攻击方试图欺骗用户泄露个人或公司信息。在大多数情况下，这些凭据用于破坏一个系统，该系统允许攻击者收集关于组织用户的信息。这是所谓的侦察阶段的第一步。

侦察阶段的第二步是针对漏洞的探测防御。可用的漏洞扫描程序使用起来相对便宜，而且一般不需要客户证明他们拥有正在扫描的 IP 地址。这些因素为潜在的攻击者创造了一种廉价、相对匿名且易于获取的方法，以获取关于目标安全漏洞的大量信息。间谍和民族国家也远不是使用这些扫描的唯一群体。由于其可用性和易用性，我经常建议我的客户，任何试图攻击他们的人都可能首先运行漏洞扫描。因此，对于每个组织来说，即使只是为了预测可能的攻击途径，也必须进行扫描防御。

当攻击实际执行时，经常使用真正的零日攻击。零日漏洞描述的是在某个漏洞被发现和有补丁可用以解决该漏洞之间的一段时间内部署的漏洞。使用零日漏洞是一个可靠的指标，表明攻击者有充足的资金，因为零日漏洞必须开发或购买，这两方面都需要大量资金或人力资源。作为参考，在 2015 年末，苹果移动 iOS 操作系统的零日漏洞被要价为 100 万美元。根据他们的定义，零日漏洞是未知的漏洞，因此对它们的唯一防御是一个定义完美的程序，它可以确定偏离正常行为的行为，以及一个警惕的安全专家团队，他们可以识别环境中细微的异常迹象。此外，由于他们不希望被发现，这些攻击者的大多数入侵行为很可能永远不被人所知。

1.3.2　间谍案例：Anthem

与推出蓝十字蓝盾（Blue Cross Blue Shield）医疗险的 Anthem 保险公司有关的健康记录被泄露事件成为世界各地的头条新闻。最初，新闻头条的原因是此次事件中高达 8000 万条信息被泄露。由于该公司被认为负有责任，新闻标题迅速发生了变化。Anthem 公司在发现黑客入侵后迅速发表了一份声明，向公众通报了这次攻击并声称针对他们的攻击是复杂的。在几乎每一起泄露事件中，公司都声称这些攻击是复杂的，以便使大众相信泄露是由于攻击者的技能而不是受害者缺乏警惕。然而，这次攻击是不同的。这是高度复杂的，似乎不符合有组织犯罪分子试图窃取身份信息随后出售以获取利润的形象。此外，Anthem 公司声称没有信用卡数据或健康信息被盗，尽管这类信息确实存在于被破坏的系统中。安全业界立即普遍怀疑，这根本不是为了获得利润发起的攻击，这一事实很快被证实，即所有被盗信息似乎都没有出售。考虑到攻击的复杂程度，以及在市场上窃取的信息没有资本化，这次攻击更符合一个民族国家的特征，而不是一个有组织的犯罪集团。事实果真如此吗？（www.anthem.com/health-insurance/about-us/pressreleasedetails/WI/2015/1813/statement-regarding-cyber-attack-against-anthem）

7 月底，《个人计算机世界》（PC World）报道称，被赛门铁克公司称为"黑藤"的同一黑客组织攻破了美国人事管理办公室和 Anthem 公司。这篇文章还暗示，该组织可能窃取了美国联合航空公司的信息。黑藤有着针对航空公司的历史，但为什么他们会突然瞄准医疗保险？听到很多说法，还是不确定，但是我认为最合理的说法是某个国家对美国政府人员试图建立广泛的数据库。Anthem 公司是美国政府雇员的主要健康保险供应商。理论推测，如果某个国家可以建立美国政府所有人的数据库，那么他们可以比较进入该国的美国政府雇员与他们的数据库，而不匹配的人可能是使用虚假名字的间谍。同样，我们不可能确认或否认这一说法，但已经证实黑藤公司对此次袭击负责。那么，谁是黑藤？（www.pcworld.com/article/2954872/opm-anthem-hackers-reportedly-also-breached-united-airlines）

赛门铁克软件公司的安全响应团队成员乔恩·迪马吉奥（Jon DiMaggio）在 Anthem 公司被攻击后发表了一份关于黑藤集团的白皮书，并将其行为追溯到 2012 年。他还将他们与埃尔德伍德的零日攻击框架联系起来。关于他们实施了什么类型的攻击，他们的目标是谁，都有着重要的研究，如果你对这些信息感兴趣，我建议读者可以阅读更多的相关报道，因为赛门铁克团队所收集到的细节非常有吸引力。（www.symantec.com/content/en/us/enterprise/media/security_response/whitepapers/the-black-vine-cyberespionage-group.pdf）

这个例子的主要目的是加强民族间谍威胁攻击者的形象。他们可能来自世界上任何地方，但经常与世界强国联系在一起。从本质上说，这些国家正试图尽快与发达国家竞争，他们发现窃取知识产权比开发自己的知识产权更容易获得效益。同样，在 Anthem 的案例中，开展了利用网络技术进行的全球间谍活动。这一类别的威胁攻击者通常会采用复杂的攻击手段和零日威胁。这种攻击通常以某种类型的社会工程或网络钓鱼活动开始，目的是获取证书。

许多不熟悉信息安全的人认为，如果某件东西被偷了，那是因为受害者组织做错了什么。在 Anthem 的案例中，情况恰恰相反。Anthem 信息安全团队在监控环境的过程中发现了这一漏洞，这可能防止了进一步的数据盗窃。事实上，当使用真正的零日攻击时，任何商业上可用的技术都不太可能对受害者组织有多大用处。当讨论来自间谍和民族国家组织的攻击时，最警惕和构建最好的程序是那些发现漏洞的程序。那些没有建立良好的信息安全程序的组织很可能已经被破坏了，一种是被入侵的，另一种是不知道自己被入侵的。那些不知道自己被入侵的人现在很可能已经被入侵了，而且很可能会再次被入侵。真正的悲剧在于公众对入侵的看法以及从未被发现的入侵从未被报告的事实，是拥有最好程序的组织在报告入侵时被认为是疏忽，而那些真正疏忽的组织在很大程度上被认为是安全的，因为他们没有发现漏洞。为了公平评估组织的安全性，一般民众需要了解一个从未报告攻击行为的组织是否是安全的。我们应该问他们怎么知道他们没有被攻击。

民族国家是最难防范的威胁组织之一，因为他们有资金，而且可以利用零日漏洞。因此，传统的基于签名的技术，如入侵预防系统和传统的反恶意软件产品，通常对这些攻击者无效。最有效的检测和保护方法是利用白名单技术，该技术只允许特定批准运行的程序，以及监控偏离正常系统和用户行为的程序。这是一个严酷的现实，如果一个组织被一个资金充足和复杂的民族国家集团作为目标的话，其很难完全抵御攻击，并将攻击者排除在外。平均检测时间（MttD）和平均响应时间（MttR）是限定这类攻击的影响的重要指标。关键因素是能够检测到环境中未经授权的攻击者。为了做到这一点，程序必须是定义良好的和全面的，以便密切监控关键信息资产的移动、存储和访问，并定义环境中的正常系统行为，以便能够快速检测任何类型的异常行为。通过系统的、以用户为中心的行为分析和基线分析，有希望在攻击组织的行为中抓住民族国家攻击者。快速恰当地对这类攻击行为作出反应的另一个关键因素是建立、测试和演练一个有效的"异常响应计划"。构建能够检测和响应这类活动的方案的具体方法是本书其余部分的重点。

在非常复杂的攻击如黑藤案例中，恶意程序的命名与被授权作为操作系统的一部分程序完全相同，这使得白名单技术效果甚微，但是在所有情况下，当数据开始被泄露并被盗用证书使用时，用户或系统行为发生变化。这对所有威胁攻击者来说都是如此，他们在网络中的动机是窃取数据，而不是破坏系统。行为分析和异常检测应该是任何旨在保护关键信息资产的安全程序的核心。

1.4 如果艾尔·卡彭拥有计算机

在信息时代，有组织犯罪正在发生重大变化。在很多方面，传统的罪犯是很难做到的。在 20 世纪，罪犯从事传统犯罪活动的难度显著增加。持枪进入银行并携带大量现金离开的情况很少发生，随着军事和执法技术的进步，贩毒变得非常困难，随着跟踪技术和无人监视车辆的出现，要想在地球上不被发现地移动人和物品变得更加困难。例如，在波士顿马拉松爆炸事件之后，焦哈尔·萨纳耶夫（Dzhokhar Tsarnaev）藏在郊区后院的一艘小船里。有一段时间，这个隐藏的地方会比较有效，但是如果利用直升机和热成像技术的话，就可以很容易地确定是否有人藏在船上。对于企业家和聪明的有组织的犯罪分子来说，信息技术的进步给他们提供了很多机会。在一个全球网络互联的世界中，当不再需要邻近性时，银行劫匪面临了一个非常理想的场景。以前，为了抢劫银行，需要去银行，一次只能抢一家。现在，一个有组织的罪犯可以在自己舒适的家中同时对数千家银行或其他机构进行抢劫。此外，考虑到传统犯罪盗窃物品的销售困难。如果我抢了一家珠宝店，我需要找到一个我可以信赖的中间人，见面出售货物，并希望如果他们因为这些货物被抓住，他们不会为了减少他们的刑罚向警方告发我。现在有一大部分互联网专门用于买卖非法商品和信息，参与者可以以匿名的方式买卖这些商品和服务。

那么这些人是谁？他们和历史上的有组织犯罪分子没有太大区别。他们的主要区别在于，由于从犯罪方式上消除了距离因素的影响，组织转化为全球网络犯罪集团。此外，由于在全球范围内都能够传输信息，使得攻击者可以自己处在那些不会引渡他们或者缺乏追踪、抓捕和起诉他们的刑事司法基础设施的地区，向更有利可图的、远为发达国家的个人或公司发起攻击。由上述情况导致的犯罪大众化是全球网络犯罪日益流行的一个主要因素。对于那些可能藏有有组织罪犯可以在公开市场上售卖的信息的组织来说，好消息是，有组织犯罪集团的运作方式就像一个以盈利为目的的企业。因此，攻击受到成本效益分析的影响，如果攻击你的组织需要增加代价的话，局势可能就会反转，有组织犯罪集团可能会选择另外一个具有同样利润的更易于攻击的目标。换句话说，你的防御不需要坚不可摧来抵御这些威胁攻击者发起的攻击，组织只需要有足够的保护措施，使其不值得攻击者付出行动。

有组织的犯罪团伙想要什么？他们的动机和目标都相对简单。一直以来，有组织犯罪类似一个营利性企业，这意味着他们的动机就是盈利，他们的目标就是出售任何可以获利的信息。大多数人马上就会想到从零售机构盗取信用卡号码，因为这些攻击很流行，而且众所周知。但与人们普遍认为的相反，由于信息持久性这一概念，信用卡信息和其他金融工具在黑市上的价值远远低于身份相关的信息。大多数消费者已经习惯了金融机构发给他们的欺诈警报。实际上，如果异常的购买被确定为欺诈行为，消费者通常不需要为任何未经授权的费用承担责任，而且很快，就可以关闭账户，并开立一个新的账户。此外，许多金融机构已经开发了一些程序，这些程序在本质上与本书其余部分所探讨的程序相似，这些程序通过分析行为模式来快速识别潜在的异常活动。例如，如果我去一个我从来没去过的地方旅行并购物，我可能会收到银行的电话、电子邮件或短信，要求我确认这笔交易是否有效，然后才允许付费。他们实质上是在检测潜在的危险行为，并在允许用户继续使用之前进行有效的双重身份认证。这是一个自适应安全的例子，我们将在本书后面深入探讨。因此，从被盗信用卡中获利的数额非常小，一张有效的信用卡通常每条记录售价不到 1 美元。

将持久性极低的信用卡信息和与身份相关的信息（如社会保险号或身份证号）进行比较。如果发现有人在冒用我的社会保险号码，我有什么办法更改?由于盗窃个人身份信息的普遍存在，未来可能需要开发一种机制来进行此类更改，但对这些长期存在的基本信息的更改不会是小事一桩。例如，允许一个人更改他们的社会保险号码对信用报告行业有什么影响?出于税收目的怎样追踪个人?降低身份相关信息持久性所面临的挑战表明，在短期到中期，这方面不太可能取得重大进展，所以在可预见的未来，与身份相关的信息将继续以非持久性信息（如信用卡）的 25～100 倍的价格出售。

如果与身份相关的信息比金融工具更有利可图，那么我们为什么看到如此多的零售机构继续成为目标并成功地被攻破呢？简单来说，零售业的利润率相对较低，并且需要尽可能地限制管理费用，以保持盈利和竞争力。因此，他们倾向于实施符合支付卡行业数据安全标准的最低控制要求，而完全忽略了构建安全程序。一般来说，攻击和破坏这些组织是相对容易和便宜的。当然，也有例外，但是尽管对零售组织来说每记录的回报较低，但它们通常有足够的信息，且容易攻破，从而使零售攻击的投资回报有意义。此外，攻击者常常可以同时或连续地向几个零售组织部署相同的攻击，并且成功率很高。在随后的章节中，我们将更详细地探讨合规性和安全性之间的区别，但它们不是同一回事。如果遵守已公布的法规和标准是一个组织的信息安全计划的全部内容，那么攻击者在试图破坏敏感数据时，将会面临完整的安全控制细节。另外，一旦攻击者成功地破坏了一个组织，攻击就可以在整个行业成功地重复进行，任何将合规性作为其安全程序的指导方针的组织都将受到完全相同的攻击。标准每隔 10 年很少更新 2～3 次以上，从而不能跟上不断变化的开发、战术、技术和协议的步伐。

这种方法可以类比成一个美国足球队。如果一个团队在运行之前就准确地宣布他们打算运行哪一场比赛，他们会有多成功呢？答案是没有团队能够成功地做到这一点，但这正是那些使用合规性要求来构成其信息安全计划基础的组织所发生的事情。

一旦罪犯窃取了信息，他们会如何利用它呢？互联网还有很多不为人知的一面。一般称为暗网。你不能使用普通的浏览器，如 Firefox、Internet Explorer、Safari 或谷歌 Chrome 访问它，所以对大多数用户来说，它是看不见也想不起来的。事实上，由于这是一个充满犯罪分子的非常危险的地方，使得全球执法机构非常感兴趣，除非有正式理由，否则守法公民不宜进入。仅仅是访问这个网络就可能使用户暴露在执法部门日益严格的审查之下。那么这里发生了什么呢？总之，就是各种非法活动。暗网是世界上最大的黑市，在这里，用来买卖被窃取的身份和金融信息。

对于未受过训练的用户来说，有一些用于宣传被盗信息的语言是无法识别的，但这些语言可以完整描述信息以及信息是否经过验证，甚至可以向买家保证，信息会像广告中说的那样有效。犯罪分子还在这个网络上购买和销售恶意软件和漏洞，以及其他非法虚拟内容，如儿童色情。暗网是黑暗的、肮脏的及非常令人不安的。我不建议访问暗网，但了解它的存在很重要，这使人们认识到任何东西都可以在互联网上买卖。如果商品和服务是合法的，它们通常在正常的互联网进行交易；如果它们是非法的，它们通常在暗网进行交易。

通常情况下，当信息遭到泄露时，组织不会自己发现，而是由执法机构告知。许多人想知道美国联邦调查局（FBI）怎么会知道，而该组织却不知道。从本质上说，FBI 是在监控暗网，当他们看到可以确认来自特定来源的信息时，他们会通知受害者。通过比较有组织犯罪与间谍活动之间的主要区别，会让我们对有组织犯罪有更多的了解，即有组织犯罪分子更多的是打算通过出售信息并从信息中获利，而间谍的工作是为了专用的目的而被委托的，并且被盗信息很少在公开市场上出现。

我经常告诉我的客户，如果你没有测试你的网络漏洞，你是唯一一个不知道你漏洞的人。扫描漏洞是相对便宜和匿名的，这使组织很容易识别他们是否易受已知漏洞的攻击。类似地，攻击者也很容易通过搜索活动来做同样的事情。成熟的安全方案不仅包含安全评估程序，而且还应该具有当对漏洞进行未经授权的扫描时，能够识别的机制。遗憾的是，正如我们的案例研究中强调的那样，尽管已知漏洞的补丁可以免费获得，并且可以轻松实现，但许多组织没有采取必要和基本的措施来确保他们不易受到已知漏洞的攻击。与间谍和国家这类威胁源不同，一旦有组织犯罪分子窃取了他们需要的信息，他们不在乎他们的攻击是否被发现。事实上，他们很高兴有人关注他们的成功攻击，这样他们可以重新包装自己的漏洞，并将其出售给不太老练的攻击者使用。这通常被称为"商品化恶意软件"或"商品化漏洞"。

有组织犯罪集团和间谍组织之间的攻击情况也有相似之处，特别是在处理更为复杂的有组织犯罪集团时。将资金充足和复杂的有组织犯罪组织与间谍和民族国家区分开来的关键在于他们所瞄准的信息类型、他们找到信息后打算如何处理这些信息，以及攻击对攻击者造成的总体成本。例如，高级集团通常利用搜索和社会工程方面的攻击，以增加被确定为可能是高价值目标的组织的成功机会，但不太可能像间谍和国家那样，投入必要的资源来发展或购买真正的零日攻击。

当有组织犯罪活动从社会工程练习开始时，大多数攻击使用电子邮件，而且通常针对不太精明的用户，因为有组织犯罪的攻击通常不需要间谍和国家成功攻击所需要的访问级别。有时候，他们根本就不会针对他们预期的受害者的员工，而是将重点放在那些安全方案不太成熟的合作伙伴上，他们可能会访问属于其预期目标的网络和资源。间谍和国家针对具体的特定信息，他们会不计代价地不遗余力地试图破解这些信息，而有组织罪犯更有可能将一类可以获得利润的信息作为目标，通常会采取阻力最小、成本最低的途径来获取他们的目标信息。因此，对于那些将自己定位为有组织犯罪潜在目标的组织来说，拥有一个成熟的第三方管理和审计程序是非常重要的。诸如美国国家标准与技术研究院（NIST）和 ISO 27001 这样的许多标准，至少为第三方应如何管理确立了指导方针，并可作为组织构建其计划的起点。在讨论后续章节中的安全连续性时，我们将探讨一些组织如何建立第三方管理计划，以确保系统安全性，从而增强与他们交互的每个人的安全状态。

一旦获取证书，攻击本身通常从单一的身份验证服务器启动，攻击者在整个环境中自由移动，发送恶意包或手动开始数据外泄。而实行多重认证则大大提高了有组织犯罪分子想成功入侵系统所需的犯罪成本，这样他们可能选择较易攻击的目标。如果给予无限的时间和资源，绝大多数的安全屏障都可能被攻破，但对于有组织犯罪而言，我们不需要比熊跑得快，只需超过我们同组人中最慢的就行了。在涉及动态战斗的军事反恐行动中，展现实力以降低攻击的可能性或增加攻击部队的风险因素是最佳做法。这并不意味着攻击不会成功，只是意味着恐怖组织可能会寻找一个较易攻击的目标，以增加成功的可能性，同时减少人员伤亡。在网络战中，当对付一个以营利为目的的犯罪企业时，展现实力也同样有效。

1.4.1　有组织犯罪案例研究：塔吉特案例

也许教科书上关于有组织犯罪攻击的最好的例子是塔吉特案。除了特定的战术、技术和攻击协议外，它还遵循着典型的食物链。一个高级犯罪组织攻击了最初的受害者，在本例中是塔吉特，然后将成功的攻击打包出售，供不那么老练的犯罪组织重复使用，这些犯罪组织随后对类似组织使用了类似的攻击，我们在后续针对内曼·马库斯奢侈品店和家得宝家居连锁店的攻击中看到了这一点。塔吉特百货公司案例也是一个很好的研究案例，因为在一段时间内，损害本可以缓解，但由于决策失误或安全计划中的漏洞，导致损害倍增。这一情况在大型有组织犯罪案件中很常见。通常，在应对攻击时做出延时应对的决定，会导致攻击造成的损害大幅增加。我很幸运在我的职业生涯中遇到了非常优秀的领导，其中一位是我在美国陆军服役期间的领导，比尔·伯福德（Bill Burford）曾经说过"坏消息不会随着时间变得更好"。这在网络安全领域尤其如此，因为驻留时间，即攻击者在网络或系统作出响应之前的时间量，是入侵总成本的关键因素。组织在对威胁采取适当应对措施时等待的时间越长，总体结果就越糟糕。此外，从声誉的角度来看，主动告诉世界你遭受了攻击，比让政府或其他组织通知你被攻击要好得多（或者随后发现你已经知道了被攻击的事，却没有按照规定通知政府）。

　　许多人都听过塔吉特百货公司发生的事情，大多数人至少都知道，塔吉特百货公司在 2013 年假期购物季节遭受了大规模的数据泄露。当时是历史上最大的零售数据泄露。有关时间线以及谁知道发生了什么和何时发生出现了有争议的报道，但我在撰写本文时将会使用无争议的事实来讲述此事。2013 年的感恩节前夕，塔吉特百货公司的付款系统上被安装了恶意软件，其目的是在客户在完成付款时窃取顾客的信用卡信息。不同于以往的是，这次攻击并非旨在收集百货公司已有的存储信息，而是在用户向塔吉特百货公司提供自身账户时候开展攻击，原因直接与泄露的数据量有关。被窃取的信息最初存储在塔吉特百货公司中的一台被入侵的服务器上，随后被传输到了俄罗斯。

　　注释　根据雷声公司最近发布的一份白皮书（http://www.raytheon.com/capabilities/rtnwcm/groups/cyber/documents/content/rtn_269210.pdf）攻击在被根除之前在网络中的驻留时间，平均时间为 200 天。在许多情况下，有效地减少驻留时间可能等同于有效地减少由攻击造成的经济损失。

　　该漏洞的真正的悲剧是，塔吉特公司在印度部署了一项火眼技术，并成立了一家公司来管理这项技术。在塔吉特案件中，火眼技术检测到了漏洞，并将其预警到印度班加罗尔的安全监控中心。接下来发生了什么是争论的主题。事件基本上有两种版本：第一种说法是，印度的管理服务提供商没有按照合同规定对攻击作出适当反应并将其预警；第二种说法是，警报被预警到塔吉特的相关部门，但相关部门因为担心干扰假日购物高潮而选择了不做出回应。无论谁对当时没有采取适当的行动负责，适当的行动可以极大地降低受影响的用户数量，或者防止任何客户信息被泄露。从这个案例得到的主要教训是，要提前部署正确的技术，并且有人在真正"管理"它。然而，根据泄密后的调查及结果可以明显看出，人们普遍认为技术能够实时或近乎实时地向相关部门发出预警，但相关部门没有建立适当的方案和事件响应计划并执行它。

如果塔吉特确实收到通知却什么也没做，或者如果管理公司没有及时地通知塔吉特是真的，那么这两种情况中都涉及人为的错误。但是，如果一个人的错误可能导致整个计划的失败，那么这个过程也就失败了。人无完人，任何过程或计划都应该有适当的机制来识别和减轻人为错误造成的损害。

最终，一家不隶属于塔吉特的机构发现并报告了这起入侵事件。对于不熟悉网络安全的人来说，有人在受害者之前发现漏洞常常是令人惊讶的。然而，据彭博社报道，"威瑞森企业解决方案（Verizon Enterprise Solutions）一项为期 3 年的研究发现，只有 31%的公司通过自己的监控发现了漏洞。对于零售商而言，这个概率是 5％。"（http://www.bloomberg.com/bw/articles/2014-03-13/target-missed-alarmsinepic-hack-of-credit-card-data）其中有很多原因将在后面的章节中讨论，但这是必须改变的基本统计数据，以便组织能够成功地保护关键信息资产。

塔吉特黑客攻击的这些特点使其成为教科书级别的有组织犯罪。首先，这是一种相对简单的攻击，它利用了一种恶意软件，这种软件很容易被商业上可用的工具识别，如果管理得当，只需要很少的调整。而且这些攻击通常都不是资金充足或精心策划的。塔吉特是否行动迅速，并在事件发生之前阻止了数据泄露，哪些可能，哪些不可能，取决于你认为哪一方更可信。首先，攻击者很可能试图对不同的目标执行相同的攻击。这些攻击一般信息量大，成本低，这恰恰与间谍组织相反。其次，攻击者有获利的动机，总是打算在黑市上出售窃取的信息，这也与间谍组织相反。

1.5　恐怖主义 2.0

据美联社报道，情报官员告诉我们，网络安全现已超过了恐怖主义成为美国安全的头号威胁，但是，如果当这两者威胁相互融合之后会发生什么呢？利昂·帕内塔与汤姆·里奇一起参加了 2015 年 RSA 网络安全会议的一个小组讨论，并分享了他作为美国中央情报局局长在全球网络战争前线时的一些非常有趣的见解。显然，帕内塔的许多见解都是机密的，但他也确认了中央情报局每天都在遭受 100 多万次的攻击。毫无疑问，这些攻击中有许多与间谍活动有关，但其中一些也可能来自恐怖组织。人们普遍认为，伊拉克和大叙利亚伊斯兰国（ISIS）之所以能成为世界上最主要的恐怖威胁，是因为他们对技术和数字的精通。如果只认为他们的技术进步仅仅局限于在社交媒体上制作和散布宣传是天真的。由于对成功的和失败的恐怖袭击进行宣传的敏感性，在这个地区可能会发生很多普通公众一无所知的事情，但重要的是要了解数字技术可能会导致重大生命损失或对美国经济造成重大伤害。此外，许多新兴的恐怖组织建立了一种分散的模式，人们就地被洗脑并接受训练，这使得根据恐怖袭击的来源确定恐怖袭击或追踪恐怖分子本身的行动变得更加困难。令人痛心的圣·贝南迪诺的恐怖袭击表明，我们周围可能存在激进的个人，这意味着我们在任何地方都可能受到伤害，包括我们的社区和组织内。有些人可能已经进入我们的网络，恐怖组织不需要突破网络边界或进行社会工程活动。

One World Labs 的创始人兼首席技术官克里斯·罗伯茨（Chris Roberts）通过公开飞机系统的安全漏洞，给自己和他的公司带来了重大问题。正如最近美国人以及俄罗斯人清楚地意识到，飞机将继续成为恐怖组织首要攻击的目标。这有几个原因：在发达国家，旅行往往是一个重要的收入来源，因此，击落一架飞机会造成一种强有力的形象，使人们感到害怕，并损害经济。此外，这类袭击的伤亡通常要高得多。如果恐怖分子想要杀死公共汽车或火车上的人，他们用来袭击车辆的装置必须确实伤害到了受害者，而如果要袭击飞机，破坏或降低其本身的功能将灾难性地杀死所有乘客。虽然世界各国政府已经采取重大预防措施来防止武器和爆炸物被带入飞机，但如果灾难性事件可能是从手机或平板电脑发起的攻击造成的，那么防止这些装置被带入是非常困难的。相反，系统本身也需要加强以避免这种类型的攻击。

世界各地的公司都在研发自动驾驶汽车，人们似乎对这类技术很感兴趣，至少在表面上是这样。不出所料，大量报告详细描述了自动驾驶汽车的漏洞以及黑客可以通过各种方法轻易破解这些漏洞，包括用小小的激光笔就可以修改自动驾驶汽车的轨迹。因为这些新兴技术在开发时通常考虑的是功能，而不是安全性。然而，当计算机控制生死决策时，比如汽车司机的决定，对软件安全的攻击本质上是对生命的威胁。对于技术精湛的恐怖组织来说，这一类型的技术将是非常有吸引力的攻击目标。

在石油和天然气行业，沙特阿拉伯国家石油公司（Saudi Aramco）曾遭受了恐怖分子或黑客组织的网络攻击。这次攻击本身擦除了数千个硬盘的数据，但攻击的方向凸显了攻击者从石油公司的信息技术网络转向运营技术网络的能力。据"黑暗阅读"撰写的题为《黑客如何使用企业资源计划（ERP）系统攻击石油和天然气行业》的文章显示（http://www.darkreading.com/vulnerabilities--threats/how-hackers-can-hack-the-oil-and-gas-industry-via-erp-systems/d/d-id/1322877），90％的石油和天然气公司系统都易受这些类型漏洞的攻击，而这样的攻击可能会导致漏油、溢出或爆炸。城市地区的大规模爆炸或气体泄漏可能会造成重大损失、恐惧和不安全，并可能成为恐怖分子的目标。

同样，情报官员也担心恐怖分子可以通过电子手段操纵用于处理供水的化学物品，从而毒害大部分人口。许多用于处理水以使其适合饮用的化学物质，如氯和氟化物，在超量情况下可能是致命的。为了保护民众，确保这些网络的安全必须成为国家安全的首要任务。

电网是攻击者的另一个重要目标。恐怖组织有能力切断美国、欧洲或俄罗斯家庭的电力，同时造成经济损失。

虽然恐怖分子不像有组织犯罪分子那样使用传统的成本效益分析方法，但在他们选择袭击目标时，仍存在机会成本的因素。例如，自从不对称战争出现以来，自杀式攻击一直被全球的叛乱分子和恐怖分子所使用。对于那些在常规战争中缺乏与对手竞争能力的组织来说，为事业献身的意愿是很多人的追求。我在伊拉克时，我对美军使用武力试图劝阻攻击的原则感到诧异。对于一个计划在行动中死亡的人来说，暴力的威胁怎么能起到威慑作用呢？然而，无论是美国在越南、伊拉克的行动，以及在北爱尔兰地区的行动，还是俄罗斯入侵阿富汗行动中，只要有可能，这些组织就有机会对他们的敌人造成伤害，如果不会丧失生命，那么这些类型的攻击就是更可取的。例如，当伊拉克恐怖组织发现他们可以通过远程引爆由普通手机触发的简易爆炸装置来造成同样多的损害时，这些类型的攻击就变得比自杀式炸弹更为可取。为什么这很重要？关键基础设施的技术漏洞也带来了类似的机会，如果漏洞得到有效的利用，恐怖分子就可以对敌人造成经济和人身伤害，而无需牺牲其追随者的生命。这并不是说在可预见的未来，网络恐怖主义将取代更广泛的恐怖主义形式，但简单地说，自杀性爆炸事件虽然仍然会发生在伊拉克、叙利亚、以色列等地，但随着更精通技术的恐怖组织的崛起，网络袭击可能会越来越普遍。

恐怖分子使用的战术、技术和协议往往是政府的机密，因此很少有公开的研究和案例存在。稍后，我们会研究一下索尼案例，虽然此案例没被正式归类为恐怖袭击，但非常接近恐怖袭击。此次攻击的唯一目的就是对索尼公司造成伤害，并向那些拒绝向出于政治目的限制言论自由的压力低头的其他组织发出信息。但是，如果你发现自己有责任保护上述任何类型的系统或网络，则应谨慎地与执法和情报官员合作，以确保安全计划的构建能够抵御来自恐怖分子的攻击。

《虎胆龙威》是 2007 年发行的美国电影，其讲述了恐怖分子利用信息技术在华盛顿特区制造大规模破坏和混乱的故事。从内容上看，电影中的反派是一名利用计算机攻击制造混乱的网络恐怖分子，布鲁斯·威利斯饰演的警探与一名年轻的黑客联手试图阻止他们。在电影中有一个令人难忘的场景是，网络恐怖分子在一个车水马龙的十字路口将所有方向的灯都变成绿灯，导致了一场严重的撞车事故。电影中的这类型的攻击是可行的吗？这些事件真的会发生吗？电影中会对某些角色的能力进行了一些创造性的自由发挥，这一点不足为奇，但现实正迅速赶上好莱坞的愿景，即世界可能被网络恐怖分子击垮。随着智能技术的发展和物联网的兴起，诸如电视、洗衣机、冰箱，甚至像胰岛素泵和心脏起搏器这样的医疗设备都可以通过互联网获得。通常情况下，技术开发是以尽可能低的价格实现高功能性，这意味着这一类型的设备通常是由通用的计算机芯片制造的。这也意味着芯片具有超出设备本身所需功能的功能。僵尸网络的存在就是一个很好的例子，在网络上被攻击的智能冰箱、洗衣机和电视等设备中已经发现了僵尸网络。虽然这些进步在专业和国内的应用中有许多潜在的好处，但安全隐患也是令人不可忽视的。例如，如果有人拿着你的心脏起搏器勒索赎金，威胁你如果不付钱就真的让你的心脏停止跳动，那该怎么办?而这种情况正加速变为可能。

恐怖主义本身也在演变。基地组织和长期针对西方利益的类似组织，一直都想对西方公民和经济造成伤害，但他们需要渗透到人群中并实施袭击，这非常具有挑战性，而且执行起来也代价昂贵。但万物互联，特别是金融系统的互联，为恐怖分子创造了不跨越国界就能对各国造成巨大伤害的机会。不断变化的现实导致了一种新兴的攻击现象，容易被精明的恐怖组织加以利用。程序设计、计算机和互联网的本质——从基础知识发展而来，并且随着时间的推移发展得非常快——允许有创造力的人们以新的和创造性的方式来利用那些极其难以预测和预防的问题。因此，数字战场正在迅速发展和变化，每天都会有防御性技术和战术过时。一个有效的安全计划必须足够灵活，以适应迅速变化的安全形势。进入伊拉克和大叙利亚伊斯兰国（ISIS）（它还有其他几个名字），每当我听到人们提到 ISIS，这似乎是非常频繁的，几乎总是伴随着这样的信息，即他们是多么"精通技术"或"精通社交媒体"。除了恐怖分子通过专业制作的令人毛骨悚然的处决视频，以及在脸书和推特上的激进活动来传播恐惧之外，我还没有听到足够多的人谈论它对世界的影响。还有一种更为险恶的威胁存在，但却没有得到足够的重视。

沙特阿拉伯国家石油公司（Saudi Aramco）和索尼（Sony）的案例研究将凸显出这样一种攻击类型，即网络攻击的目的是对一个组织造成伤害，而不是窃取数据。虽然网络犯罪远比网络恐怖主义更普遍，但这一类型的攻击对个人企业甚至国家和地区经济利益的影响非常严重，不容忽视。

1.5.1 案例研究：沙特阿拉伯国家石油公司

沙特阿拉伯国家石油公司的攻击是截至本文撰写时发生的最严重的攻击之一，在案例研究中，或许是受害者组织在中东地区的覆盖面偏低这个事实，导致至少在美国和欧洲，媒体的关注很少，但无论如何，了解沙特阿拉伯国家石油公司发生了什么非常重要。我们感兴趣的不是攻击者做了什么，而是如果他们愿意的话，他们可以利用他们获得的权限做些什么?

沙特阿拉伯国家石油公司供应全球约 10%的石油。许多石油和天然气行业以外的人不知道这家公司的名字，但他们是全球能源市场的重要参与者。2012 年，该公司遭到了一个自称"正义之剑"（Cutting Sword of Justice）的组织的攻击，该组织抗议沙特阿拉伯国家石油公司对沙特王室的支持。攻击发生时，大多数人正在度假，庆祝神圣的斋月。攻击摧毁了大约 3.5 万个工作站的数据，反响非常激烈，为了遏制这一攻击，公司的大部分基础设施都要下线，并且全球业务受到严重干扰。据 CNN 财经频道报道，"说到成本，最近索尼影业（Sony Pictures）和美国政府遭受的网络攻击就相形见绌了。"（www.money.com/2015/08/05/technology/aramco-hack）在这个案例里发生的一切都很糟糕，但还可能发生更糟糕的事。为了支持这一说法，让我们先来看看发生了什么。

大多数人认为，这种攻击源于该组织的企业资源计划（ERP）系统遭到破坏。大部分能源公司都试图将负责信息技术（IT）的网络（如电子邮件和共享文件的网络）和负责运营技术（OT）的网络（如管道、钻头、配电等网络）完全分开，而企业资源计划本质上需要与两个网络建立连接才能有效，因此石油和天然气公司的 ERP 系统给组织带来了重大风险。在攻击期间，攻击者利用 ERP 系统提供给他们的连通性从 IT 网络转向 OT 网络。从本质上讲，他们能够远程入侵服务器，然后利用入侵来访问控制管道和钻头等设备的计算机。他们利用访问权限所做的就是——清除数千台计算机的硬盘驱动器——虽然具有破坏性的，但与他们本可以做的事情相比，这是相当平和的。想象一下，如果恐怖组织让海上钻井平台上的管道爆裂，或者让一口压裂井污染人口不多的地区的供水水源，会是什么情况。这并不是要吓唬所有人，也不是要谴责石油和天然气行业是一个玩忽职守的行业，而是要告诉我们，世界上有一个恶毒、无情、资金雄厚的敌人，据称他们拥有先进的技术能力。最近在东欧发生的事件，特别是俄罗斯和乌克兰之间的事件，凸显出这样一个事实，即可以部署一个拥有重大装备和能力并且国家支持的组织来造成破坏。类似的攻击可能会被用来操纵电网和天然气等服务，这是一个显而易见的危险，可能会产生深远的经济和人道主义后果。了解这种危险并制定适当的对策，对于保护公司、国家，甚至是全球经济免受那些宣扬原教旨主义观点、以制造痛苦和混乱为乐的团体的伤害是至关重要。

1.5.2 案例研究：索尼

2014 年 11 月 24 日，星期一，一个自称为"和平卫士"的组织对索尼影视公司发起了一场毁灭性的网络攻击。关于攻击背后的原因，有一些不同的报道，但相对一致的观点是，该组织曾警告索尼影业不要做某些事情，但它认为索尼影业没有在意这些警告，出于报复发动了这次袭击。索尼受到的攻击之所以值得注意，有两个原因：首先，这次攻击对索尼造成了巨大的损害。有一段时间，由于网络遭到大规模破坏，而且无法保证任何电子传输的安全，索尼员工只能用纸和笔进行通信。这次攻击对运营造成巨大破坏，和沙特阿拉伯石油公司案例一样，是网络恐怖主义的标志，而不是出于营利目的的有组织犯罪或间谍活动。其次，这种攻击的类型很值得注意，因为这绝对是恐怖攻击，是一场出于意识形态原因而故意伤害受害者的攻击，但它是针对国际企业的攻击，而不是针对特定的政府或民众。大多数恐怖主

构建全面 IT 安全规划——实用指南和最佳实践

义袭击都是出于政治原因而对政府及其人民发动的。那么索尼到底发生了什么呢？

攻击者首先窃取了他们认为可能对他们的事业有价值的所有东西，包括索尼的知识产权、员工信息，以及他们认为如果公司公开披露可能会给公司难堪的任何东西。其次，这次攻击带有明显的目的，即部署了能够造成损害的恶意软件。这种恶意软件是复杂和致命的，导致成千上万台机器损坏无法使用，并使用旨在为政府应用程序安全删除数据的方法，删除了索尼公司硬盘上的大量数据。总的来说，这次攻击导致索尼影业大约一半的基础设施瘫痪。（www.fortune.com/sony-hack-part-1）

攻击发生后，许多人迅速谴责索尼，称他们未能实施应有的各种安全措施。在某些情况下，这可能是正确的，但所有人都认为，索尼的安全程度并不比一般组织低。这就是问题所在，不单是索尼的问题，而是大多数组织的整体安全态势都存在比较弱的问题。这些恐怖攻击凸显了建立一个更有效和更全面的 IT 安全计划的必要性。有些人可能会认为，使用目前的技术和流程将技术娴熟、资金充足的攻击者防御在组织之外是不可能的。这种想法也许是真的，也可能不是，但即使是真的，一个构建良好的安全计划也可以有机会在攻击造成索尼案中的那种损害之前，快速识别进而隔离并根除它。

企业恐怖主义或旨在对一个组织造成财务损失和使其尴尬的恐怖主义，是一个相对较新的现象，但我预测会越来越流行。勒索软件就是利用此概念的恶意软件的一种。此类攻击的做法基本是，除非支付赎金，否则恶意软件将会感染一台计算机，攻击它使其部分或全部功能瘫痪。发生在索尼身上的事情类似于规模更大的勒索软件，唯一不同的是，攻击者要求的是投降，而不是赎金。在许多情况下，这与 20 世纪 80 年代比较流行的恐怖组织劫机事件非常相似。如果该国满足恐怖分子的要求，飞机和乘客将毫发无损地返回；反之，飞机将被毁坏，乘客将被杀害。世界各地能够实施这些特定攻击的组织的能力不断增长，这意味着那些没有准备好抵御这类复杂攻击的组织，可能需要考虑制定应对这类赎金要求的策略，对赎金要求的响应肯定应该是每个组织"事件响应计划"的一部分。

1.6　灰色阴影

让我们来做个填空，敌人的敌人是我的＿＿＿。像"匿名者"等黑客组织经常把国家的敌人，如 ISIS 或三 K 党（Ku Klux Klan）等这类把攻击目标对准政府的组织视为敌人。那么，我们是否应该停止并解散像"匿名者"这样的组织呢？答案从来不是黑或白，而是不断变化的灰色阴影。例如，如果"匿名者"攻击 ISIS 并公开其成员身份，将其身份暴露给世界各国政府，从而可以更有效地锁定他们，并冻结他们的资产，这将被普遍认为是一件好事。然而，"匿名者"是一个反政府的无

20

政府主义组织。大多数全球公民不希望生活在一个没有秩序、法规或法律的世界里，因此从这个意义上说，"匿名者"进行的许多行动是违背人民意愿的。更复杂的是，"匿名者"的名字非常隐秘。这个团体的成员可能是邻居、同事、朋友，还可能是家人。他们无处不在，无组织，缺乏统一的领导。从本质上讲，成员们可能会根据情况决定是单独攻击目标还是组成团体攻击目标。更不用说当我们把这个问题扩大到其他不太知名的黑客活动团体时，在这样一个无组织的团体中是否有共同的目标？事实证明，由于在技术和协议方面确实存在一些共性，可以帮助那些怀疑自己可能会成为黑客组织攻击目标的组织。

那么他们想要的是什么呢？对于黑客组织来说，信息类型和目标组织会随时变化。通常情况下，最好假设任何组织在某个时候都可能是其中一个黑客组织的目标。需要考虑的一个重要事实是，与其他犯罪组织相比，黑客组织所占的网络犯罪领域不同，因为黑客组织更有可能从事旨在让目标组织难堪或暴露其身份的网络恶作剧，而不是网络盗窃或网络恐怖主义。

1.6.1 解密匿名攻击

由于"匿名者"是迄今为止最流行的黑客组织，本节将专门关注这个特定的组织是如何运行的。首先，需要注意的是，匿名者经常使用分布式拒绝服务（DDOS）攻击作为其签名的一部分。DDOS攻击不会产生被盗的信息，但它们会对目标组织造成伤害。由于DDOS攻击是方程式的一部分，"匿名者"雇佣了非专业人员和熟练的黑客。实际上，非专业与熟练黑客的比例通常是10：1。

阶段1：招募和沟通

攻击的第一阶段主要是针对将要完成的任务和原因进行宣传，这些组织通常会制作和发布一些视频，通过社交媒体或推特（Twitter）来召集同情他们的用户。由于黑客攻击通常是众筹的，没有资金支持，所以这个阶段是非常必要的。因此，通过适当的途径进行有效的监控可以给组织提前预警，告知他们将成为目标。由于招募人士中包含非专业人士和技术专家，因此这些信息普通公众通常也可以看到。宣传活动的特点往往是以米姆或视频为形式进行宣传，旨在支持这项事业，为加入该团体的任何人创造神秘感和归属感，并尽可能地黑化对手。招募黑客的想法与招募恐怖分子的想法类似。从本质上讲，它的吸引力在于让被剥夺公民权的人们知道他们可以变得强大，他们可以成为纠正世界错误的英雄。

阶段2：侦察和应用程序攻击

第二阶段通常由更熟练的技术人员执行。第二阶段包括收集对攻击有帮助的信息，并确定成功攻击所需的任何应对措施。这个阶段的关键是攻击者不被发现。阶段2的第二部分实际上是让攻击者破坏应用程序服务器。为了做到这一点，黑客团队将利用任何可用的工具来识别和利用漏洞。

在应用程序（通常是面向公众的 web 服务器）被入侵后，攻击者通常会用自己的页面替换合法页面，明确表明他们已经入侵了服务器，并散播他们为什么要这么做的消息。这种宣传展示了该组织的力量和有效性，并常常作为最后的招募助推，即在攻击进入最后阶段之前，让更多的人加入到他们的事业中。

阶段 3：DDOS 攻击

如前所述，DDOS 代表分布式拒绝服务。这种类型的攻击包括许多机器同时向同一个目标发出请求，以达成阻止合法用户访问服务器的目的。这种类型的攻击对于在线商家或服务提供商来说极具破坏性，因为这会导致客户无法购买商品或服务，或导致供应商违反服务级别协议。分布式 DDOS 攻击的成功执行并不很困难，特别是当招募到足够多的机器时会变得更加容易。针对单一目标的 DDOS 相对容易被某些对策击败，但要将 DDOS 攻击与非常大的合法流量区分开来则要困难得多，即使最后区分成功，也为时已晚。（http://resources.infosecinstitute.com/weapon-of-anonymous/）

除"匿名者"之外，还有更多的团体，甚至"匿名者"在不同的情况下也使用不同的战术、技术和协议。黑客组织攻击的主要特征是攻击前进行宣传，动员人们站在攻击者一边；攻击后也进行宣传，为他们的所作所为邀功，并利用成功的攻击招募进行下一次攻击的人员。

1.6.2 黑客案例研究：美联储

长期以来，"匿名者"一直认为美国政府是自己的敌人，也是全世界的敌人。"匿名者"坚决反对保密和审查制度，并指责美国政府试图秘密行动，以审查他们不同意的所有声音。而亚伦·施瓦茨的自杀更是让人们的愤怒达到了顶点。施瓦茨是 Reddit 网站的创始人，他被美国政府以电信诈骗和计算机诈骗的罪名起诉，还被指控非法获取了受版权保护的材料，而这些材料他认为应该是免费提供的。施瓦茨认为他将面临长期监禁，因此他选择了自杀而不是面临判决。

"匿名者"对施瓦茨的死感到愤怒，并发起了他们所谓的"最后手段"行动。在招募和沟通阶段，"匿名者"扩大了范围，不仅是针对这一具体的起诉，还针对高层银行家和官员没有被追究 2008 年金融危机责任的情况，对政府发起了更大的弹劾。该组织认为，对危机事件负有责任的人几乎没有承担他们应负的责任，反而是人民为他们的罪行承担了责任。由于范围扩大，"最后手段"行动针对的是联邦储备银行，特别是银行内部的高层银行家。

据美联储称，这次攻击利用了"网站供应商产品中的一个漏洞"。在举办美国橄榄球超级杯大赛的周日，"匿名者"透露，他们泄露了 4000 名银行家的证书，并获得了在金融紧急情况下扰乱主要应急通信系统的能力。联邦政府承认发生了这次攻击，但对"匿名者"关于泄露程度的说法提出了异议。

作为典型的黑客攻击，这次攻击造成的实际损害远远小于该攻击在宣传时公众舆论中的价值，这次攻击造成的实际伤害几乎无法量化，但这次攻击确实令美联储感到尴尬，并称其安全措施受到质疑。当"匿名者"攻击像三 K 党（KKK）或 ISIS 这样的其他组织时，让这些组织难堪是否真的重要是值得怀疑的，因为他们在大多数情况下，并不关心自己的公众声誉。"匿名者"等组织可能会对这些组织造成重大伤害，并通过发布其姓名或身份或与执法部门合作将他们绳之以法，从而劝阻潜在的招募人员。问题是，在这种情况下，他们会站在哪一边？他们会愿意与一个已知的敌人合作来削弱另一个敌人吗？涉及这些无组织群体道德问题的答案往往难以确定。因此，当面临涉及利益冲突的复杂决策时，真正了解这些群体的忠诚度或试图预测他们的行为是极其困难的。此外，决定他们是好还是坏也需要具体问题具体分析。至少，所有的信息安全专业人员都应该熟悉他们的策略，并且要做好有一天有可能成为被攻击目标的准备。

1.7 小结

每一类攻击和每一次入侵都可以通过某种方式减轻或防止，这一点我们将在本书的后续章节中进行解释。就像世界上没有坚不可摧的防御一样，也没有无法察觉的攻击。洛卡德的交换原理在数字世界和物理世界中同样重要。每次攻击发生时，攻击者都会从攻击现场取走一些东西，并留下一些不属于那里的东西。成为检测这些变化的专家是构建全面 IT 安全规划的关键因素。

在本书的其余章节中，我们将探讨一些不同的原则和最佳实践，这些原则和实践可以用来防止这些类型的攻击，并在它们发生时减轻它们造成的损害。

第 2 章　保护关键资产

在这本书的后续部分，我们将在这样一个中心前提下进行介绍，即全球的每个组织机构都有太多的信息在其环境中流动，因此无法监控所传输的所有内容和上下文。由于电子信息的数量巨大，如果一个组织机构试图监控每一次传输，那么这个组织机构的一半或更多的工作人员都将致力于这项工作。事实上，如果对每件事都进行监控是不可行的，那我们该如何甄别优劣呢？对于组织来说，内容和内容感知工具已经成为识别、监视和保护对他们来说最重要的东西的必不可少的工具，但许多组织却难以有效地使用它们。

自 2002 以来，3 位智者用他们丰富多样的经验汇聚成一个理念，推动了信息安全事业进入一个新时代。通过与业务利益相关者进行广泛的面谈，确定对组织至关重要的资产，并将信息转化为运营过程，使信息安全团队能够高效、有效地执行企业领导人的愿景和战略，这一想法已被证明对全球各地选择接受它的组织来说非常有力和有效。

2.1　3 位智者

当清晰的愿景和正确的经验相融合，再加上坚韧不懈的动力来解决一个给全球组织带来挑战的问题时，行业就建立起来了，进步也就产生了。2002 年，罗伯特·艾格布雷希特和恰克·布鲁姆奎斯特一起创立了一家名为 BEW Global 的公司，这是第一家致力于从内到外地构建安全产品和程序的公司。随后，他们遇到了瑞安·科尔曼，他创立了一家名为 Dayspring 的技术咨询公司，该咨询公司专注于 ISO 27000 和有效的业务流程设计，瑞安·科尔曼的观点总是能够与罗伯特和恰克的想法不谋而合，这就是我们在本章中探讨的关键资产保护方法的起源。

3 个人中每个人都拥有不同的背景，这使得他们相互促进，获得了必要的技能和观点，进而能够有效地运行复杂的项目。他们对将来如何实现信息安全拥有远见卓识，并且远远领先于市场的其他公司。我很荣幸能认识这些有远见的人，并和他们有足够的时间共处，从而可与你分享他们的故事，以期为理解他们的想法和观念及其对建设下一代信息安全项目的影响提供必要的见解。

2.1.1　罗伯特·艾格布雷希特

罗伯特·艾格布雷希特是 InteliSecure 联合创始人，该公司的前身是 BEW

Global。其父亲路易斯·艾格布雷希特是密歇根一个贫瘠的奶农，经过不懈的奋斗成为 Avago 的董事会成员。正如大多数人所认识的那样，路易斯是一个谦逊而温文尔雅的人，但是他为罗伯特的一生提供了令人难以置信的见解，罗伯特受到父亲的深远影响，这对他的商业生涯起到了很好的作用。

罗伯特获得了丹佛丹尼尔斯商学院国际管理学院的第一个学位。在获得学位后，罗伯特面临着许多年轻人在大学毕业后面临的选择：现在该怎么办？如果你问他，罗伯特会告诉你他是一个受过教育的滑雪迷。罗伯特的第一爱好是山地滑雪。这种激情几乎使他想开设一家滑雪店。如果他这样做的话，信息安全的前景将与今天截然不同，许多年轻的信息安全专业人士将失去一个向业内最伟大的头脑之一学习的机会。

相反，罗伯特选择在有助于业务发展和拥有更多的国际机遇的大型组织中工作，包括美国 Level 3 通信公司（美国全国性电信运营商），Virtela 全球网络解决方案公司和奎斯特通信公司（著名的宽带国际互联网通信公司）。正是他在 Gemplex 公司期间，他和恰克·布鲁姆奎斯特（Chuck Bloomquist）认为肯定有一种经营方式存在，这种方式比他们以往经历过的方式都好。还有一个即将到来的挑战是如何确保关键信息资产的安全，这是一般市场没有准备好的。这两个核心想法是后来成立的 BEW Global 以及 InteliSecure 公司的基础。

文化对罗伯特来说总是十分重要的。他很早就接受了这样的理念：当人们热爱他们所做的事情时，他们就会把工作做得最好，并且在工作之余完全享受生活。无论企业将要做什么，创造一个有趣的、引人入胜的、令人愉快的文化氛围，提供高质量的生活，始终是公司的首要使命。这种致力于创造积极的工作环境和鼓舞人心的企业文化，创造充满激情和忠诚的工作环境，有助于组织的整体成功。

罗伯特在公司从 20 世纪 90 年代到新千年的变化中看到了一个基本事实。他认为城市不再是冰冷的石头、钢铁和砖结构的建筑，而是随着信息而跳动的电子神经系统。这些信息是一些组织的命脉，保护这些信息将在未来几年改变许多公司的命运。目前，许多组织在处理安全计划方面受到外界影响，并且没有注意到一些数据比其他数据更有价值这个核心事实。随后的几年里，罗伯特在致力于教育市场和改变这种模式方面发挥了核心作用。

罗伯特在业务开发和业务流程优化方面的经验以及他的技术背景使他能够理解这些组织所面临的挑战。他是第一批有远见卓识的人之一，他认为，为了真正解决网络犯罪带来的挑战，企业与他们选择部署的技术之间将需要前所未有的合作。2002 年，BEW Global 公司以及后来在业内被称为关键资产保护计划的项目诞生了。

2.1.2 恰克·布鲁姆奎斯特

恰克·布鲁姆奎斯特成年后大部分时间都在国防和电信行业从事技术工作。他参与了多个项目，从为美国军方开发和实施武器系统，到为新墨西哥州的农村社区建设必要的基础设施，提供互联网服务。

恰克·布鲁姆奎斯特和罗伯特·艾格布雷希特在他们的职业生涯中有过几次交集，特别是在 Ticketmaster 票务公司和 Gemplex 公司期间。世纪之交之后，许多科技界人士发现他们在评估自己的未来。千禧危机已经过去，没有出现任何重大的可怕问题，科技就业泡沫已经破裂，取而代之的是恰克所说的"IT 萧条"。许多人转向与技术无关的职业道路，例如抵押贷款，房地产，保险销售等。恰克和罗伯特对退出技术领域毫无兴趣，他们开始以团队的方式考虑自己的未来。

除了他们对滑雪的共同爱好，恰克和罗伯特在 2000 年至 2002 年间一直在社交场合见面。他们详细地谈到了他们参与的组织内部的价值体系以及这些价值观与他们自己的价值观之间的差距。他们一致认为，一定有更好的方式来经营公司和谋生。他们身上的创业种子开始发芽，他们只需要确定他们将要做什么。

恰克已经开始听到越来越多的客户希望将安全性纳入其网络的需求。当时，防火墙是一门新兴的技术，信息安全的概念还处于萌芽阶段。现有的技术是基于边界的技术，专注于建立虚拟墙，将未经授权的用户隔离在网络之外。当时还没有技术允许用户决定他们想要保护什么，并阻止它离开组织的边界。罗伯特和恰克都认为这是数据的问题，而不是让人们远离网络。

恰克认为，网络的本质需要孔隙度，也就是信息进出的能力，才能在网络之间有效地传输信息。只要存在漏洞，未经授权的用户和参与者就有可能通过那里存在的漏洞来访问网络。当恰克谈到当时的愿景故事时，他喜欢谈论伦敦银行。如果盗贼花了所有的资源试图通过马路穿过街对面的银行进入地下室，如果有足够的时间和资源，他们很可能会进入。如果他们进去了，什么东西都拿不出来，那会造成什么伤害呢？为了让银行恢复正常运作，肯定会有一些物理上的损坏需要修复，但窃贼们没有拿走任何有价值的东西，银行也没有损失一分钱。而在虚拟世界中，修复成本大大降低，危害大大减少。

这一切都指向了一个中心理念，自 BEW Global 成立以来，这个核心理念一直是其基石。攻击者为了从攻击中获得价值，他们不仅要渗透网络，还要渗透数据。对受害者造成的伤害也是如此：数据必须从环境中过滤出来。无论是否存在未经授权的人员，只要数据驻留在其预期驻留的地方，就不会对受害者造成伤害，攻击者也不会获得任何好处。因此，构建程序将未经授权的参与者拒之门外不仅可能失败，而且还会错过他们试图完成的目标。有效的安全程序的目的必须是防止未经授权的人获得关键数据。这个想法现在看起来很明显，但当时它确实是革命性的。

2.1.3　瑞安·科尔曼

瑞安·科尔曼的关键资产保护之旅始于 2005 年左右，当时他是宾夕法尼亚州费城一家制药公司的技术经理。在 PMRS 公司，瑞安开始开发将软件开发生命周期（SDLC）应用于业务流程的方法。瑞恩负责多项职责，包括技术，合规，创新和流程改进。他的方法是独一无二的，这为他随后对关键资产保护计划的发展以及BEW Global 团队为保护关键信息而明确地将业务流程和技术结合在一起所做的工作奠定基础。

2009 年，瑞安离开 PMRS 公司，自己创建了名为 Dayspring 的技术咨询公司。正是在这个时候，他开始与 BEW Global 合作，为 BEW Global 的关键资产保护计划提供工艺设计和改进方法。也是在这个时候，BEW Global 创建了第一个管理安全服务实践（MSSP），专门用于使用内容和上下文感知技术保护关键信息资产。瑞安的质量管理体系方法被纳入保护关键资产的想法中，以形成一种机制和方法，从而不断改进整个生命周期的计划。

罗伯特的远见，恰克的技术专长以及瑞安在建立和改进流程方面的熟练程度的结合为 InteliSecure 在 2009 年至 2016 年期间经历的发展激增奠定了基础。InteliSecure 开创性的核心理念已经被广泛接受，现在已经被各种组织所认可和实践，其中包括世界上一些最大的咨询实践。罗伯特、恰克和瑞安是多年来为信息安全发展作出重大贡献的远见卓识者。他们是具有远见卓识和洞察力的罕见专业人士，他们可以利用他们的经验准确预测未来的问题，勇于承担很大的个人和财务风险来解决这些问题。简而言之，如果没有这三者的贡献和远见，我不会写这本书，这个世界将成为一个比现在更加危险的商业场所。他们所做的工作是商业界开始认真对待网络威胁并采取切实步骤改善安全状况的一个例子。

2.2　什么是关键信息资产?

什么是关键信息资产？简单地说，关键信息资产是指任何可能由于丢失、被盗、不当共享或不当公开而对组织造成无法弥补的损害的信息。某些类型的关键资产是众所周知的并受到监管的信息，如受保护的健康信息（PHI）；个人身份信息（PII），如美国社会保险号码、加拿大社会保险号码等，以及支付卡行业（PCI）信息或信用卡号码（CCN）。其他关键信息资产不受监管，但对组织来说也非常重要，例如知识产权、商业研究和计划信息以及诸如财务报表、价格表和并购信息等财务信息。

类似地，关键信息资产的损失也会对组织造成某些类型的伤害，例如品牌声誉的丧失，如 Target 公司入侵案例的研究，或来自监管机构的罚款，详见社区卫生系统违约案例研究。其他由于未能保护关键信息资产而造成的不太为人所知的损害包括运营影响和组织效率的周期性损失，索尼案例中对此有详细描述；或者是国家资助的工业间谍活动造成的难以言表的后果——收入损失和竞争优势削弱。任何丢失或被盗可能导致这些结果的信息都是关键信息资产。

关键信息资产的构成因组织而异，通常与资产负债表，收入预测，运营预算和风险模型有关。从理论上讲，如果资源和人力无限，那么所有被确定为重要的资产都可能得到永久性的全面保护。但是，大多数信息安全团队没有无限的资源，因此必须确定资产的优先级。在下一章中，我们将探讨一种对关键资产进行优先级排序的方法，但是保护关键信息资产的一刀切方法根本无效。正如恰克·布鲁姆奎斯特（Chuck Bloomquist）向全世界的商业领袖反复说过的那样，"没有简单的按钮"可以解决威胁参与者所提出的复杂而不断变化的威胁。

一些关键信息资产很容易就能通过向高管们问一些问题来确定，例如"是什么让你夜不能寐?"，以及阅读上市公司的 10-K 报表中的风险因素部分来轻易确定。其他时候，为了真正识别什么是重要的，需要对关键业务流程进行深入映射，这些业务流程预计将驱动重要的收入流。通常，它需要与关键管理人员、业务部门所有者以及最接近流程本身的员工进行汇总讨论，以确定对组织最关键的因素。决定什么是关键和什么不是关键的最重要因素是依靠事实而不是观点；将资产与公司的财务、目标和愿景联系起来，并确保收集到尽可能多的关键业务利益相关者和主题专家的意见。通常，必须由中立的第三方来调解这些对话，例如在创建此类类型的咨询服务方面经验丰富的顾问，尤其是在优先考虑资产时。很多时候，关于什么是关键性的争论很少，但哪些资产最重要通常会成为激烈辩论的主题。我个人更倾向于将优先级与以财务术语表示的资产的风险有形地计算相结合，但还有其他有效优先级的方法。关键是所用的方法尽可能客观，并且在开展这项工作之前就已经确立。在仍然存在分歧的情况下，通常最好是让该计划的最高级别执行发起人参与其中。

2.3 数据生存周期元素

在构建综合信息安全计划时考虑内容、社区和信道至关重要，许多违规行为都是这 3 种情况下的异常行为之一，因此缺乏全面的监测和将三者全部考虑在内的响应计划，将会大大增加未被发现的敏感信息泄露的风险。

前面概述的是一种以业务为中心的方法，用于定义哪些是关键的，哪些是针对这些关键信息资产授权的。用于监控系统驱动事件的程序和使用上下文分析技术的程序是建立在数据生存周期的概念之上的，该程序是用来定义环境中的基准行为，并检测偏离该基准的偏差，理想情况下会突出反映出与环境中最关键的数据相关的异常行为。有 4 个技术中心类别可以定义关键信息资产的生存周期：创建、存储、使用和传输。图 2-1 显示了组织内关键资产的数据生存周期元素。

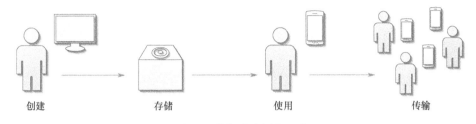

创建　　　　　　　存储　　　　　　　使用　　　　　　　传输

图 2-1　数据生存周期元素

2.3.1　创建

为了保护关键信息资产的整个生命周期，了解基础设施内资产的创建或"诞生"至关重要。知识产权通常实际上是在组织内部创建的，但 PHI 又如何：我们实际上并没有创造它？从这个意义上讲，创造与资产何时开始存在于环境中有关。就 PHI 而言，可能是患者填写表格，或者是另一位医生或保险公司推荐该患者。理解创建关键信息资产的重要性最好通过涉及规范的违规行为来说明。

Specs 是一家主要在得克萨斯州经营葡萄酒和烈酒的零售商。他们经历了一次入侵事件，在 17 个月的时间内暴露了大约 550000 名用户的 PII 信息库。攻击 Specs 的实际战术技术和协议还没有公布，但鉴于入侵行为影响了 165 家商店中的 34 家，而不是整个基础设施，而且受影响的客户数量似乎与入侵发生的时间长短直接相关。根据公开信息我们可以合理地推测，该漏洞不是对集中式基础设施的攻击，而是在数据创建时复制数据，因此绕过了许多围绕其受监管的数据环境的集中式安全控制。在我看来，从这一漏洞中汲取的教训是，从数据被委托给组织保管的那一刻起就保护数据，对于防止长期、大量且未被发现的入侵行为非常重要。

2.3.2　存储

资产一旦存在于环境中，就必须将其存储在某个地方。适当的存储方法、适当的社区以及特权用户的访问级别是全面保护的重要考虑因素。存储不当的信息以及过度宽松的账户是许多备受瞩目的泄密事件的主要原因。eBay 的入侵行为就是一个很好的例子。

在 2014 年，eBay 有一小部分员工的证件被泄露，这导致未经授权可以访问所有 1.45 亿 eBay 用户账户的信息。这个小型社区用户不太可能需要访问如此庞大的用户账户来履行关键的业务职责。这些信息很有可能不需要知道最低特权概念，或者不需要对系统进行更改的管理权限以及访问环境中所有信息的必要性。根据我的经验，这种缺乏分离是非常普遍的现象，那些努力保护自己免受大多数网络攻击的组织应该再次审视这种情况，其中涉及不分青红皂白的网络钓鱼攻击，或者针对特权用户的更具针对性的网络钓鱼攻击活动，然后使用过度宽松的账户获取他们认为对其有价值的任何信息。

2.3.3 使用

通常情况下不建议存储没有商业用途的信息。人类趋向于永久存储所有事物，这样做增加了暴露的可能性，因此必须达到一种平衡。有些时候，法律或企业政策要求存储某些类型的信息。在其他情况下，存储应该直接与商业用途联系在一起。永久存储所有内容被认为是过度保留，相应地增加了风险暴露。如果所有信息都具有商业用途，那么定义将使用这些信息的用户以及所述信息的可接受用途是很重要的。这样做可以建立控制以允许关键业务流程，同时防止未经授权使用关键信息资产。

区分有业务需要访问和使用某些类型的关键信息的用户和被允许自由访问这些信息的用户是很重要的。许多应用最小特权概念的组织这样做与用户是否可以访问这些信息有关。这一决定在历史上一直是一个"是"或"否"的决定。我的观点是，最小特权的概念不仅应该发展到决定一个人为了执行基本功能必须获得什么信息，而且还应该发展到决定一个人为了执行这些功能必须完成什么类型的特定活动。它还应该与其他最佳实践一起部署，例如职位轮换和职责分工，以减少欺诈和不正当行为的发生。

例如，负责为保险公司和患者开票的医院的行政人员必须访问 PHI 才能执行这些功能。但是，同样的员工是否有能力将敏感的患者信息保存到可移动存储设备或将信息发送到他们的个人电子邮件账户，以便他或她可以在家里的一个不安全的个人设备上工作?答案可能因组织的风险承受能力而异，但这个问题应该针对组织的最关键信息资产提出。

我与之合作的组织有无数例子，它们能够通过定义授权使用的关键信息的方式来识别异常行为。定义授权行为模式允许立即识别与资产有关的未经授权的行为。此外，通过定义和记录告知员工哪些是未授权的信息的通信计划，有助于根据用户的明显意图对未经授权的行为进行分类。为了做出适当的响应，识别行为是否是意外的，是否是业务流程断开或传输不畅导致的结果或用户的可疑行为，这一点非常重要。

2.3.4 传输

一些资产不应该离开组织基础结构。但是，大多数都有授权的数据传输方式和授权目的地。例如，客户 PHI 可以通过加密的电子邮件与患者共享。另一方面，如果这些信息是以加密的格式与错误的人共享的，或者以未加密的格式与适当的人共享的，都将被视为违规。这些细微差别和细节构成了有效的信息安全计划的基石。一般来说，复杂的攻击者通常会针对特定的细节，而不是几乎所有组织都至少会采用的一般性保护。这不仅是合乎逻辑的，而且已经通过彻底检查和公布的违规行为得到了证明。

一个定义授权传输方法重要性的例子是跨国运营的制造组织。将知识产权传到国外肯定是有风险的，这样做时，务必确保信息在传输过程中受到保护，并且只与适当的收件人共享。此外，确保没有一个人拥有创建产品所需的全部信息往往是最佳做法。将信息发送给不同的收件人要安全得多，因为截取信息和重新组装要困难得多。选择阻止信息发送对组织是有害的。选择合适的策略来保护传输过程中的数据，记录策略并设置一个程序来监控策略的偏差，可以保护信息，同时让关键业务流程继续畅通无阻。

2.4　行业挑战

虽然泛泛的概括是危险的，但在不同的行业领域中，有一些共同的威胁和资产可以作为信息类型的好例子，这些信息往往被认为是需要保护的关键信息。这些例子并不全面，而是作为商业分析和激烈辩论的起点，来说明保护关键信息资产在每个行业领域都很重要的一些原因，和可能针对每个行业领域的威胁类型。在我的职业生涯中，曾多次听到公司声称它们不受管理法规的约束，因此没有需要保护的关键信息资产。我从未见过哪个组织有这种情况。下面的部分旨在激发人们思考什么对下面所涉及的行业领域是至关重要的，以及激发人们思考哪些资产可能对行业领域的组织至关重要但却没有特别提到。

2.4.1　律师事务所和其他服务提供商

在保护关键资产方面，律师事务所和其他专业服务提供商有一个非常有趣的问题。由于这些组织最关键的信息往往是他们的客户和客户托付给他们的信息，因此资产的内容可以是任何东西。此外，对于特定文档和持续访问管理的保密性，通常有非常具体的客户驱动要求。很多时候律师事务所都是潜在的各种攻击者的信息库。对于间谍和民族国家来说，律师事务所通常在申请研究和专利之前就存放了相关信息。有组织的犯罪分子可能会发现与诉讼有关的 PII，特别是涉及保险公司的案件。对于恐怖分子和激进组织来说，如果这些信息被不当获取和公开，律师事务所可能会让他们的客户感到尴尬或有潜在的伤害。更糟糕的是，很多时候客户可能会彼此存在利益冲突，为了防止服务提供商给客户带来伤害，进而损害服务提供商的声誉，往往需要建造和维护道德墙。很难确定这些企业应该保护的信息类型的形式和功能，但是识别和保护资产是可能的。

通常，保护客户数据的关键是客户和客户提供信息的过程。建立一个程序来正确地识别和跟踪谁提交了什么，这是有效保护数据的第一个关键。应用人类可读和机器可读的数字标记对于这些类型的提供商构建和维护道德墙也非常重要。例如，包含 PII 的基础设施内部的所有文档都应该受到保护，并且只与授权的用户社区共享，但是授权的用户社区将根据提供信息的客户端而变化。明确识别用户和保护系统的信息对于解决本用例提出的挑战至关重要。

2.4.2　石油和天然气

石油和天然气行业对采用和建立全面的信息安全计划非常谨慎，特别是鉴于其面临的威胁的数量和广度。在我的职业生涯中遇到的所有行业领域中，石油和天然气以及更广泛的能源领域，在我看来都是联邦调查局确定的所有 4 个威胁行动组织最有可能针对的行业领域。每个威胁行动组织针对石油和天然气都有不同的原因，下面将详细解释其原因以及常见的目标信息。

1. 间谍和民族国家

众所周知，间谍和民族国家以石油和天然气行业的各种关键信息资产为目标。在行业间谍活动的情况下，在公开市场上为了竞争优势向消费者销售汽油和生产石油产品，或者由国家实体在国家资助案件中生产可能会导致国内产品增加和进口减少。这种情况会对受害组织造成巨大的经济损害。也有记录表明，集权政府窃取研究信息和商业计划信息，以操纵房地产价格为目的，获取外国企业认为对其扩张计划或采矿和钻探活动至关重要的资产。最后，发展中国家或发达国家和有竞争力的行业参与者经常将目标锁定在方法和业务流程上，这些方法和业务流程可用于提高攻击者执行目标组织已改进或有时已完善的类似活动的能力。

2. 有组织犯罪

有组织的犯罪分子瞄准可能产生利润的信息。通常情况下，石油和天然气公司雇用大量人员，并有理由为其员工维护 PII 数据库。尽管大多数雇主都维护这种信息，但组织的规模决定了攻击者损害系统的利益，所以大型组织是更有利可图的目标。此外，石油和天然气行业对大宗商品市场的研究和价格预测，以及预先发布的财务业绩信息，都可能被有组织的犯罪分子利用，利用内幕信息从全球市场的投资活动中获利。虽然公开交易公司的所有行业都可以利用财务业绩信息，但商品市场的投机研究为有组织犯罪提供了另一种途径，通过窃取石油和天然气行业的财务信息和预测而获利。

3．恐怖主义

恐怖分子可以利用对石油和天然气公司的袭击来制造非常高调的灾难。对沙特阿美公司的成功袭击表明，攻击者有可能利用 ERP 系统从信息技术系统转向运营技术系统。沙特阿美石油公司的袭击者没有引起重大灾难，只是摧毁了计算机设备，但通过网络攻击造成石油泄漏的可能性是一个非常真实和可信的威胁，将在本书中进一步讨论。

4．黑客行为

黑客攻击团体的动机有很多，但大多数倾向于是无政府主义者，并且在意识形态的主流之外，这意味着许多团体拥有反商业、反石油生产和出口国（OPEC）、反贪污和利润、资源的反控制，或反化石燃料议程。黑客主义者选择攻击公司的确有许多原因，但许多黑客组织发现他们与石油和天然气公司存在分歧。

鉴于对该行业的所有潜在攻击，该行业的相对弱势的安全态势令人困惑。我个人尽我所能地努力与社区进行交流，我认为缺乏保护与对行业面临的威胁缺乏了解有关。

2.4.3 医疗保健

医疗保健中最明显的关键信息资产都与 PHI 和 PII 相关。对于大多数医疗保健机构来说，这些受到严格监管的资产是最需要保护的资产，但对于大多数情况，还有其他资产也需要得到保护。许多医院也在进行研究，为了实现研究的投资回报率，需要对其进行保护。此外，许多医疗保健企业通过收购而增长，因此并购文件可能非常重要。每个个体卫生保健组织都会有不同的担忧，但重要的是要扩大对美国健康保险可携性和责任法案或全球类似法规和消费者保护法规定的除 PHI 以外的保护措施的必要性。有趣的是，我遇到的许多医疗保健组织允许指定法规来规定他们的安全状况，主要是关于他们自己的监管信息，而不是知识产权，合并和收购信息或可能存在于医疗保健环境中的其他关键信息资产。此外，许多人更关心合规性而不是安全性，甚至在引用规范信息时也是如此，这在许多情况下导致整体安全性较弱。然而，在我合作过的一些医疗保健组织中，有一些突出的例子表明，它们致力于保护其企业信息和患者信息，远远超出了要求的范围，应该赞扬这些组织的警惕。

2.4.4 制造业

制造业中的关键资产主要是他们制造产品的过程以及产品本身的计划和设计。这些类型的知识产权与企业的核心业务有关，并且通常与组织当前和未来的收入直接相关。通常，这些组织内部的安全专家错误地认为简单的产品并不重要。无论产品多么普遍，如果组织的生产流程比其竞争对手便宜或质量更高，那么该产品对企业至关重要。保护制造资产的挑战围绕着严格控制访问信息的用户社区，并明确界定授权使用用户社区的信息。在制造业中，流程、设计和公式是非常有价值的，外包是常见的，这导致了额外的安全问题。此外，必须接受一些风险才能使企业继续获利，因此需要对授权用户和业务流程进行密切监控，以便发现这些流程中的微小偏差。由于全球经济、较低的运营成本和较低的海外监管负担，从网络安全的角度来看，许多制造商正在世界上一些非常危险的地区开展业务。这些组织必须保持警惕，以确保违规形式的安全成本不超过所做决策的运营收益，这一点至关重要。

2.4.5 金融服务

金融服务公司是有组织的犯罪方最明显的目标之一，也是世界上监管最严格的行业之一。因此，金融服务行业拥有一些最为明确的关键资产，它们是你所期望的：诸如 CCN、银行账号、PII 和账户凭证之类的金融工具，以及财务计划数据和研究——这是需要保护的知识产权的主要形式。

基本上，所有这些资产分为两大类。第一类是客户信息，包括他们的财务信息和他们的个人信息。关于如何看待组织，保护客户信息非常重要。由于信任是大多数客户与金融服务公司进行业务往来的决策过程中的主要因素，因此不恰当地披露客户信息可能会对金融服务公司的收入产生重大影响。金融服务是少数几个必须建立程序来监控个别客户活动以检测欺诈行为的行业之一，因为金融服务行业通常对金融工具的欺诈使用负有责任，并且保护客户免受欺诈是每个公司营销策略的核心部分。

第二类关键信息资产包括企业情报或商业信息。对于金融服务公司来说，这类信息通常要重要得多，尤其是那些依靠投资作为其业务战略一部分的公司。房地产投资公司就是一个例子，从本质上讲，它们类似于共同基金，因为它们与投资者共同筹集资金，以期为投资者和组织获得丰厚的回报。对这样一个组织的长期计划是非常敏感的，因为它详细说明了他们计划在何处进行投资以及什么代表了对他们的好坏投资。如果这些信息传递给竞争对手，竞争对手将更容易与组织进行有效竞争。即使不正确披露信息的接受者不是竞争对手，其他人也可能利用情报进行投资，这可能会抬高投资的价格，并要求组织调整相应的策略。无论哪种情况都会在机会成本方面造成重大损失。

2.4.6 零售

与金融部门类似，零售部门的资产主要以信用卡号（CNN）的形式存在，这些资产很容易被网络犯罪分子毫无想象力地利用。与金融服务行业不同，零售行业的安全态势往往相对较弱，并且通常不会像全球经济其他部门那样在安全性方面花费太多。减少支出可归因于大多数零售机构的利润率非常薄，因此在安全解决方案和其他可被视为间接费用的解决方案上的支出较少。零售组织主要关注削减成本和管理费用，导致其成为网络犯罪分子的软目标。此外，一系列公开的针对零售业的成功袭击进一步鼓励了袭击者继续他们的活动。在某种程度上，零售组织在信息安全方面开展业务的方式必须有所改变。问题是，银行和信用卡发卡机构在保护客户免受财务损失方面已经变得非常有效，与医疗保健提供商等相比，消费者团体要求零售商更好地保护其信息的压力很小。此外，与医疗保健提供者相比很少有客户愿意花更多的钱去光顾一家能够更好地保护他们信息的零售商，因为这些违规行为几乎没有造成个人伤害。简而言之，消费者已习惯于违规通知，因此公众的谴责较少。

当零售商希望在其所在地接受信用卡时，他们要为每笔交易支付一笔费用，或按每笔交易的一定比例向信用卡发行者支付。支付卡行业（PCI）理事会是保护卡片数据如何被存储、处理或传输支付卡数据的监管机构，一个可能有助于增加零售安全形势的可能情景是 PCI 委员会是否会根据其安全状况向零售商提供不同的费率。目前没有迹象表明这种情况很可能发生，但如果欺诈成为信用卡发行人的头等大事，则可以采取创造性解决方案，以减少问题的影响。实际上，零售商通过信用卡向信用卡发卡机构支付其总销售额的百分比。如果表现出更好的安全状态可以降低卡供应商的风险，并且卡供应商通过向零售商提供更低的价格做出回应，那么零售商会更积极地构建有效的程序来保护信息。

2.4.7　上市公司

尽管这不是垂直行业，但上市公司面临着一些独特的挑战，因为他们需要准确而恰当地报告财务信息。在财务报表正式发布日期之前披露财务报表的规定有很多，还有其他明确禁止基于内幕信息进行交易的规定。但是，在财务报表发布之前，股票价格通常会发生重大变化。这种走势可以用纯粹的投机来解释，但也可能在某些时候，投资者能够获得表明某只股票可能表现低于或强于市场预期的信息。为了确保财务信息在披露之前没有被不恰当地分享，保护措施必须考虑到当前日期，作为整体保护情况的重要输入。

2.5　大海捞针

现在，我们已经确定了对组织至关重要的要素，并有效地将威胁映射到了这些资产上。我们如何保护这些资产？下一个合乎逻辑的步骤是将人员，流程和技术置于适当的位置，以便能够有效地检测和分析针对正在进行的资产采取的行动。在众多可用的技术中，保护关键信息资产的基础是建立在内容和上下文感知的监视工具之上。

2.5.1 内容分析

如果我们接受某些信息比其他信息更重要，那么我们必须有一种方法来区分运动中、使用中或静止中的关键信息，以及区分环境中相同信道的非关键信息。因此，内容分析是针对特定信息资产的任何有效安全计划的基石。本章后续各节中详细定义了动态数据，使用中的数据和静态数据。最著名和最完善的内容分析技术是数据丢失防护系列技术。由于数据丢失防护能够帮助组织遵守当时正在出现的法规，因此数据丢失防护在其生命周期的开始受到越来越多的欢迎。最近，数据丢失防护技术再次流行，这在很大程度上归因于诸如 InteliSecure 的关键资产保护计划之类的计划，该计划旨在帮助组织优先考虑和保护对组织至关重要的所有资产，无论它们是否受到监管。尽管数据丢失预防正在经历一场复苏，但没有任何一种技术会持续下去。然而，在可预见的未来，程序将需要一个元素，具有在大海捞针中找到指针并在整个生存周期中跟踪信息移动的能力。如前所述，目前内容分析系统有3 个监控领域，即动态数据、使用中的数据和静态数据。

2.5.2 动态数据

动态数据是指当关键信息资产在环境中移动或进入或离开环境时检测它们的能力。通用数据传输协议有简单邮件传输协议（SMTP），俗称电子邮件；超文本传输协议（HTTP），俗称为互联网和文件传输协议（FTP）。由于信息技术基础设施的分散化和云技术的日益普及，数据动态监测系统和程序已经历了转型，整合了云接入服务代理等技术，以确保组织能够建立和执行关于允许数据流向何处以及如何共享数据的方法的规则。

必须在执行层或董事会层面处理可接受的数据使用，特别是关键数据。需要明确的是，高管们不需要参加该计划的日常活动。高管和董事会成员负责为计划提供指导和预算。副总裁级别应针对其业务部门提供更具体的指导，并将职责分配到其下面的级别。重要的是要理解安全是每个人的责任，并且组织应该致力于保护关键信息资产。从董事会到日常用户以及其中的每个级别都有各自的角色。

例如，在将敏感数据传输到云应用程序的情况下，如果执行团队没有制定正式和可执行的政策，则用户将遵循阻力最小的路径，这通常包括将关键信息资产暴露给消费者的云应用程序，这些应用程序带有不适当的风险。从用户角度来看，他们访问像 Box.com 这样的云技术的消费者方式以及企业 Box.com 基础设施的方式几乎没有什么区别。然而，在服务的消费者版本和企业版本中存在显著的安全性差异，从设计上看，这些差异对最终用户来说是尽可能地难以察觉的。在本书后面的章节中，我们将详细探讨组织如何优化流程以提高安全性，同时确保最终用户社区接受和支持这些更改。

数据传输加密的日益普及也迫使人们改变了数据传输的方式，曾几何时，我可以在网络上设置一个被动监控设备，可以在未加密的流量离开网络时对其进行监控，并发现不恰当的行为。当时，Yahoo Mail 和 Gmail 等流行的互联网邮件网站没有加密。目前，没有安全超文本传输协议（HTTPS）保护的情况下传输的数据很少，这意味着如果不对传输中的数据进行解密，则很难监视传输。同样，企业电子邮件通常通过未加密的 SMTP 传输。目前，许多组织在传输层安全（TLS）加密中封装 SMTP 传输，以防止未经授权的个人拦截传输。

实际上，许多使监控数据传输变得更加困难的变化实际上是出于总体安全的考虑而做出的。从安全角度来看，大多数传输都是加密的，这是一件好事。但是，这些变化决定了信息安全计划与组织基础设施整合，以便监控这些传输。普遍存在的加密技术可确保移动数据的安全，这凸显了对信息安全计划的全面要求。如果加密策略与程序的其他部分一致执行，加密技术将集中管理，并在适当的时候根据解密信息的要求进行部署。如果该程序是分离的，并在竖井中运行，那么对于实现内容分析功能的团队来说，在不完全破坏另一个团队部署的加密的情况下全面监控动态数据将是极其困难的。

2.5.3 使用中的数据

使用中的数据指的是技术监视终端用户如何使用信息的能力，通常是在端点设备级别上。这通常不仅包括信息在未连接到公司网络时如何通过互联网和电子邮件共享，还包括正在打印什么信息以及将哪些类型的信息保存到可移动存储器等内容。传统上，许多组织被迫做出二元决策，例如是否允许特定用户将任何内容传输到 USB 可移动存储设备。通过使用数据技术，组织可以实现和实施规则，控制哪些类型的信息可以通过这些常用的方法传输。便利的监控允许组织放松对精简流程的技术限制，同时保护关键信息资产。这是允许安全程序提高业务流程效率而不是增加流程开销并降低业务功能的难得机会之一。

使用中的监视数据通常对环境中数据的使用提供最大可见性，但对最终用户来说也是最具干扰性的。每次实施使用数据监控时，安全和生产力之间必须保持适当的平衡。根据我的经验，在用户理解需要的可接受监控与被最终用户社区视为侵犯隐私的超监控之间有一个非常细的界限。监控的可接受性在不同的文化背景下有所不同，并且从企业文化和区域法律角度来看都难以管理。但是，长期规划和有效沟通可以为用户社区和各国监管机构创造出可接受的解决方案。通常还有实时与终端用户进行交互的功能，例如弹出消息，要求用户在满足特定条件时确认他们打算采取特定操作。这种能力提供了巨大的机会来加强安全培训，并通过现场更正修改不当行为。此外，过度误报或通过不正确的消息传递疏远用户群体也会带来无可比拟的风险。"能力越大，责任越大"这句老话绝对适用于使用中的数据监测。

2.5.4 静态数据

静态数据是指在存储关键信息的地方查找关键信息的能力。此功能通常可解决法律团队、记录和信息管理、合规团队、信息技术团队以及安全团队的业务问题。从安全角度来看，存储不当的关键资产会面临不必要的风险。此外，当组织不遵守最小特权和职责分离的概念时，许多违规行为会造成更大的伤害。许多数据丢失防护供应商正在将静态数据监测与权限可视化功能相结合，以审查对存储基础架构中最关键信息的适当访问。另外，与索尼一样，过度保留没有商业价值的信息往往会带来问题。在没有业务需要的情况下，数据分类和标记程序在防止潜在有害数据被存储方面发挥着重要作用。内容分析程序的其余部分的数据通常对最终用户是透明的，因此许多缺乏足够的政治资本来完成高度宣传的监视功能的大型组织将从静止监测程序中的数据开始。总是存在一个创建、存储、使用和传输关键资产的过程。这是信息生命周期（ILC）的一个例子，本章后面将详细讨论。

2.5.5 内容分析的未来

传统上，内容分析引擎仅限于基于文本的内容，但目前正在进行研究和改进以允许分析图像和模型。内容分析领域即将进行的改进允许行为分析在特定区域的适当响应中发挥作用。此外，数据分类产品正在为人们提供方法，使他们成为关键资产保护解决方案的一部分，而不是问题的一部分。在我看来，内容分析引擎的未来将包含 3 个中心支柱：传统的数据丢失预防风格内容分析引擎；通过与身份和访问管理产品的集成来进行行为分析；通过数据分类和标记组件来集成用户反馈。

> **注释** 行为分析是指识别和确定单个人类行为的基准，以便检测与该正常行为的偏差。这与为系统设定基线的想法类似，目的是检测偏离基线的偏差。行为分析要求用户根据位置、工作时间、工作职能等因素构建配置文件。为了有效，这些模型可能需要非常复杂。

事件和转移量不断扩大。虽然目前的技术严重依赖用户监控以执行流程，但未来技术将利用自动化用户行为分析和自动化工作流程等技术，以减轻个人用户的负担。此外，可能会越来越多地利用机器学习来消除无关紧要的警报并减少个人的工作量。计算能力的提高以及 IBM 沃森等超级计算机的出现使得以前不可能实现的计算成为可能。例如，对人类基因组进行测序需要数周，但现在可以在一天内完成几次测序。同样，复杂的行为分析模型可以利用不断增加的计算能力，以实际建立行为模型并近乎实时地检测与正常行为的偏差。

目前，内容分析的一些可用的重要方面使得这些技术对于全面的信息安全程序来说是不可缺少的。然而，也存在明显的机会来改进这些类型的技术。如今，内容分析很大程度上是基于事件的。这意味着它们收集终端用户个人信息转移或行为的记录。下一步的演变需要考虑情境信息来呈现风险概况，并可能就风险是否为受损系统，善意内部人员或恶意内部威胁做出初步判断。产业需要充分的时间来实现这一愿景，但我的预测是，在未来几年内，将开始朝着这一方向迈出切实的步伐，从这本书写完到出版，有些主要供应商甚至可能会采取一些步骤。

一些内容分析引擎正在构建自适应或连接的安全模型，以允许更改行为风险配置文件以实时驱动，并且有时会主动响应不断变化的风险配置文件。例如，如果用户偏离了正常行为，系统可能会做出反应，在执行调查之前不允许该用户将敏感数据从其机器上传输出去。这些类型的活动长期以来都是由有效的信息安全程序以手动方式执行的，但将这些功能引入技术可将反应时间从几小时缩短至几分钟，这就有可能在某些类型泄露之前部署好以阻止泄露的发生，或者至少限制在这种情况下丢失的数据量。

此外，数据分类技术和内容分析的进一步融合将有助于提高内容分析程序的功效和灵活性。数据分类已成为将用户社区纳入保护关键信息资产解决方案的重要方式。我预计，随着下一代内容分析解决方案利用尽可能多的资源为信息安全团队提供定性行为分析建议，这些趋势将继续下去，并变得更具互补性。这些进展将对迅速和适当地应对威胁和违规行为的能力产生深远的影响。

2.5.6 上下文分析

上下文分析产品，传统上称为安全事件和事件管理（SIEM）产品，是安全事件监视（SEM）和安全事件管理（SIM）两种思想和原始技术的融合。SEM 产品旨在收集日志并允许分析和搜索这些日志。有许多全球法规要求日志收集，并且在很多情况下需要一定程度的日志审查。

SIM 产品旨在使组织能够关联来自多个来源的信息，以便识别可能表明系统或网络受到破坏的模式。最初的 SIEM 系统未能兑现其承诺，因为这项技术的速度不够快，不足以吸收大量的信息，并在有用的时间框架内将大量信息关联起来。例如，很多时候，复杂的相关性会花费数小时，在损害发生后很久才触发警报。为了有效，SIEM 系统需要更高效，更快速。SIEM 是在 20 世纪 90 年代为了存储日志而开发的，并且它在这方面一直很有效。最新一代 SIEM 系统代表了在大型环境中实现 SIEM 安全承诺所必需的技术上的必要的量子飞跃，这是一种将数以百万计的日志近乎实时地关联起来的能力，以便为表明可能正在进行攻击的系统行为模式提供及时和有用的警报。这种技术变化是由于从关系数据库到具有弹性搜索功能的非关系数据库的变化所致。

第一代 SIEM 产品已经让位给下一代的 SIEM 产品，新一代 SIEM 产品显著提高了实时监控和检测能力。许多下一代产品都采用了能够近乎实时地分析大量信息的技术。第一代系统中的大多数产品都使用关系数据库，如 Microsoft 结构化查询语言（SQL）数据库。几乎没有下一代系统使用这一类型的数据库。

该领域的下一个自然发展趋势是，在决定是否允许进行网络事务时，考虑用户行为以及妥协指标的情况下，进行自适应安全性建模。许多人忽略了情境监测系统的重要性，但它们至关重要，特别是对于那些被工业和国家资助的间谍作为目标的组织。由于适应性强且资金充沛的对手采用零日攻击来攻击其目标，并且常常在进行传输之前封装并加密目标数据，因此在许多情况下，这些攻击中发生的事情的唯一指标是在环境中与正常行为基线的偏差。它需要全面的内容分析才能使基准环境更加准确，并提醒与基准的偏差，然后才能触发全面的事件响应流程。

2.5.7 上下文分析的演变

最近，越来越多的上下文监控功能被运用于各个机器上，以补充或替代基于签名的反恶意软件产品。允许组织定义可接受的应用程序并将其列入白名单的技术，通常还具有一个组件来监视授权应用程序的行为，以确保它们正常运行。例如，我可能选择允许在我的环境中使用记事本，但是如果记事本程序开始启动 PowerShell 脚本，这些脚本可以被安全地终止，因为这不是环境中记事本文件的正常行为。这是基于端点的上下文分析技术的一个例子。

上下文分析行业开始远离 SIEM 标签，我们已经开始看到安全情报平台成为这些类型系统的新名称。无论被命名为什么，上下文分析系统在保护关键信息资产方面的关键是，它们从环境中的一组全面的设备中获取信息，并且可以尽可能接近实时地对不同信息进行标准化和关联。

安全行业经常感叹，衡量程序的标准是检测到漏洞的平均时间，或者说是从漏洞发生到被检测到漏洞之间经过的时间，而不是用安全程序挫败的潜在漏洞的数量来衡量成功与否。另一个用于描述非常相似度量的较新术语是驻留时间，即攻击者在环境中未被检测到利用它的时间量。驻留时间可以包含攻击者在环境内部休眠的时间段，以避免引起对违规的注意。这些攻击被称为"低速和慢速"攻击，因为攻击者保持低调并缓慢地朝目标前进，以便不被发现。这些攻击使得检测正在进行的攻击变得更加困难，但事后的取证评估通常会重新创建攻击要素，包括攻击者在对攻击对象的目标采取行动之前保持休眠的时间。

虽然我尊敬的同事们表达出失望情绪，他们的态度表明我们已经承认入侵是不可避免的，但在当前的行业状态下，大多数技术和程序缺乏主动预防能力，是被动的。因此，直到知道事件已经发生或正在发生，团队才能对事件做出反应。随着系统向未来发展，我希望将主要优势置于防止发生违规行为的主动性能力，而不是对正在进行的违规行为做出反应。在这一点上，程序和技术尚未达到使这一愿望得以实现的程度。

2.5.8 事件类型

在制定综合计划时，必须识别并考虑环境中发生的两类事件。首先，用户驱动的事件是用户采取的行动，通常由内容分析系统进行监控。其次，存在系统生成的事件，这有助于识别受损系统或网络上的异常行为。系统生成的事件通常由上下文分析解决方案进行监视。

2.6 内容、社区和信道

设计用于监控用户驱动的事件并采用内容分析技术的程序，是基于内容、社区和信道的基本概念而构建的，这是一种可接受用户行为和授权业务流程的方法。如果不存在针对关键信息资产处理的可接受使用策略，那么我们如何与业务部门合作，在不妨碍关键业务流程的情况下构建有效的针对特定内容的安全产品？这个问题是一个中心问题，它阻止了许多程序的实施，也阻止了更多程序的扩展，以至于它们无法以有意义的方式保护关键信息资产。安全业务流程设计是设计流程以保证安全的最佳方式，我们将在后面讨论。大多数情况下，暂停业务运营以最大限度地提高信息安全计划的有效性是不可行的。正如俗话所说，我们可能需要在行驶中改装汽车。

在改进组织关于关键信息资产的安全态势的同时，构建有助于业务而不是阻碍业务的计划的第一步是识别与这些资产相关的业务流程。如果不事先设置参数，定义核心业务流程通常会导致分析陷入瘫痪。为了建立保护重要信息资产的计划，需要从所有相关方收集的主要 3 件事是"三个 C"，因为它们与资产、内容、社区和信道有关。图 2-2 说明了内容、社区和信道，以及这些编程元素所指的内容。

内容
(CONTENT)

需要保护的
关键信息资产的数据

社区
(COMMUNITY)

有权限和无权限
访问资产的人群

信道
(CHANNEL)

所允许的
资产传输方式

图 2-2 内容、社区和信道

2.6.1 内容

内容只是可用于识别关键信息资产的各个方面。该特定资产或资产类别的独特之处是什么？关键资产与环境中平均价值资产的区别是什么？将这种商业智能转换为技术系统可以理解的技术编程的过程，以及构建有效程序所需的所有必要的干预步骤，以弥补业务利益相关方和负责程序日常操作的技术和信息安全团队之间的重大差距，我们将在回顾业务智能模型时详细讨论。本节中最重要的概念是，在定义关键信息资产的内容时，尽可能多地收集详细信息，理想情况下尽可能多的示例是非常重要的。

内容是指程序努力保护的内容。如果组织中的某个人访问了他们职责范围内不应该访问的内容，那么就违反了内容规则。例如，在医疗保健机构中，IT 部门可能不需要访问个人病历。很多时候，行为中敏感内容的检测本身并不是一个事件的提示。为了确定适当的应对措施，还必须应用社区和信道。许多组织都在努力从内容分析技术和程序中获得价值，因为他们只是在监视敏感内容，没有考虑到社区和信道的其他方面。结果是大量事件没有商业价值并且不可操作。这就造成了一个大海捞针的场景，在这个场景中，重要的事件会消失在噪声中。事实是，如果一项资产是有价值的和关键的，那么它将被组织使用，并且经常性地被使用。确定这些资产的可接受用途是不容忽视的关键步骤。由于系统的构建不适当地干扰用户活动，因此未能定义可接受的使用可能会导致用户社区的不良行为。此外，如果某些行为被禁止，而用户不知情，用户可能会觉得监控程序是不公平的。

2.6.2 社区

社区是一个常常被忽视的重要因素。经过时间考验和普遍接受的最佳实践（如最小特权和职责分离）植根于确定授权用户群体，这些用户既具有与关键信息资产进行业务交互的业务需求，又需要进行必要的培训以了解该资产将被处理以及可以与谁共享。这通常与定义信息类型的授权用户及其授权接收者一样简单。有时候它需要复杂的映射，特别是对于那些希望确保道德墙建立和维护的服务提供商。

社区回答了谁应该访问资产以及可以与谁共享资产的问题。一个社区入侵的典型例子是服务提供商将一个组织的信息发送给他们提供服务的另一个组织。如果分析数据的传输，内容是适当的，并且传输方法也适当，但是信息被错误的社区共享了，这可能导致数据泄露和客户信心的严重丧失。

2.6.3 信道

信道是指授权用户可以使用和传输敏感内容的方式。信道的最简单定义涉及传输，但是在创建综合 IT 安全计划的背景下，必须扩展其定义，将资产的使用方式也包含在内。许多组织错误地认为敏感内容的授权用户可以随心所欲地处理这些内容。例如，如果允许我访问客户 PII 以处理索赔，那么我是否也允许将这些敏感数据传输到 USB 设备或将其发送到我的个人 Gmail 账户，以便可以在我方便的情况下处理这些数据？答案通常是，或者应该是绝对地否定；然而，许多组织仍旧采用将用户列入白名单，而不是将用户操作列入白名单的方式。

> **注释**　对于管理者来说，普遍会将用户而不是用户操作列在白名单中。但当用户倾向于访问组织中最敏感和最有价值的资产时，这种做法非常危险。为了使计划有效，包括首席执行官在内的每个人都必须服从控制。任何人都不能凌驾于规则之上，否则整个计划就会有根本性的缺陷。管理者证书常常成为攻击目标，因为在大多数组织中，他们拥有最高级别的访问权限，而受到的限制和监督最少。

这种过度放任的立场不仅使组织面临招致员工不满的风险，或与安全相关的粗心大意的个人行为的风险，而且还增加了受信任的用户账户和计算机受到损害的风险。

信道旨在回答如何利用或传输资产。一个违反信道的典型例子影响着美国和其他地区的医疗保健行业。在美国，有一项名为《健康保险携带和责任法案》（HIPAA）的规定，除其他许多规定外，规定向患者发送包含健康相关信息的电子邮件必须在传输过程中加密，除非患者有书面文件授权，该组织可以不加密地发送他们的信息。如果医院以未加密的格式向患者发送信息（这可能是由于各种原因发生的），则表示违规和入侵。在这种情况下，内容是经过授权的，社区是正确地从一个被授权的用户传输到一个被授权的接收者，但是信道是不正确的。

2.7　适当响应

对于许多组织而言，事件响应计划与人寿保险非常相似：一些令人不快的事情，很少有人愿意考虑，也很少有人愿意花时间去计划。然而，没有为不幸的事件做计划并不会降低它们发生的可能性；这样做只会增加负面后果。在 2015 年 RSA 会议上，当被问到美国首席执行官对网络安全有何建议时，前美国中央情报局局长莱昂帕内塔说："人们可以选择通过领导来应对这些威胁，或者他们将被迫通过危机来应对它们"。随着网络攻击量的不断扩大，每个组织都可能受到攻击，无论他们是否知道。此外，考虑到目前的趋势，阅读本书的每个人都有可能在其职业生涯中的某个时候陷入违规情况（如果继往还没有的话）。

我经常告诉人们，最糟糕的时刻是在地狱之中教别人如何灭火。同样，如果没有一个深思熟虑的计划，就很难有效地应对事件。通常，最困难的事情是开始着手，对于事件响应计划也是如此。很多时候，组织不会制订计划，因为他们已被规划每种可能情景和偶然事件的艰巨任务所吓倒。

事件响应计划将在第 5 章中详细讨论。要记住关键资产保护的中心点是，在实现识别此类事件的能力之前，计划必须考虑对事件的适当响应。在信息安全的背景下，唯一比经历入侵和不了解入侵更糟糕的是，发现入侵时并没有做好适当响应的准备。

2.8　小结

从运营和安全的角度来看，关键资产是组织的关键。保护关键资产是任何安全计划的目标，无论计划是否明确界定这些资产或承认其真实目的。想想你住的地方：建筑物内的一切都是资产。门窗上可能有锁。那些锁定的门窗与基于周边的技术非常相似。它们是必需的，很少有人会完全放弃他们。对于平均价值的资产，例如电视、沙发、咖啡桌等，这些锁定的门窗可能是足够的保护。但是，如果你拥有非常高价值的资产，如珍贵而昂贵的首饰，则可能需要额外的保护；在这个例子中，也许放入保险箱会是一个安全的措施。但保险箱太小，无法满足你的所有需求，而扩大保险箱的容量将非常昂贵，因此你必须优先考虑哪些资产需要放入保险箱，哪些不放入保险箱。这正是当今正在尝试构建安全计划的组织所面临的挑战。

许多组织试图加强其外围防御能力，而不是选择基于保护其最关键资产来构建计划。这样做就像没有保险箱，而是选择把你的关键资产放在一目了然的地方，在窗户上增加栅栏并安装钢筋加固的门。然而，门窗必须能够打开才能够发挥其功能。由于这个事实，总是有可能在不应该打开它们的情况下将它们强制打开。如果对最关键的资产没有这第二层保护，这些资产将暴露在不应有的风险之下。每个人的门窗都锁上了。我们是来谈谈你的保险箱的。

第3章 货币化风险

> **注释** 本章的内容是与有营利动机的企业息息相关的。虽然这一内容可能也适用于非营利组织，但本章所表达的概念专门适用于以营利为目的的企业。

就个人而言，我最感兴趣的 3 个专业是历史、政治和商业。历史以其最真实的形式，植根于事实。事情要么发生了，要么没有，所以我喜欢历史。当然，也有一些修正主义历史的例子，人们为了支持自己的立场或世界观而扭曲事实，但在我看来，可以被事实证明而不依赖于目击者描述的历史有一种纯粹的成分。当然我们还可以从历史中选择如何吸取经验教训，来塑造我们当前的行动，进而努力实现我们想要的结果。无可争辩的事实与猜想和意见的融合使得讨论非常有趣。因为不存在普遍接受的真理，我觉得政治很耐人寻味。每一方都倾向于提出相反的事实和数字，而这些事实和数字在自然界中是不应该共存的。事实上，一个问题的各方从来不会达成一致意见，然而他们都认为自己的观点无一例外都是普遍正确的，这一事实贯穿人类的发展进程。而商业之所以吸引我，是因为决策的结果会对相关人员产生巨大的影响，在商业中，很少有东西可以在不被量化的情况下进行定性分析。商业根据假设预测了许多事情，但所有事情在某种程度上都会产生经济影响，这为那些知道在哪里找到它的人提供了商业中的普遍真理。在离开军队并开始我的大学生涯后，我选择了商业而不是政治和历史，不仅因为它具有普遍适用性，还因为只要给予足够的时间，就会有一个可以用经济影响来量化的无可争辩的结果。

许多人告诉我，量化风险是不可能的。他们认为某些要素可以量化，但有一部分风险无法量化，因为风险是无形的。对于个人风险来说，这可能是正确的，因为人们如何对生命、肢体或视力赋予价值？另一方面，关于商业风险，我的观点是，前面的陈述绝对是错误的。商业风险本质上是指企业可能发生的坏事情加上这种事情发生的可能性。对于一个没有经济影响的企业，会发生什么坏事或好事呢？而发生在有影响力的企业的一切，无论是正面的还是负面的，都会产生经济影响。经济影响总是可以量化的。整个行业致力于让消费者转移风险。我们把这个行业称为保险业。如果风险本质上是无形的，这是否意味着作为世界上持续时间最长的一些保险组织，是通过黑魔法和假设而不是事实和科学来运作的？当然不是。保险公司明白，所有可能发生的事情都会产生经济影响，他们必须调整保费，使公司既能盈利，又足以支付那些难以预测的事情所产生的成本。他们通过使用与我们将在本章深入探讨的模型非常相似的模型来做到这一点。

所有的商业风险都是可量化的，甚至对业务的存在威胁也是如此。要使企业面临威胁，风险的经济影响必须大于该组织为应对风险所能提供的经济资源，从而导致资不抵债，这对一个以营利为目的的企业来说是致命的。正如并非所有现实世界中的风险都是致命的一样，商业风险包括市场份额的丧失、客户信心的丧失以及品牌声誉的丧失等，这些风险有时难以量化，可能不会导致破产，但会给组织、股东以及员工带来实实在在的经济损失。在保险行业中有一些被广泛接受的概念和公式，例如房屋和汽车，这些概念和公式可以用来准确计算对资产的风险。我们首先回顾这些概念，然后讨论量化风险降低以及预测和报告信息安全计划的投资回报率（ROI）的方法，对于信息安全专业人士来说，这一直是一个难以捉摸的指标。

警告 本章内容并非旨在成为保险计算的全面表述。保险计算通常比本章中的例子复杂得多。本章的内容是通过简化保险业中使用的计算并将它们与信息系统认证专家（CISSP）常见知识中概述的公认的信息安全实践结合起来制定的。本章的目的是为信息安全专业人员提供机会，为其计划和建议的成本效益分析创建财务模型。

量化商业风险和减少这种风险通常被认为是不可能的，但事实并非如此。虽然有时很困难，而且还需要很多信息安全专业人员不适用或者不具备的技能。然而，为信息安全专业人员培养这种技能的重要性怎么强调都不为过，而且与日俱增。信息安全预算正在扩大，越来越多的高层管理人员对现有的计划提出疑问。对安全的关注程度为安全团队提供了可以构建程序和可以购买工具的前所未有的机会。另一方面，商业利益相关者想要了解他们在安全方面的投资回报，这是历史上从未预料到的。为了继续建设我们的团队，我们必须考虑变化的环境，并扩大我们的技能，以满足组织不断变化的需求。由于越来越多的信息安全职位要求一定程度的商业素养，那些不这样做的人必然面对萎缩的就业前景，而选择接受这些概念的专业人员通常非常成功而且报酬丰厚。

3.1 年度损失期望值计算

年度损失期望值是保险行业的一个概念。基本前提是在考虑两个因素的情况下完成风险建模练习。当我在大学选择需要攻读的专业以及我的职业生涯时，我做出了一个艰难的决定。主修历史极大地限制了我的收入潜力，因此这个选择很快就被我淘汰了。在商业和政治之间做出决定更加困难。经过仔细考虑后，我选择专注于商业，因为政治是基于意见，并试图令一个人接受一种或者另一种思维；而商业的核心完全基于事实，通常与财务利润或填补瞄准机会的市场有关。商业上有许多意见，有些决策是基于意见或情感作出的，但成功的企业和企业家总是根据对商业的预期财务影响做出决策。我更愿意把我的就业前景押在主要是基于科学实验和过程分析的专业上，比如商业，而不是把我的未来押在公众意见和人气竞赛上，当然如果我选择从政，我会这样做。因此，对于我来说，商业代表了一种比政治更加稳定和可预测的职业道路，因为商业是基于普遍真理和政治命运的转变，许多政治家将他们的整个生命花在公共服务上，而没有完成他们最初设定要完成的事情。

根据我的经验，营利性企业内部有两类安全机构：①那些难以获得适当的资金预算以及频繁且看似随意的裁员的机构；②那些拥有资金去保证有效运作和构建安全规划的机构。前者通常有意或无意地与其他业务脱节，在真空中作出决定，并仅在自己的想法和观点的回声室内进行操作。后者通常由已经学会通过财务建模框架中的安全规划（如成本收益分析和构建投资回报率（ROI）模型）与业务进行有效融合的人领导。企业可能会花费自由支配的资金用于不太了解的项目，但当情况更加困难时，这些是首先被削减的预算。然而，能够以安全可靠的方式有效地将安全规划与业务联系起来的领导者很少需要为他们需要的预算而战。此外，他们提供和展示的价值通常会给他们带来积极的个人后果，例如增加责任和补偿。事实上，在我任职期间，我曾经见过几个仅仅基于"检查管理框"的安全规划的例子，它们很快就夭折了，或者几乎没有为企业实现任何投资回报率。这是安全规划没有被正确使用的示例。

很多人评论说，为安全规划建立财务模型很困难。然而，创建一个模型是可能的，这对于规划的整体健康、成功和寿命至关重要。如果没有适当的资金支持，最佳的安全规划也会失败，因此，不能建立有效的安全财务模型对许多网络安全规划和领导者来说是致命的威胁。

首先，我们必须从以货币金额表示的风险建模练习中计算单次事件的成本，这被称为单次损失期望值（SLE）。在数据泄露方面，组成单次损失期望值的成本有两种类型：直接成本和间接成本。直接成本被定义为组织因违规而直接支付的成本。违反监管规定的罚款和用于帮助修复企业形象的支出是直接成本的很好例子。就其性质而言，直接成本相对容易量化，并且可以由网络保险政策覆盖。间接成本更难以量化，不太可能被网络保险政策所覆盖。这些类型的成本通常与品牌声誉受损和销售减少等因素有关。尽管销售额可以与历史业绩进行比较，但销售额的下降很难归因于单一因素。通常情况下，影响销售成功或失败的因素有很多，但减少的多少是由于违规造成的，以及由于其他不相关的因素造成的，这很难量化。人们可以尝试将销售额的潜在减少与之前的违规示例进行比较（但即使如此，也存在太多变量，例如产品市场、产品类型、消费者类型、竞争对手的相互作用（如创建类似产品）以及该活动的宣传）用以真正预测除估计范围以外的任何内容。

接受过传统信息安全培训的人通常很难建立财务模型，这主要是因为信息安全课程很少包含大量的商业教育。相反，商业人士很少接受安全教育，因此商业人士往往缺乏将信息安全挑战与商业风险相关联的能力。我既有信息安全的背景，也有商业背景，所以我能理解双方的难处。工程师们努力构建财务模型的首要原因是他们正在寻找可以被证明和示范的普遍真理，这一成果必须是切实可见的。虽然财务影响可以被视为普遍真理，但预测财务影响和适当地将预测影响的不同部分归因于不同因素往往需要有根据地猜测和记录在案的假设。任何财务模型都包含一定数量的这些元素，而适应这些类型的活动对于有效地构建财务模型和预测是至关重要的。

第二个因素是风险事件每年的发生频率。如果预计该事件每年发生的次数少于一次，则该数值可能小于 1，但不是负数。这第二个因素被称为年度发生率（ARO）。这部分计算以及违规的间接成本往往是辩论的主题。历史信息通常有助于估计这两个数字。由于两者都是估计值，如果不能就具体数字达成共识，则可以提供高低估算值以完成计算。最后的考虑是查看企业参与的行业信息，并确保估算值不会使企业成为等式两边的异常值，除非存在特定信息来证明这一点。

如果你将单次损失期望值 SLE 乘以年度发生率 ARO，则结果将为年度损失期望值（ALE）。年度损失期望值是针对特定资产的特定风险的量化。我们可以将某一项资产的风险加在一起，以提供该资产的风险总量，也可以将所有已识别资产的风险合计起来，以在预算中为部门或整个企业提供一个风险项。

在介绍这些模型时，信息安全专业人员必须认识到他们所处的位置。一般来说，信息安全部门的立场是试图保留或确保额外的预算。基于这个事实，所有的预算都不应过于保守。因此，如果有分歧，他们的预算将会得到修正。很明显，如果预算向下调整，则会损害模型提出者的可信度，而预算向上调整则有益于模型提出者。

3.1.1 案例研究：卡特里娜飓风

据相关新闻报道（www.useconomy.about.com/od/grossdomesticproduct/f/katrina_damage.htm），卡特里娜飓风造成的损失在 960 亿美元至 1250 亿美元之间，保险损失为 400～660 亿美元。飓风袭击美国墨西哥湾沿岸，路易斯安那州新奥尔良市受灾最严重。就本例而言，我们只关注保险损失，因为这个例子涉及保险公司如何使用 ALE 模型来计算风险敞口并帮助设定保费。保守估计的 400 亿美元应该会对保险业造成严重影响，难道不是吗？毕竟，这种规模的风暴并不常见，谁能预测何时会发生？请记住在整个例子中，对于一家保险公司而言，灾难性飓风对保险公司的风险在可预测性和影响方面与对组织的大规模数据泄露非常相似。

早在飓风卡特里娜飓风袭击美国墨西哥湾沿岸之前，保险公司就已经进行了计算，被保险人在该地区支付的保险费已经足够为发生灾难事件做好准备。尽管飓风的大小、强度和位置等信息直到风暴发生前 24h 才能准确预测，但美国墨西哥湾海岸很容易发生飓风活动。保险公司可能确实了解飓风登陆多久以及哪些城市风险最高的历史模型。他们可能已经猜测，一场重大的飓风将每 40 年一次袭击路易斯安那州的人口中心城市。这是发生率。要将该数字转换为 ARO，即转换为每年发生的次数，即为 0.025。通过扣除物价上涨因素后，飓风对所有人口中心城市的经济影响数据的平均化来收集 SLE，因此计算中需要使用更多数据。为了讨论起见，让我们假设 SLE 的计算结果达到了 700 亿美元。计算 ALE 时，ARO 将乘以 SLE，这也告诉保险公司，他们需要在整个保费基础上每年收取大于或等于 17.5 亿美元的费用才能覆盖风险。这些资金可以通过承保、保费管理和其他活动筹集。此外，保险业在如何计算风险时涉及的微妙之处要多得多。这些数字只是为了用于举例说明，但重点是一样的。如果风险成为现实，保险公司可以而且必须对其风险进行量化，要么采取措施对其进行处理，要么保持资金在手以弥补损失。保险公司多年来一直在这样做，证明这样做并非不可能。

此外，需要对从轻微到灾难性的所有风险进行适当的评估，进而完成建模。保险公司是否为墨西哥湾沿岸地区的飓风和相关灾害的风险做好了适当的计划？他们有没有考虑过这样一种可能性：降雨量太大，堤坝就会决堤，城市就会被洪水淹没？建立模型时，重要的是全面和彻底。所有的风险都应该标识出来，这样就可以根据对企业最有利的风险应对策略来进行防范。通过构建模型的过程，会给组织造成一种错误的安全感，这可能弊大于利。

3.2　风险应对策略

了解风险应对策略并且在组织内部发生风险时，选择最合适的风险应对方法是非常重要的。即使风险未被识别，风险应对策略也在不知不觉中被加以应用。风险应对的 4 种基本方法是风险接受、风险规避、风险降低和风险转移。由于每种风险都以 4 种方式中的一种进行处理，因此识别风险并自觉应用这些风险的应对策略而不是以默认方式处理风险对组织来说是最有利的。

3.2.1　风险接受

有时，人们接受风险是因为没有可用的替代方案。而且经常在随后发现有可用的备选方案时，最初的冒险做法也没必要重新审视和删除。一个很好的例子就是我为一家已经存在了多年但现在仍然相对较小的独立医院所做的预防数据丢失的验证方案。通过未加密的文件传输协议（FTP）将病人记录复制到第三方的做法在 20

世纪 80 年代和 90 年代是很常见和被接受的。随着加密技术变得越来越流行且成本更低，大多数组织都转向采用更安全的方法将记录传输到其非现场存储位置。当医疗保险行业成为一个更加严格的被监管行业时，全球的大部分法规（包括医院管理规定）都需要在传输病人数据时进行加密。该医院正试图遵守并实施安全文件传输流程。当数据丢失预防系统和程序用于监控所有出站的未加密网络流量时，每天管理团队下班时都会观察到一些异常的活动，包括通过 FTP 传输未加密的记录。这是通过关闭服务器很容易避免的风险。人们发现在新系统建立期间，网络团队出现了人员流动。新员工对新系统进行测试和认证，但不知道旧系统仍然存在。这是一个没有商业价值的风险，只是一种负债。它还突出了构建综合信息安全规划的另一个关键点。如果你无法监控环境中发生的事情，则你不会真正了解现在和将要发生的事情；如果你没有适当的计划，则你将不知不觉地反对任何善意的计划。实施一个监控程序来监控授权的行为是相对无用的。更有用的方法是定义与关键信息资产相关的授权内容，并设置监视程序来识别已定义的授权流程之外的任何行为。这样做将既能突出不适当的行为，又能识别出根本没有按既定流程工作的行为。在实施新的内容感知系统时，无数次用户想办法规避既定流程的做法令人震惊。他们中的许多人都是善意的内部人士，但人就像电一样：通常走的是阻力最小的道路。因此，当验证流程繁琐或费时时，用户通常会找到一种没有明确禁止的但更简单的方法去验证，而不是将他们的烦恼反馈给管理团队，也很少有人向管理团队报告这种行为。这种行为是一种文化的结果，在这种文化中，管理团队也没有积极主动地寻求反馈，而这不仅仅是安全问题，也可能对整个业务产生负面影响。

风险接受是一种默认的风险处理策略，指的是如果认为风险影响不大,对于风险可以不采取措施，即通过继续维持现状来处理风险。若根据与对策相关并与总持有成本相比较的 ALE 模型进行的微分分析，尤其是当执行任何一种可用对策的成本超过对策的收益时，有时候风险接受是最好的策略。如果损失的成本可以忽略不计，也会发生接受。在大多数情况下，除非风险被量化并且没有替代方案可使用，否则，选择风险接受作为风险处理策略是不恰当的。如果你不知道自己所接受的风险的影响，你怎么能接受风险呢？企业通常需要将接受风险作为经营成本的一部分。然而，接受错误的风险或在不了解其影响的情况下，接受风险往往会产生灾难性的后果，不仅在信息安全的环境中如此，在一般的经商环境中也是如此。为了实现盈利，做生意就必须冒一定的风险。在商业上取得成功的人通常会正确地评估风险，谨慎地承担风险，将正面和负面结果的可能性都考虑在内，使得回报大于风险。这在信息安全方面也是一样的。重要的是要记住，当一个企业没有处理或识别风险的能力时，风险接受是默认的策略；与风险接受策略相比，只有对其他策略的有效性进行评估后，它才是合适的策略。

3.2.2 风险降低

风险降低指减少造成风险的因素，从而达到风险把控。风险降低是本书最详细探讨的风险应对策略，而且因为关键信息资产具有重大的财务影响，因此针对关键信息资产的大多数已识别风险因素所采用的也是这种策略。风险降低可采取多种形式，但任何形式的风险降低都涉及人员、流程、技术以及整个组织的全力支持。

3.2.3 风险转移

风险转移指的是加入第三方帮助承担了一部分风险后，就会将主体所承担的风险进行部分转移。风险转移是商业和金融界的通用策略。从表面上看，这一策略非常吸引人，与其接受、规避或降低风险，为什么不与市场共同承担风险，让其他人对此负责呢？虽然这一策略通常也以其他形式出现，如担保定价，但在保险行业中是最常用且行之有效的方法。对于价值明确界定的资产（如汽车和住宅）来说，这是一种流行且非常有效的风险评估方法。与这些风险相关的间接成本非常少，关于资产的价值几乎没有争论，而且这些商品有合法和完善的市场。而价值难以量化的资产会比较难以投保。

3.2.4 风险规避

风险规避指可以通过中止业务来减轻后期造成的损失。在某些情况下，规避风险的策略看起来比较有效。大多数时候，风险规避并不意味着完全消除风险，而是规避风险可能造成的损失。也就是说，随着企业的发展和变化，尽管风险发生的概率低，但是仍需要有组织地要么事先意识到风险的存在，要么事后能及时地补救。

3.2.5 实例

例如，在对某组织进行安全评估时，我发现它们的应收账款部门的员工在将信用卡号码输入系统进行处理之前，会先在记事本上写下信用卡号码。经过进一步调查，我们发现，员工写下信用卡号码的主要原因是他们需要在与客户交谈时能够看到显示客户信息，并且为了输入信用卡号码，他们需要关闭显示客户信息的应用界面，以打开他们能够输入信用卡号码的安全门户。这是组织没有意识到的风险存在的一个很好的例子。组织内部存在几个风险：第一个风险是通过电话接收信用卡号码；第二个风险是写下信用卡号码。由于组织不希望管理和处理写下来的号码，因此决定规避这种风险行为。然而，为了确保真正规避风险，组织必须消除风险源。因此决定，在支付处理团队正在使用的每个系统中添加第二个显示器，这样可以有效地让他们在向处理系统输入信息的同时查看客户信息屏幕。这是一个解决方案的示例，它允许组织规避风险行为，与此同时不仅避免对现有业务活动的干扰，又使流程更有效率。在改进流程的同时降低风险并避免引入额外问题的情况，不仅在商业世界中很重要，而且在日常生活中也很重要。人们通常认为，提高安全性会使流程变慢，并且会降低效率。当流程可以同时变得更安全和更高效时，往往会提高企业领导层参与构建安全计划的意愿。

3.2.6 不同的方法

在风险应对策略中，人们首先倾向于接受风险，其次倾向于转移风险，再次倾向于规避风险，最后倾向于降低风险。这取决于努力水平和不便程度。惯性原理的普遍应用表明，最简单的方法就是：第一，如果事情没有被破坏的话，那么就继续你正在做的事情。第二，如果必须做某事，大多数人更喜欢把它变成别人的问题，这适合于风险转移。第三，如果风险无法转移，人们通常希望尽可能规避风险。如果这三种策略都不起作用，那么人们就只能倾向于探索更困难、更昂贵和更耗时的风险降低策略。

而我的观点是，从后往前的方法是最好的。我们需要探讨的第一个策略便是风险降低，因为这是唯一真正能够降低风险的策略。如果降低风险的成本效益不高，则应评估风险规避的可行性。如果风险规避不可行，在某些情况下，组织可以通过转移一部分风险来降低他们面临的风险。正如我们将要探讨的那样，与数据泄露的间接成本相关的风险可能无法转移，而且这些风险往往超过了泄露的可保险的和直接的成本。最后，如果没有其他合适的策略，可以采用风险接受。通过采取这种逆序的方法，组织可以限制可接受的风险数量，从而显著降低关键信息资产的风险对组织造成灾难性的、无法挽回的经济损失的概率。

> **注释** 以上仅代表我个人的看法。只要风险得到识别和有意识地处理，风险应对策略就没有对错之分。

无论选择哪种策略，最重要的是要识别风险，严格分析，并选择应对策略。只要完成风险评估和风险应对计划就可以对组织暴露量产生重大的积极影响。

3.3　间接违约成本

许多组织强烈希望将风险转移作为其信息安全战略的核心部分，为什么不能呢？答案在于"间接违约成本"和大量的待评估的信息资产价值。这两个因素导致在许多案例中，就赔偿金额达成一致的诉讼费用有时甚至超过了赔偿金额本身。这个问题很可能会在某些时候得到解决，因为判例法为网络保险解决方案中应该和不应该考虑的事项提供了先例。更大的问题与间接违约成本有关，因为在可预见的将来这个问题不会得到解决。违规的直接成本被定义为与违规直接相关的资本支出。直接成本包括监管机构罚款或提供给消费者的信用保护服务，这在违约回应中已经变得很普遍，特别是在涉及公共关系时。而违约的间接成本更难以量化，包括品牌声誉或公众信任的损失，以及由此造成的长期的收入损失。如何衡量这些影响？如图 3-1 所示，违约的间接成本要么构成违约整体财务负担的一大部分，要么在某些情况下，按违约国家分类，构成大部分相关成本。各国之间违约间接成本差异的原因有很多，但正面品牌关联的重要性以及社会诉讼活动等因素肯定发挥了一定的作用。那么，为了完成风险建模，我们如何计算违约的间接成本？我们将探索两种方法：第一种方法是简单计算；第二种方法是对可能发生的事情进行更深入的评估。

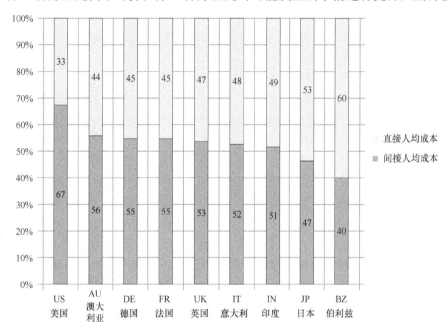

图 3-1 直接和间接违约成本

计算间接违约成本的第一种方法比较简单，但不太准确。一旦直接成本根据历史数据被量化，它只是简单地把这个国家的预期风险影响计算出来，并使用直接成本与间接成本的比率来估计间接成本。例如，美国的一家公司计算出某一特定风险的直接成本是 100 万美元。在美国，间接成本占总成本的 66％，或与直接成本的比例为 2：1，因此，该违约的估计总成本将为 300 万美元，其中 100 万美元是直接成本，200 万美元是间接成本。而在日本的一家公司，若计算出直接成本等于100000 日元，则估计的间接成本约为 113000 日元，因为在日本直接成本约占总成本的47％，而间接成本占53％，形成约 1：1.13 的直接成本与间接成本的比率。

上述建模方法适用于间接成本的快速评估或大致的数量级，但这种方法存在一些问题。首先，这些统计数字是按国家分列的，但没有将行业或资产类型考虑在内。可以想象，在不同国家的不同行业中，数字和比率可能存在重大差异。其次，这个结果并不针对单个风险或不同违约之间的其他相关不一致之处。违反战略文件和计划很可能会导致大多数的间接成本，而违反监管规定则更可能产生沉重的直接成本负担。最后，考虑到公众的知识、意见和监管影响，该数据没有模拟长期的违规成本，因此在不引入更多数据的情况下，我们无法看到这些成本随着时间的推移如何变化。总体而言，这些数据给出了一个起点，并且可以证明作为统计分析的初始起点是有用的。

另一种方法是做关键资产评估和风险模型。这项工作更加复杂，对内部资源也更加繁重，如果将工作外包给第三方，成本也会更高。该方法首先定义关键信息资产，然后为资产分配价值。对每项资产都要实施保护，并进行差距分析。然后，建立风险模型，并针对模型中的每个风险单独估算间接和直接成本。虽然成本更高、更耗时，但这种方法更有可能对潜在影响做出准确评估。

这两种方法都是一种预测分析，而预测分析本质上是一门不精确的科学。例如，Insight 公司首席信息官（CIO）对违规后对品牌声誉造成的损失进行了深入研究。他们给出的数字在 1.84 亿美元到 3.3 亿美元之间。这一信息对信息安全专业人员获得品牌价值影响的概念具有启发意义，但这一美元数字范围太大，对于所包含的内容，有很大的解释空间。我们是否只计入了品牌的直接成本，比如聘请公关公司和增加广告以抵消违约行为的负面影响？或者对比违约前后，我们是否根据行业趋势和市场份额的历史分析，将潜在收入损失包括在内？关于间接成本，最安全的假设是，它们将非常重要，并且可能超过直接违约成本。除此之外，计算所需的工作量应与信息的准确度和具体程度相平衡，以便做出明智的决定。例如，如果对策的成本效益分析产生了一个临界结果，则可能需要进一步调查。然而，如果预期收益已经是对策成本的 10 倍，那么在更具体的信息下，它是成本的 15 倍还是 20 倍真的重要吗？如果是这种情况，最好将这些资源重新用于实现对策，而不是为了分析而继续进行分析。

3.4 风险建模

关键资产评估和风险模型有哪些内容？ 完成的步骤实际上是按字面意思来的。首先，你必须确定关键资产是什么；其次，你必须对整体资产赋予价值；最后，你必须确定你要建模的每个场景中的每个资产的风险状况。

第一步是评估关键资产。正如第 2 章所讨论的，关键信息资产的定义是，其损失或不当暴露会对企业造成不可弥补的损害。在开始构建风险模型时，应该优先标识出关键资产，并加以优先考虑。在组织层面上普遍定义关键资产非常困难，因为对资产了解最多的人对这些资产对组织的重要性持有偏见。重要的是要让不同的业务负责人参与到这个过程中来，还要对每个资产赋予一个客观的优先级。大多数情况下，如果一个组织从未经历过对关键信息资产进行识别、量化和优先化的过程，就可以从经济学角度来完成这一任务。

为了在识别出关键信息资产之后对其优先级进行排序，需要进行资产估值，如果尚未进行估值，则应该在此时进行估值。估值包括评估资产的整体价值，这在某些情况下比其他情况更容易。例如，与产品或服务直接相关的知识产权可以根据其对产品或服务的总体贡献与该服务的预计收入相比较进行估价。此外，资产损失可能会导致一些间接成本，如消费者、合作伙伴或投资者的信心丧失。这些间接成本难以量化，但其影响可能比直接成本更大。如果设计估值占该产品收入的 20% 左右，并且该产品预计会产生 500 万美元的收入，那么该资产的价值约为 100 万美元。而要对受监管的信息或有助于品牌价值或公众信任的信息进行估值就有点困难了。在这些情况下，最好通过计算每笔记录的违约的直接和间接成本来确定每笔记录的价值。然后，通过计算环境中存在多少记录，组织可以确定其整个信息数据库的价值。例如，如果一家西班牙公司拥有个人身份信息，并且拥有 10000 条记录，这些记录的总价值大约为 85 万欧元。在计算所有资产的价值后，这些资产的优先级可能会发生变化。重要的是要记住，财务往往是商业决策的主要驱动力。大多数决策最终归结为"底线影响"或决策对组织财务状况的预期影响。商业包含了大量的观点和基于一定参考框架的相对重要性的定性分析。很少有人能够接触业务部门的领导，并且让他们一致同意什么是最重要的，什么是最不重要的。对他们的具体任务来说，无论最重要的东西是什么，都会在他们的脑海中占据不同的权重。获得客观分析的最佳方式是为每种情景分配一个共同的财务影响，然后根据预测的财务影响对其进行客观排序。只要所有参与者在参与之前就一个公平和现实的方法达成一致，这样做就可以使得主观过程更加客观，并且通常是在关键资产方面达成共识的最权宜之计。

一旦确定了关键资产，就必须对每项资产进行评估，以评估其脆弱性。识别出的漏洞将是风险建模的关键组成部分。评估漏洞最常用方法称为信息安全要素（CIA）评估，此方法可以就机密性、完整性和可用性加以评估。机密性漏洞会影响组织确保资产在存储、使用或传输时不以未经授权的方式访问的能力。这些漏洞是大多数安全规划的一部分。完整性漏洞与确保流向授权方的资产是来自它的源头有关。在未被授权的情况下能更改资产是完整性漏洞。例如，如果你正在阅读邮件，并且该邮件可能会在其写入时间和阅读时间之间进行修改，你是否会相信该邮件的内容？完整性是指最终用户对信息未被更改的信任程度。可用性漏洞与使合法用户无法使用资产的攻击直接相关。拒绝服务攻击是可用性最常见的威胁。拒绝服务攻击是一种服务过载导致合法用户无法访问该服务的攻击。例如，如果针对新闻网站发起了拒绝服务攻击，则该网站将被超载，当用户试图访问该网站检索内容时，该网站就会显示为关闭状态。由于拒绝服务攻击旨在使合法用户无法使用资源，因此这是针对可用性的攻击。一些资产可能比其他资产更容易受到 CIA 评估的影响，但了解这些资产的漏洞是重要的一步。

最后一步是执行风险建模。重要的是要记住，风险建模旨在模拟目前存在的风险，而不是预测理想情况下的风险。这一点很重要，因为许多组织实际上对环境中的现状过于乐观，实际上这样做偏离了建模的目的，削弱了他们试图实施改变的作用，从而损害了安全计划。可以这样想：如果环境已经是安全的，为什么我们要继续投资于改变，而不是简单地尝试优化已经存在的东西？反之亦然。描绘一幅过于悲观的画面，会导致组织质疑，为什么他们已经进行了投资，包括对提出研究结果的个人的投资，还是得到如此糟糕的结果。在这一步中，真实和准确是很重要的。以任何方式偏离结果都会导致不良的后果。年度损失期望值的计算流程图如图 3-2 所示。

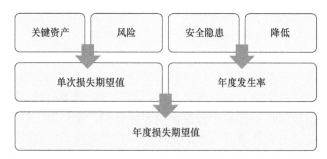

图 3-2　年度损失期望值的计算流程图

因为图表中的每一个概念都有明确的定义，并被广泛理解，所以使用图表相对简单明了。关键资产是我们试图保护的组织中的资产，风险是指可能对这些资产造成损害的确定的场景。如果你将关键资产与我们担心发生在该资产上的事情结合起来看，我们可以预测该事件对财务的影响。以财务术语定量表达的这种影响就是单次损失期望值 SLE。在该模型的另一方面，将所确定关键资产的机密性、完整性和可用性方面的漏洞与当前的降低风险策略进行比较，结果以漏洞可能每年被利用的次数的十进制形式表示，称为年度发生率 ARO。单次损失期望值 SLE 乘以年度发生率 ARO 将产生年度损失期望值 ALE，即特定威胁对特定关键信息资产的特定年度化财务影响。

上面概述的模型，虽然相对简单，但它的许多应用非常吸引人，可以在信息安全规划和业务部门领导之间架起桥梁，这是构建有效的信息安全项目的关键组成部分。第一个应用是不仅能计算风险暴露，还能计算处理风险好处的能力。任何风险处理策略都具有成本效益分析的含义，我们将使用该模型来探索每个风险处理策略，以表示它们如何组合在一起，并能够以最低成本获得最大收益。

风险缓解是指在模型的缓解部分增加新的缓解技术。如果添加了新的缓解措施，则可以通过在应用缓解技术前后计算 ALE 来计算收益。就收益而言，风险缓解是所有策略中最具影响力的，这就是为什么它通常是大多数关键信息资产的首选策略。这些资产往往具有最大的 ALE，因此通过增加缓解技术进行计算的好处往往颇具影响力。这些策略通常也具有最大的总成本（TCO）。TCO 是指与采购，实施和运营缓解技术相关的所有资本和运营支出。在较小程度上，TCO 可以应用于其他缓解技术。例如，作为缓解技术部署的信息安全技术的 TCO 包括硬件成本、软件成本、实施成本以及系统的持续维护和管理成本。重要的是要记住，如果组织决定执行与实施或管理相关的工作，则这些活动并非没有成本，也不是一次性支出。世界上效率最高的组织要求对内部资源和资本支出进行核算，以便根据从专业服务组织采购服务的成本来评价内部资源的成本。就信息安全而言，由于缺乏专家资源以及通过真正的专家部署和管理系统而获得效率，因此在外部采购服务通常更为有利。另外，由于涉及与风险降低相关的成本，具有较低年度损失期望值的非重要信息资产，不太可能具有一个有利的成本收益分析。如果在应用该措施之前的年度损失期望值已经相对较低，那么低 ALE 资产的成本更难以处理 以实现较大的成本收益。本书大部分讨论的重点是关键信息资产，但对于组织中价值较低的其他资产，也必须采用战略。在这些情况下，风险缓解措施不太可能成为最佳策略。

只要组织确定此模型评估阶段的关键资产年化值低于 ALE，风险回避可能是部署的最佳风险处理策略。风险规避策略的成本是丧失对资产或活动的使用。但是，这种策略是唯一能够 100％消除相关风险的策略。因此，收益是风险的总和。正如"风险规避"定义所强调的那样，与风险行为相关的业务价值很少或根本没有。在这些情况下，风险转移策略的成本收益分析看起来非常好，因为实质上零成本换取了大收益。这些事件有点罕见，但只要发现这些机会，就应该积极抓住这些机会，因为它们绝对对企业只有好处。在其他情况下，风险规避的成本很高，但由于行为本身具有风险，因此收益更大。这些案例通常为风险规避提供了机会，同时也提供了另外的替代活动，这种活动可能以更可接受的风险水平提供部分或全部好处。

当没有其他策略确定具有有利的成本收益分析时，唯一合理的策略是风险接受。风险接受具有零成本和零利益，因为它保持了与特定资产风险相关的现状。重要的是要考虑商业组织中的惯性及其存在的原因。太多的组织将风险接受作为他们的第一选择，而不是最后的选择。这种方法会导致接受太多风险，而任何其他策略可以更好地解决这些风险。如果没有令人信服的投资回报率（ROI），说服企业做出改变是很困难的。

　　该模型的有效使用有助于对与安全相关的、在整个业务中不被广泛理解的主题进行客观的大型决策。很多时候，组织试图在更大的问题上达成一致，即基于定性分析和基于对控制的整体价值的感知的主观性的对策是否合适。这个模型允许组织将主观性应用到更容易形成共识的小问题上。其结果是，更大的决策转化为基于成本效益分析的对企业最佳结果的客观评估。这个结果本质上把这些决策变成了一个数学问题，可以考虑商业领袖的意见，而这些人不需要是信息专家。它还使信息安全专业人员能够将创意对商业的影响考虑在内，而无需成为业务流程设计或分析专家。可以组建一个委员会，允许学科专家在各自的领域内的项目做出定性决策，同时允许对该项目试图解决的大问题进行定量评估。

3.5　小结

　　风险在商业中无处不在。没有一项业务是没有风险的。真正理解风险并应用恰当的策略来处理这些风险对于在可承受风险水平内经营有利可图的企业来说非常重要。无论组织是否决定有意识地解决其活动中固有的风险，都会实施一项战略。采取积极主动的风险方法可以让组织在给定的情景中选择适当的策略。此外，掌握网络安全方面的风险模型有助于信息安全专业人员与企业进行有效沟通，同时证明他们的员工、预算和他们自己的职位是合理的。美国国土安全部第一任秘书汤姆·里奇（Tom·Ridge）曾强调，"你的网络安全战略必须纳入你的企业战略。"这一论述正越来越多地被全球商业领袖认可。为了支持这个想法，人们期望信息安全专业人员拥有更多的商业头脑。将商业风险与网络安全计划相结合是一强有力的方法，既可以体现对商业的理解，同时也为构建信息安全规划提供资金。

第4章 安全智能模型

全球企业高管和安全专家面临的主要挑战是将安全团队与企业技术相结合，将商业战略整合到网络安全战略中通常是极其困难的。多年来，我一直致力于各种解决方案，完善业务团队和安全团队之间的差距，成功地为客户提高了业务指标。为了解释和可视化实现这一目标所需的有效方法和通信架构，我创建了如图 4-1 所示的安全智能模型，本章将深入探讨这一模型。

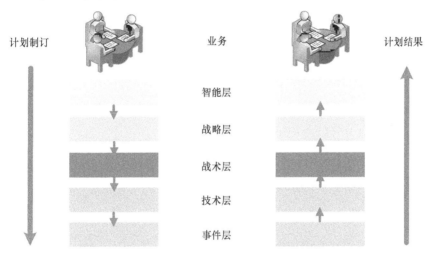

图 4-1　安全智能模型

4.1　安全智能模型的工作原理

该模型的构建方式与众所周知的开放系统互连模型类似，它是为了解释和构建网络通信中不同类型技术的作用而开发的，以帮助用户排除故障，并准确说明通信基础设施中相关设备的作用。对于不熟悉开放系统互连模型的读者来说，模型的使用者从左上方的应用层开始，依次经过表示层、会话层、传输层、网络层、数据链路层向下工作到左下方，然后转移到右下方，再向上依次经过数据链路层、网络层、传输层、会话层、表示层、应用层，在模型的右上方完成工作。开放系统互连（OSI）模型如图 4-2 所示。

图 4-2　开放系统互连模型

安全智能模型设计思想与开放系统互连模型并无差异。简单来说，为了从战略角度制订安全计划，并从中获取战略结果，我们必须为此计划制订相关战术，选择和操作技术，并收集事件。在计划结果端，必须利用一些技术收集事件，根据适当的战术流程进行分析，并应用于计划制订端所定义的战略。与开放系统互连模型不同的是，安全智能模型的设计在每次使用时都要进行完整运行，从而达到最佳效果。虽然某些技术只能在开放系统互连模型的某一层才有效，但应该在计划制订端开始收集安全智能信息；在计划结果端，向包括企业高管在内的业务执行层提供结果。

多年来，通过对有效方案和对无效方案进行分析，确定了这一模型。由于在信息安全计划的制订和运作过程中收集到的信息具有敏感性，详细说明具体的项目元素是否有效通常会违反保密协议。然而，有效方法的共同点已经变得显而易见。成功的计划始于产生特定于计划目标的商业智能业务。然后，可以将智能转化为一种战略，利用这种战略来设定哪些资产将受到保护、为什么受到保护以及设定这些资产将面临哪些风险的一系列参数。然后，决策层可以决定支持这些决策和业务目标所需的策略。一旦制订了战术并考虑了战略，计划制订会根据功能和业务需求，来选择适当的技术，并加以部署、集成或优化以支持计划。

> **注释** 由于公司中技术的扩散，拥有必要功能的技术可能已经存在于公司内部。在这些情况下，扩大这些技术的范围或优化它们以更有效地执行任务也是该模型的有效使用。

然后可以适当地对技术进行部署，去监测贯穿公司的"电子神经系统"，这是 InteliSecure 公司创始人兼首席执行官罗伯特·艾格布雷希特创造的一个短语。

在计划结果方面，该过程始于事件层或"电子神经系统"，然后技术层将收集事件，决策层将对事件进行分析和分类，再从战略角度对重要事件进行过滤，从而产生商业智能。最后，商业智能被打包以便分发给业务本身。垂直遍历模型的计划结果端时，信息量会随着层数变高而减少。

该模型的概念非常简单，但模型的有效运行需要严格的流程和持续的改进。以业务为中心来运行该模型是十分有益的，实现起来也更加高效，并且比我遇到的其他任何方法都更有效。模型的每一层还包含几个关键需求和核心概念，必须理解这些需求和核心概念才能有效地掌控模型。

4.2 业务

首先讨论什么是"业务"以及这一层在大多数有盈利动机的组织间是如何运作的？值得注意的是这种模式也适用于非营利组织或政府，但如果没有盈利动机来提供客观的比较和分析，那么确定什么对组织来说是最重要的往往会更加困难和耗时。在这种情况下，组织的动机通常是一个很好的起点。

> **注释** 关键信息资产在非营利组织中的适当优先级往往是辩论和分歧的主题。在我看来，在这些类型的组织中建立项目章程是一种最佳做法，不仅要确定拥有投票权的关键决策者，还要确定批准优先关键资产清单的条件。或者，组织可以从损失风险角度处理优先化资产，优先考虑可能造成最大伤害的资产。

在非营利组织中，为完成计划制订端"业务"层所需信息所做出的努力将与计划章程中的战略直接相关。虽然计划章程对所有组织都很重要，但在非营利组织中它们可以帮助确定战略，并在提供解决问题的方式时发挥更大的作用。例如，如果采用简单多数投票制，那么参与者之间的争论会远少于采用一致批准制。而其他组织可能会产生 2/3 或 3/4 以上的争论。我见过一些很有创意的组织，采用简单多数制去批准清单上的项目，但一旦这些项目获批，就需要更多的人为它们进行排名。解决这个问题的方法有无数种，但重要的是要理解，对于非营利组织来说，他们需要采取额外的步骤。

当我第一次展示这个模型时，很多人会问我一个简单的问题：什么是"业务"？简而言之，"业务"是指营利组织中对部门或集团的损益负有直接责任的人，以及其他组织中对预算负责的人。这种任命通常从董事或副总裁开始，并下延到整个公司的执行团队和董事会成员。

下一个问题通常是：你是否真的期望 C 级高管和董事会成员参与信息安全计划的制订？很多时候，参与战略制订的是代表团成员，而不是业务利益相关者本身，代表团成员也会参与战略制订，但授权和业务必须由董事会或执行团队控制。好消息是许多组织内部已经存在授权。举例来说，每家上市公司每年提交的财政业绩综合报告都包含一部分的风险因素。我很少看到财政业绩综合报告不包含与网络安全相关的风险因素。报告中包含的信息已获得董事会批准，因此报告中提及的任何网络安全相关内容都可能经过授权，并可能提供详细信息，说明哪些类型的保护可以缓解董事会的担忧。在查看业务需求时，从这份报告开始会是一个很好的参考。

另一个收集商业信息的好地方是个体企业主。很多时候，与预期收入或特定资产价值相关的具体信息，更容易从每种特定资产直接负责的资源中了解，而不是从由高层和董事会级别负责的资源中。只要有一种客观的方法来比较不同业务线的重要性，就会发现企业主的个人业务线通常是极好的信息来源。几乎每个组织都在预算范围内运作，因此通过审查财务报表来确定业务单位和业务线的重要程度并不困难。

在许多情况下，信息安全团队认为关键的资产与业务部门领导列出的列表有很大不同。其原因在于，虽然优秀的信息安全专业人员对业务运作有深入的了解，但他们通常缺乏对细微差别和信息组成部分细节的认知，而这些细节会对业务线造成显著的影响。可用拼图来做一个类比。信息安全团队通常清楚拼图完成后的样子，或者称具有大局观，但是各行各业通常对每一块拼图都有深入的了解，知道它们是如何组合在一起的，为什么这样组合，以及如何最有效地确定每一块拼图的合适位置，以便用最少的时间将它们从盒子里拿出来放到合适的位置。

虽然了解全局可能足以运行病毒预防系统或基于签名的入侵检测系统，但使用内容和语境软件方法保护关键信息资产则需要信息安全团队对细节进行充分了解。我目睹了很多实例，负责信息安全的领导试图要求我们仅通过交谈听取他们的意见去建立一个项目。我个人认为这样做不能很好地确定计划，实际上，我通常会拒绝在这样的条件下去完成合同。在我看来，由于客户对我方施加不适当的约束，冒着牺牲声誉的风险去确定一个失败的计划是很不值得的。我鼓励所有信息安全专业人士重视自己的声誉。对许多组织来说这同样十分重要，应该受到适当的关注。事实上，为获得项目的回馈和支持，成功的项目总是包含多个业务部门。信息安全和监控的本质可能让人产生"老大哥"的感觉，如果没有适当地接触、计划和沟通，可能会遭到员工的强烈抵制。获得业务单位的支持要比在事后通知公司"现在正在监视你的电子邮件"或类似的事情容易得多。我所见过的最成功的项目往往从一开始就建立了共识，并寻找机会让终端用户参与到过程中，而不是向他们指定安全计划。我们必须记住，想要成功，就必须让最终用户成为盟友，而不是让他们把我们当成敌人。

促使业务单位参与安全进程的动力可以用下面的例子说明。出于保密协议，公司的名称和能用于区分的特征将被省略。

我们正在与一家制造业公司合作，该公司的一部分业务是受《国际武器贩运条例》（ITAR）约束的特定产品。当我们与信息安全团队（最初委托我们制订计划的团队）会面时，我们得到了一份清单，里面列出了进程中可能需要解决的问题。清单的第一项是遵守他们所受到的各种规定。包括 ITAR 条例、支付卡行业（PCI）数据安全标准，以及针对员工个人身份信息的一些保护。信息安全团队做出了让步，在美国和欧洲地区完成所有的设计，在亚洲地区完成制造，为了利用全球经济的优势，他们愿意接受在制造成本较低的国家开展业务的风险。

许多人对会面的结果表示满意，认为它代表了一个全面的业务需求列表。毕竟，他们清楚地掌握了业务和监管的环境，并且清楚地知道为什么要接受风险。然而，他们没有做出这些决定的权力。

和我们会面的第一个部门是直接负责 ITAR 法规所涵盖的产品设计和制造的业务部门，他们很快明确了自己需要遵守的法规，例如"出口管理条例"（EAR）。虽然我们知道这两项规定往往是相关的，但不熟悉法规的人很可能会被误导，认为从法律角度看，该部门的唯一负担是 ITAR 法规，并可能因不遵守规定使组织面临终止军事合同的风险。该部门暴露出的另一个问题是，尽管他们的业务线利润很高，但在任何一个公司年报中仅占全年收入的 3.5%左右。遵守这些规定固然重要，但即便违规，企业面临的风险也相对较低。即使因为违规该企业的所有政府合同被取消，也不会对企业造成灾难性的打击。

在和所有业务部门交谈后，可以确定由于该企业的规模、收入和在特定领域的市场份额，以及有关全球仿制商品市场的统计数据，伪造商品会给他们带来每年约5000 万～7500 万美元的收入损失。人们普遍认为，防止设计数据的丢失和窃取无法彻底消除伪造商品市场，但减少获得项目设计和计划的机会可阻止伪造商品的流行，并增加制造伪造商品所需的成本和工作量。因此，制订有效计划去保护设计数据可以降低风险，减少的比例将超过 ITAR 监管的整个业务线的年收入。这种程度的洞察力和优先级划分无法由信息安全团队内部提供，因为他们根本无法获得完成工作所必需的信息。此时，保护对象的优先级发生了重大改变。此外，如何实现这一目标也需要业务部门的专业知识。定义授权和使用信息的具体方式所需的专业知识称为商业智能，并在下一层被引用。

4.3　智能层

如上面所述，智能层指的是企业或组织运转的方式。对于营利型组织和非营利型组织来说业务层是不同的，但其余层的运作方式大致相同，无论利润动机是否存在。定义业务层的组成部分，首先考虑什么是重要的，以及它们对于信息安全财产的重要性。智能层主要关注如何通过授权去利用这些资产，去进一步推动组织的发展。对于智能层，一个必须理解的重要概念是，从安全角度出发去保护的关键信息资产在操作层面上同样处于关键地位，以确保组织能够正常运行。这一事实凸显了智能层的重要作用，这也是它在制订战略之前需要优先进行处理的原因。

我想说的是，信息安全和医疗行业很相似，因为我们的首要责任是不对企业造成伤害。因此，我们为保护资产所做的任何事情都不能对其授权使用造成干扰。这并不是说必须坚持不安全的业务实践，而是说，在业务部门批准替代流程之前，不应阻止当下业务流程的运行，该替代流程在不影响生产的情况下实施起来或许更加安全，在某种程度上这些情况都有可能发生。若不是这样，为了降低风险和修改实践就必须对接受风险的成本效益分析做出权衡。这一点印证了在业务流程中实施安全措施的必要性，因为让员工感到不安的变化不仅会被破坏和规避，还会导致在未来的项目中获得支持变得更加困难。

智能层主要由业务流程映射而成。从内容、团体和渠道的角度来说，我们真正试图确定和记录的是每个关键信息资产的用途。它不是用来识别组织中关键资产可能发生的变化，而是用来规划常规情况下可能发生的事情。在这一过程中，当务之急是与每天都在处理关键资产并查看这类数据的员工进行交谈。只有这些员工不仅知道如何处理数据，还知道数据存储和传输的方法，也包括业务流程失败时可用的解决方法。在这一点上，可以回想第 1 章有关员工将信用卡号码写在便利贴上的趣事。

请记住，这一步骤旨在了解关键资产处理和管理的方式。与直接负责这些数据的员工交流是非常重要的，必须认真对待；否则，交流时员工会变得警惕和恐惧。我们必须解释发掘如何处理这些资产的重要性，包括应变办法（员工通常知道这些方法未经批准），以便在获得员工的投入和帮助时，改进和简化流程。

通常情况下，一个组织会在访谈过程中发现，他们对于关键资产的管理流程是极不安全的，而安全措施和流程控制则完全忽略了这一点。与其将这些问题视为麻烦，不如认真了解这些措施，因为这表明受访者信任你并愿意做出改进。在监控和改进步骤尚未确定之前，最好不要阻止任何行为，因为在没有和管理层共享信息的前提下，领导所担忧的事情与生产线上制订的解决方案之间往往存在脱节。企业领导者在首次部署工作以及监控工作流程的工具和程序时通常会大开眼界，因为很少有流程会按照预期执行。在很多情况下，不通过监控就进行拦截会对公司业务造成重大损害，这是许多早期内容感知程序的使用者从痛苦的经历中学到的教训，更不用提员工会做出的抵制。

一旦授权的行为被记录下来，战略层就可以对如何检测未经授权的行为做出定义，以及组织在特定情况下该如何做出回应。在对战略层进行研究之前，让我们回到制造业公司的例子，去探讨通过智能层收集的信息是如何帮助组织显著降低他们所面临的风险，尽管这种风险普遍被人们认为无法避免。

你可能会记得，在这个例子中，企业对信息资产的担忧是在伪造商品市场损失的巨大收入。你或许还记得，该公司在美国和欧洲地区设计产品，在亚洲地区进行产品制造。在讨论如何将制造所需的信息准确传输到完成制造的国家时，人们很快发现，没有通用且安全的流程去完成数据的转移。传输信息的方法遵守文件传输协议（FTP），它本质上是一个未经加密且不安全的协议，电子邮件附件也是一样。甚至使用 USB 存储设备，并通过联邦快递或敦豪速递公司在办公室之间发送包裹也同样不安全。

信息安全专业人员可能会认为这些数据传输方法惨不忍睹，但这是一个重要的提醒，即组织中的大多数员工几乎没受过信息安全培训也不具备信息安全意识。在制订有效的计划时，了解不同岗位的员工执行职能时的参考框架是十分重要的。

在审查减轻风险和接受现有风险的成本效益分析后，确定修改流程是有益的。重要的是，如果业务部门领导层不参与项目制订，就无法做出这个决定，因为信息安全团队认为接受风险是这种情况下唯一可以采取的风险应对措施。再说一次，纳入使用终端的员工是十分重要的，这将有助于流程的改进，并与同事一起为这些目标努力，以在项目中获得持续的支持。

这个例子的结果是对业务流程进行修改，同时附带保护措施，以确保旧流程不再使用。这包括教育活动、流程通知及技术控制。在后续的战略层中，我们将探索来自不同行业的不同示例，但重要的是要将数据传输的最终状态与旧方法进行比较，来突出这些层的使用价值。最终创建一个虚拟专用网络（VPN）隧道，以保护传输中的信息。特定类型的技术利用不同的链路将数据包从序列中发送出去，以便在目的地重装。为了拦截传输中的数据，攻击者必须同时执行多个中间攻击。与简单截取未加密的电子邮件或 FTP 传输相比，这种方法可以大大增加保护文件的数量。实质上，通过使用新技术和改进过的流程，通过显著提高成功攻击所需的工作量，该流程会变得更加安全。

下一步是解决关键资产到达产品制造地时可能会被窃取的担忧。因此，客户实施了多项安全保障措施，极大程度地改善了对关键资产的控制。首先，文件在美国和欧洲使用密钥加密，该密钥只能由经过认证的用户在安全网段上访问。其次，鱼叉式网络钓鱼攻击（一种针对大型组织的攻击手段）或键盘记录器威胁将通过多因素身份验证得到解决。

> **注释** 多因素身份验证是指使用多个因素对用户进行身份验证，如你知道的东西——密码，你拥有的东西——硬件和软件令牌以及你的身份-指纹。使用多个因素使认证更加安全和可靠。

最后，执行职责分离，这样就没有一个员工可以访问制造产品所需的完整数据集。而是需要多个员工通过多因素身份验证，使用多个密钥来完成这个过程。将这种多层保护与原始流程相比较，你可以看到随商业流程改进打包的商业智能是多么强大。

4.4 战略层

战略层指的是为授权者使用关键信息资产实施保护措施，而针对未授权者的行为做出适当响应。之前详细叙述的关键资产保护计划对决策层来说是一个行之有效的例子。将智能转化为策略，需要在计划到流程的过程中转换其角色和责任。这样做最好通过定义具有不同的角色和责任的两个组来实现。第一组称为治理组。它通常由负责主要业务的决策者组成，通常在每季度召开一次会议以审查结果并调整策略。治理组必须包括所有安全项目的主要执行人以及最终批准预算的人。第二组称为工作组。这一组通常由治理组和信息安全团队的代表组成，他们需要频繁地通过会议在"战术"层面概述日常职责。通常，为了取得成功，工作组由安全专员，保护关键资产的部门成员以及用于故障排除工作的信息技术资源组成。

战略的首要组成部分是定义检测关键资产相关的未授权行为需要哪些能力。例如，如果没有针对可移动存储介质的商业需求，组织可以简单禁用环境中的 USB 和 CD/DVD 设备。然而，如果一些数据需要通过可移动存储介质传输，但关键信息资产不允许以这种方式传输，就需要对信息做出区分。

战略的第二个组成部分是为保护组织的关键资产确定应采取哪种应对措施。许多对内容和情境感知解决方案不熟悉的新手都认为保护信息资产的最佳方式是阻止它们离开。有时阻止是一种适当的做法，但它完全取决于威胁建模训练和识别破坏资产的攻击者。如果计划的重点是防止内部人员在无意间泄露信息资产，那么可以采取适当的阻挡机制，或弹出"你确定这样做么？"的窗口，具体取决于系统的功能。但是，如果程序的主要目标是防止内部和外部人员的恶意窃取，则弹窗会告诉攻击者他正在被监控。在没有解决方案时可以对每个可能的出口和方法实施监控。因此，在面对持续的威胁时，最好是对关键资产进行监控而不是去阻止或弹出警告窗口，这样攻击者就不会对安全漏洞有所察觉。执行监控后是积极的响应服务级别协议，或者准备在目标到位时触发强大的事故响应计划。

> **注释** 无论方案期望的最终状态如何，在实施任何技术响应之前，通过一段时间的监测，与用户沟通和对用户进行教育都是被广泛认可并被高度推荐的最佳做法。

或许，我过去合作过的一家非营利医疗服务提供商和研究机构，就是将多种因素和应对措施考虑在内并进行有效部署的最佳例子。该机构是一个政府组织，有 3 个业务主线：教育、医疗保健服务和研发。业务层和智能层根据组织自身对于关键信息资产的需求产生了两个不同的组。该机构在教育和临床方面主要关注个人身份信息、受保护的健康信息以及患者手术信息。该机构在教育方面需要面对的另一个问题是，他们有许多临床实习生，必须确保学生不会使用他们在临床手术中获取的敏感信息。为了解决这些问题，防止信息从临床环境流入教育环境，一个适当的做法是，使用交互式消息提醒学生他们应有的道德和合同义务。因此，在经过监控和沟通之后，这些事件响应得到了落实。

第二组在需求上与第一组不同，与业务研究有关，它主要保护极具价值的知识产权，这是价值数亿美元的研究成果。我们在第 1 章中讨论过，对研究成果的主要威胁来自于间谍、政府内部的工作人员或是恶意的攻击者。对于此类型的资产，没有实施任何阻止措施，因为很难确定该对哪些部分进行监控。该机构可以建立一个流程，保证研究信息的安全，不受参与者复杂度的影响，迅速对监测到的事件和异常做出反应。同时建立一个自动化的流程，以防善意的学生泄露患者的敏感信息，把受保护的信息流入教室。这些事件将以完全不同的方式进行监测和响应。这个例子告诉我们，组织不必全方位地修改他们的计划，修正一个决策或响应来适应所有可能发生的情况。独立处理每个威胁能够让组织具备构建全面监控和响应的能力，进而有效地保护各种关键信息资产。这种解决方案需要组织中所有部门的参与。

安全策略不是一成不变的，它必须灵活制订去满足业务不断变化的需求。在创建流程的过程中，创造力是一种财富，但往往会被低估，导致许多流程专注于遵守规则而不是以一种变通的方式去保障安全。重要的是，绝大多数的攻击者都是在组织中寻找最简单的目标，因此如果两个安全计划完全相同，就会增加攻击者攻破计划的可能。更糟糕的是，如果安全计划仅遵守规定中最低限度的保护措施，攻击者将拥有一本对抗安全措施的指南。

想象一下，如果你愿意的话，一个球队在赛前告诉另一支球队他们的战术。那支球队会赢下比赛吗？可能不会，但是这种情况与许多组织基于法规构建安全计划的方式非常相似。了解规定去确定最低限度的保护措施是非常重要的，但这些要求绝不应成为整个组织安全计划的主题或框架。必须假设任何攻击医疗保健公司的攻击者都了解公司遵守的规定，因为了解规定的细节可以迅速挫败最低限度的保护措施。重要的是要记住，服从规定不等同于安全。

4.5　战术层

借用一种古代军事的表达，用"最后的决战"来描述战术层，战术层的重要性不言而喻。重要的是要区分，适当的战术需要在业务运作、提取信息以及制订策略后才能制定。大多数流程的失败往往出于两个原因，这两个原因都可以通过采取适当的模型去解决。首先，很多组织没有制定出与业务需求保持一致，且可以与基层直接相关的连贯策略。这些组织部署的解决方案或安全产品，旨在解决一个非常具体的安全问题，从战术上去解决感知到的问题就好像孩子们打地鼠的游戏。其次，许多组织的部门都在独立运作，没有人知道整体计划，导致缺乏可见或可识别的连贯策略。因为太多的组织不曾考虑过战术层以上的问题，因此"战术解决方案"在安全行业中具有负面含义。

如果应用得当，战术流程对于安全计划的整体成功至关重要。在许多情况下，构建它们非常耗时，因为这是建模的第一阶段，在这个阶段，流程是个人责任制的。对于熟悉国际标准化组织（ISO）模型的人来说，他们会在智能层创建政策等级、在战略层设置流程、在战术层设置工作指令。在战略层定义的功能都需要与战术层的一组流程相对应，以确保负责安全计划的每个员工都清楚他们的职责以便完成决策，并最终实现业务目标。流程的创建或许是乏味的，但是它可以持续对员工产生积极的影响，因为成功标准和工作效率都有明确的定义，也是因为每个人都知道自己在什么时候该做什么事。一套好的战略流程也将减少新员工的岗前培训时间，并提升整个部门的士气。

战术层同样是模型中的重要部分，在前几层它筑起了员工和流程之间的桥梁，在后几层它通过技术构建了层与层之间的连接。这是有原因的，因为每个通过评估并被最终部署的技术都需要通过战术层进行安排。关键资产保护计划的先驱，BEW Global（现更名为 InteliSecure）确定了针对部署技术应解决的 5 个战术环节：应用程序管理、范围和政策治理、事件分类、事件管理以及报告和分析。

应用程序管理是指保持技术系统正常运行所需的过程。整个过程包括某种类型的运行状况检查、升级、变更管理流程以及架构设计和图表等。这些流程通常由信息安全工程师或网络架构师设计。

范围和政策治理是指将业务需求转换为技术系统内的规则或政策。这项工作非常重要，因为支持关键信息资产保护的系统通常是"智能"系统。整个过程通过微调这些系统的"大脑"构成。实现此过程需要工程师、分析师和业务人员之间的团队协作，他们必须通过不断地测试、提炼和改进来验证系统能否完成业务目标。

事件分类是指确定哪些是误报的事件，并对事件做出适当响应。此过程与事件管理并行，但不同的是，许多不符合事件定义的事件仍需做出某种类型的响应。由于不同的技能需求，这些过程通常由分析员而不是工程师来独立运行。

当确定对业务产生重大影响的事件发生时，事件响应计划定义了必须采取的角色、责任和流程。在事件响应计划中定义了适当的响应，通常由受到影响的业务部门分析师和代表执行。

报告和分析定义了关键绩效指标，这将有助于治理小组在战略层根据所列目标确定计划的有效性。这个步骤经常被忽视，这也是在许多安全规划中信息安全计划与业务之间脱节的主要原因之一。此功能通常由业务分析师或既了解该计划又了解整个业务的其他人执行。此外，报告应该随着时间的推移不断演变，不仅突出显示最初目标的进展情况，还要不断分析计划执行期间发现的问题和事件响应结果。

计划的目标和指标的实现类似于个人实现目标的方式。一种设计目标的方法是目标管理原则（SMART）方法，该方法表明目标必须是具体的、可衡量的、可实现的、相关的和受时间限制的。这种相似性可以帮助安全计划设定适当的目标。

上述的各个环节不仅要定义需要做什么，还要定义由谁去做，以及执行任务的频率。这些流程也应该围绕业务和特定的战略去制订。许多组织失败，是因为他们采用了模板化的方法去运行计划。很多时候，四大咨询公司几乎为所有客户制订了相同的计划。结果类似于将合规性计划当作安全计划去部署。如果计划完全相同，攻击者只需要一套成功的战术和协议就可以攻破多个组织。通常情况下，对于有组织的攻击者来说，一旦做出一次成功的攻击，就会在更广泛的受众群体中重复攻击行为，以便在不同的组织中寻找相同的漏洞。这种方法为攻击者带来了好处，同时也降低了攻击的成本。一旦他们成功攻击了多家公司，犯罪分子通常会将他们的攻击"打包"并转售给其他犯罪组织，这是另一种收入来源。可以将其视为网络犯罪的一种特许模式。

即使在一个组织内部，战术也可以多样化。我认为细致制订战术层能够产生示范效果的最好例子就是我与伦敦一家跨国公司的合作案例，这家公司的业务遍布欧洲、中东和亚洲。值得注意的是，美国并不在经营国家名单上。许多安全公司、咨询师和顾问都把美国作为计划制订的中心，但也有许多环球公司有着截然不同的关注点。在处理不同地区的问题时，应该分阶段考虑。在多个地区部署计划的细微差别很容易让现有的员工和流程不知所措。重要的是，确保各阶段的建设方式，让资源能够集中，而不是试图通过采取更多更快的无效行动来试图"煮沸大海"。在制订计划时，控制整个计划的范围非常重要。

在本章开头被当作示例的公司有两个特别的业务问题，这些问题超出了他们对安全的担忧。首先，他们必须遵守所有其营业所在国家实施的数据保护法和工作委员会的规定。其次，他们规定，不能将任何信息存放在美国数据中心。由于担心政府实施监控计划，许多美国人对外国的住房信息表示担忧，但由于各种国家安全法案和公众对美国国家安全局记录收集计划的认知，人们没有意识到许多其他国家的组织对美国的住房数据也有同样的担忧。

这家公司是内容感知技术的早期使用者。由于隐私法保护工作人员免受这种形式的监控，他们的许多同行已经认定这种计划无法在欧洲有效实施。但是，这家公司选择应用该模型，他们详细地记录了打算部署的每个战术流程，并与法律顾问合作，确保所有流程都符合当地法规。然后，他们向工作委员会提交了非常详细的计划，经过一些修改，他们获得了批准。在不同地点采集的数据是不同的，人员配置模型必须考虑到保护措施，但由于战略是优先设计的，所有的战术流程都是为了给战略提供支持，结果是一项此前被认为不可能在欧洲的大多数国家实施的有效监测计划得以实施。

4.6　技术层

大多数安全计划始于技术层。这样做出于许多心理原因，但无论动机如何，这都是构建计划最有效的方式。

也就是说，技术在任何信息安全计划中都起着至关重要的作用，特别是当根据全面的业务和功能需求进行选择时。在组织有效使用模型的情况下，战略层提供业务需求，战术层提供功能需求。

技术本身是相对灵活的，而不灵活的是需要利用技术实现的关键需求。举例来说，自数据丢失防护技术出现以来，很难想象内容感知安全技术在信息安全计划中将不再担任重要角色。构成内容和内容感知流程核心的 3 项技术是内容感知技术、上下文感知技术和综合监控工具。我们今天所熟知的这些产品可能会被新技术取代，但这些核心功能将一直保持不变。

内容感知技术（如数据丢失防护技术）是信息安全计划的重要组成部分。如果有人认为有一些信息比其他信息更重要，那么就必须有一种技术可以将重要信息从背景噪声和网络信息中分离出来。数据丢失防护技术曾一度被认为是注定成为存架的昂贵产品，其负面评价大多出于对产品本身的误解。它是真正由技术促成的业务产品，而不是类似于防火墙或入侵防御和检测系统的技术性产品。作为全面计划的一部分，数据丢失防护技术在特定场景下十分有效。

上下文感知技术包括安全事件和事件监测（SIEM）系统以及下一代防恶意软件产品。实质上，上下文感知解决方案试图建立正常的系统或用户行为，以检测异常行为作为入侵指标。这些技术远比基于签名的技术更有效，因为它们具备有效抵御零日威胁的能力，而且不像签名技术那样依赖供应商的签名更新。从系统的角度来看，上下文感知技术已经十分流行，并且具有个人行为分析能力的技术也即将出现。行为分析不仅在网络安全方面具有应用潜力，在世界各国的安全应用方面也同样具有应用潜力。

全面的监测工具或是分析工具在信息安全计划中变得越来越受欢迎，主要原因是系统产生了大量数据，使得人工审查收集有用的信息变得越来越困难。赛门铁克的信息技术分析或英特尔安全部门的数据安全解决方案等产品供应商提供了许多这类工具的示例。此外，像 Splunk 这样的独立监控工具因其能够对大量信息进行弹性搜索而受到欢迎。越来越多的技术供应商将全面的监控功能作为产品的一部分。过去，上下文感知工具、综合监控及分析工具常被放在一起使用，但如今复杂的安全分析功能正在慢慢独立出来，成为一个新的行业。

4.7　事件层

无论是否有计划，事件层都存在。这一层包括了客户环境中的所有数据。基础设施上任意两点或多点之间的每条信息或电子信号都可以通过某种方式被组织监控。重要的是，这些事件的数量太多了，在合理的预算范围内想对它们实施全面的监控是不现实的。然而，适当的计划可以通过提供业务需求的战略层来区分重要事件和非重要事件。

4.8　计划结果

也许一个计划最重要的部分来自该计划的结果。更具体地说，由于没有在适当的时间向用户提供有效且有针对性的结果报告，成功的计划常被认为是失败的计划。分析、关键绩效指标和权重对于建立和维护一个有效的计划来说至关重要，因为如果没有可靠的指标证明计划的有效性和投资回报率，将很难有企业永久地投资这项计划。安全专业人员常常感叹，企业领导没有真正明白信息安全的重要性。如果情况确实如此，则表明安全计划本身未能与业务成果保持一致，并未能提供计划结果和实现这些目标的证据。企业领导没有责任成为安全领域的专家，与企业进行有效沟通是安全专家的责任。在一般的信息技术部门以及特定的安全部门内部，经常会有一个专门的房间用来说服他们的员工，让员工相信公司的理念是真实而简单的，任何不了解这些概念的人都是白痴。

信息安全部门内有多少人可以创建全面预算或向行政领导提交损益表？这对于财务部门来说是一个简单的任务么？信息技术部门有多少人知道如何诊断撕裂韧带的程度？对于医生来说，这可能是很基本的能力。重要是，信息安全专业人员不应轻视他们的客户，或傲慢地对待客户。很多时候，安全部门和企业之间存在着敌对关系，因为企业认为安全部门不听他们的需求，也没有给予他们应有的尊重，而信息技术部门和安全部门则认为企业不了解他们的专业知识。长期从事信息技术工作的专业人士与我分享了一个古老的信息技术格言"任何信息技术问题都可以通过杀死终端用户来解决"。根据我的经验，这种态势在大多数企业中都存在，这对于企业内部的技术有效性和安全性以及信息技术安全团队的士气都极为有害。

我经常告诉我从事安全行业的朋友，如果他们为了安全而做安全，站在业务角度来看他们只是在不断开销。他们该做的是收集业务需求并满足这些需求，以便和整体业务建立联系。同样，我经常告诉我的商业伙伴，在他们想继续拓展自己的职业生涯时，如果他们试图逃避安全问题，选择"鸵鸟方法"，他们的任期不会很长。事实是，正如 2015 年汤姆·里奇在安全信息大会上所说的那样："你的网络安全战略必须纳入你的业务战略。"这意味着未来的信息安全专业人员必须具备商业头脑，未来的商业领袖必须对构建网络安全计划感兴趣。为了促进商业和网络安全之间的协同作用，组织将会倾向于这类领导者，这会很快成为在全球经济和互联世界中开展业务的先决条件。对计划可能产生的结果设定适当的预期也同样重要。有效计划强调的绝大多数安全问题都是不为人知的。比起大量信息泄露的新闻事件，全面的计划更能识别出被破坏的业务流程。

至此，已经在计划制订端阐述了这些层，但在计划结果端这些层被设计用来为客户过滤信息。通常，层次越高，信息就越集中。在模型的计划结果端，每个层都由其上方的层监控。因此，技术层监控事件层，战术层监控技术层等。

如前所述，事件层是网络中所有事情发生的地方。事件层通常生成关于正在发生的事情的信息。这一层的结果通常表示为系统在一段时间内处理的原始事件数。这些结果通常只与技术层和保障系统正常运行的技术人员相关，由于这些结果未经验证，因此不一定具有业务价值。这并不是说在这一层中不存在重要的事件，而是肯定存在；只是因为它们还没有被验证，因此结果对于技术层以上的层是没有意义的。然而，技术层可以利用这些信息来确定系统是否正常运转。

技术层监控着事件层，从而捕获与该技术相关的事件。这一层的结果与战术层相关，因为它们需要审查这些事件才能产生结果。太多的组织和管理服务供应商为企业领导提供来自技术系统的"固定报告"。往好了说，这样做是事先不知情；往坏了说，这是完全懒惰的行为。收到报告的消费者要么会被这些信息误导，要么会很快明白这些报告与他们的业务毫无关系。无论是哪一种情况都会给信息安全计划带来重大问题。

战术层是生成关键绩效指标的地方。战术层是日常系统管理员在同一级别执行计划制订端规划的战术过程，以验证技术层给出的结果。在这一层生成的关键绩效指标通常由大量信息组成，这些信息是互相关联的，并仅供熟悉该计划的人员使用。重要的是，这些战术结果尚未纳入决策，因此将信息升级到下一层是必要的。从报告的角度来看，战术报告的读者通常是工作组及以下级别的员工。

然后将战术业务结果与战略目标进行比较，以便仅呈现具有战略意义的重要信息，从而形成战略层的结果。例如，如果我告诉过你，在过去的 30 天内有 6000 条敏感信息以电子邮件的形式从公司中发送出去，你知道这对于业务来说意味着什么？如果你对该流程非常熟悉，你可能会了解，但是如果你不熟悉，那么你不太可能知道。但是，如果我告诉你，根据我们的关键资产保护计划，我们主要关注的是遵守美国健康保险流通与责任法案（HIPAA），发送 30 封包含未加密的受保护的健康信息（PHI）的电子邮件，直接违反了我们本应遵守的法规，这些信息对你有商业价值么？当然，这是战略结果信息。在这个层面上，无用信息将被驳回，但仍会有不需要进行决策的信息。这一级别的报告通常会送到治理组或业务组领导手中。

在智能层，战略信息会被进一步提炼，以突出核心业务流程的风险和业务流程的变更，这些都是确保组织安全所必需的。这些决策举措可以提供具体的建议，但关键是确保智能层的报告可以为企业领导提供策略和选择。因此，这些报告的目标人群通常是副总裁和高级副总裁级别。

最后，该业务报告旨在报告对业务产生重大影响的信息，无论信息是正面还是负面。例如，如果该计划已成功整合了一个系统和流程，从而显著降低了违规行为导致的年度预期亏损，那么业务部门应该知道这些信息。相反，如果该计划确定了将组织暴露于重大业务风险的不安全的业务流程，那么这些信息也应报告给业务部门。这些信息通常针对执行层及以上层面，通常以非常简短的形式呈现。

以这种方式构建计划结果报告将确保正确的信息能够在正确的时间给到合适的人，并且足以让他们在其影响范围内做出快速且正确的决策。启用此功能是有效信息安全计划的关键组成部分，对于每个希望设计或改进计划的组织来说，这应该是一个明确的目标。

4.9 案例研究：掌控模型

注释 很少有公司允许员工公开谈论违规行为中具体发生的事情。然而，在我担任 InteliSecure 公司托管服务总监期间，有一个特别的例子，客户认为这样成功的经历，不仅我们可以谈论它，还与我们在双方的联合演讲中进行了交流。InteliSecure 公司已经获得许可，可以与公众讨论所发生的事情。未经受害组织明确授权，请避免讨论你可能涉及的任何违规的私密细节。

美国贝迪医疗公司（Becton Dickinson）是本案例研究的主角，我将参考并分享他们如何成功地使用该模型去阻止一场大规模的知识产权盗窃未遂案的细节。最终，这起案件由美国联邦调查局（FBI）调查，指控不是由贝迪医疗公司提出的，而是由美国司法部（DOJ）提出的。如果你想确认这个案件的公开细节，只需在谷歌上搜索"贝迪医疗公司盗窃案"，你就会找到案情的结果。然而，我将分享这个案例的特殊细节，具体说明贝迪医疗公司是如何定义和收集计划的结果，以保护他们的信息。

首先，贝迪公司是做什么的？贝迪医疗公司是位于新泽西州富兰克林湖的生物医药制造商。有许多人可能熟悉世界各地药房和医生办公室各类医疗设备上的"BD"标识。贝迪医疗公司制造各种产品并对其进行试验，然后将这些产品分销到世界各地。因此，他们的业务受健康保险流通与责任法案（HIPAA）以及支付卡行业数据安全标准（PCI-DSS）的监管。

当贝迪医疗公司与 InteliSecure 首次合作时，InteliSecure 提供了一个包含数据丢失预防系统在内的计划，以增强业务对 HIPAA 和 PCI-DSS 法规的遵守，这项工作通常由组织内的合规和信息安全团队领导。当这些团队被问及贝迪医疗公司最重要的资产和担忧是什么时，答案主要围绕着业务的合规性展开。例如："我们需要保护客户的信用卡数据"或"我们需要保护用户的健康信息"这些问题在最初的会议中很常见。然而，贝迪医疗公司的首席信息安全官（CISO）也参与了这项工作，并同意允许 InteliSecure 根据模型利用他们的方法，以便合理地定义计划。在整个模型中，有几项关键决策，成功地缓解了企业面临的重大威胁。

第一步是与企业会面。在这些会议开始时，情况往往是，不同的业务部门参与的程度不同。合规与法律业务部门非常支持监管数据并遵守这些法规。业务层的目的不是消除资产或制定资产优先级，这些工作应在战略层完成。我们对这些资产是否是唯一的重要资产持怀疑态度。尽管如此，这些担忧仍被视为是该层的输出，因为其他业务部门被鼓励去分享他们的疑惑。负责研发的副总裁最终站了出来，表示了对正在研发的新型肾上腺素注射器的担忧。她最担心的是，从研发角度来看，注射器几乎已经设计完成，但注射器主要由合同即将到期的承包商进行开发，在未来5年中，它在贝迪医疗公司的全球预计收入中占了很大一部分。虽然还有一些其他的资产值得关注，但为了本案例研究的目的，我们将重点关注这一具体问题，因为是它最终产生了媒体公布的结果。

智能层旨在生成授权进程，目的是创建检测未授权进程并对其进行响应的功能。对正在研发的新型肾上腺素注射器所需的资产，规则是简单明了的。贝迪公司内部有一个项目团队，被授权访问、修改和保存与贝迪公司拥有的信息技术资产项目相关的信息。而没有经过授权的进程就可以将这些资产保存到可移动存储设备，通过 Web 发布、FTP 传输或通过电子邮件发送到公司外部。没有业务需要复制数据或将其转移到非贝迪公司拥有的信息技术资产中。

在这个特殊的案例中，战略层对这个特定计划的成功发挥了关键作用。战略层的关键是准确地定义如何对非法使用关键信息资产做出响应。由于这个案例和威胁建模演习最关注的是故意窃取，而不是善意的内部员工和意外的数据泄露，所以决定不利用技术来阻止任何信息的传输。许多人可能会觉得这个决定有违直觉，但对于老练的攻击者来说，通常会通过发送小块的信息来测试防御系统，通过查看交易是否会被阻止以找到技术上的漏洞。通过密切监视用户行为而不是阻止用户，你可以防止潜在的恶意攻击者通过探测你所设置的防御系统来获得关键的信息。

战术层的一个重要组成部分是建立快速应对威胁的机制，并找到正确的事件升级点，因为战略决策不使用技术去阻止与资产相关的活动。因此，监控程序必须高度警觉，以保护关键信息。行为危险的用户，将被报告给人力资源部门，并被密切监控，以便在违规事件发生时做出快速的响应。

此例中的技术层主要利用赛门铁克的数据丢失防护解决方案，这是一种领先的企业级数据丢失防护解决方案。该解决方案对组织存储的数据、遍历网络时产生的数据以及终端用户在笔记本电脑或台式机上使用的数据提供全面的保护。数据丢失防护解决方案是一种内容感知解决方案。

计划制订为贝迪公司的成功提供了一些关键因素。首先，基于战术层的策略，具有审查和对事件作出快速响应的能力被认为是非常重要的，这到贝迪公司内部员工无法达到的水平。解决方法是让贝迪公司与 InteliSecure 管理服务团队合作来管理他们的程序和数据丢失预防系统。其次，由于合同即将到期，此例中计划和技术的部署具有时效性。最后，基于承包商可以访问贝克顿·迪金森公司的内部通信，而不会受到阻止这一风险，决定以一种隐蔽的方式部署系统，且不告知用户他们正在受到监控。

> **注释** 请务必记住这一点，在向终端用户部署任何高级安全解决方案之前，一定要向公司的法律顾问明确你的预期。我之所以特别提到这一点，是因为在许多国家，全面、秘密地部署数据丢失预防技术是违法的。贝迪公司的总部设在美国，而美国没有禁止这种行为的规定。

我们将从 InteliSecure 管理服务团队的角度以及美国联邦调查局（FBI）在媒体上发表的相关报道来探究到底发生了什么，而不是逐层审查计划结果。（http://www.northjersey.com/news/business/becton-engineer-sentenced-in theft-1.1111183）

2013 年 5 月，与贝迪公司签约的工程师凯坦库玛·马尼亚尔开始出现在危险行为的用户名单上。可疑行为是马尼亚尔发送了少量与贝迪公司公司一款名为 Vystra 的自有品牌注射器相关的敏感信息。一位名叫莫莉·斯托尔普曼的

InteliSecure 信息安全分析师在其将数据传输到可移动存储设备，并将一些信息发送到他的个人电子邮箱时，识别出了异常行为。莫莉的贝迪公司联系人立即报告了该活动，并根据信息资产保护计划监控马尼亚尔的其他行为。

马尼亚尔这样的行为停了几天，但他仍在危险用户名单上。某一天，马尼亚尔突然打电话请病假，他开始将大量信息传输到可移动存储设备，并将信息转发到他的个人电子邮件账户。贝迪公司得到了通知，他们又立即通知了 FBI，FBI 获得了搜查令，进而没收了马尼亚尔的存储设备。

重要的是要记住，参与计划的人是计划中极其重要的元素。莫莉是我有幸见过的最聪明和最机警的人之一，正是她的技能、专业知识以及通过模型实施的流程和她负责使用的技术促成了这一成功。

马尼亚尔的存储设备中包含大约 8000 份文件，据称他计划转移到印度并准备将盗取的商业信息出售。根据当局的说法，"莫莉称下载的数据基本上包括一个用于批量生产注射器的工具包。"[①]

贝迪公司提起了一项民事诉讼，最终他们败诉了，但他们没有必要对马尼亚尔提起刑事指控。相反，美国检察官办公室以企图窃取商业机密的罪名指控马尼亚尔。该案最终判定马尼亚尔在联邦监狱服刑 18 个月，附带高于 3.2 万美元的赔偿金。在联邦法院的调查中还发现，马尼亚尔还从他的前雇主那里窃取了商业机密。

贝迪公司案例是有效利用模型取得巨大成功的一个例子。这个案例是一个很好的例子，不仅因为犯罪者被抓获，更重要的是犯罪者在信息被用来侵害贝迪公司利益之前被抓获。事实上，最好的一个证据是，模型及其由专职和训练有素的专业人员在每个层面进行了适当操作，马尼亚尔被抓住并非巧合，因为他曾使用相同的方式盗窃了前公司的信息而未被发现。在这两家公司中一次成功，一次失败，其主要区别在于模型和运作方式。

对于这些成功案例中的每一个人来说，都有成千上万的违规事件会让公司和政府花费大量金钱，或者更糟糕的是，违规事件导致过去盈利的组织最终破产。

没有任何一种策略或方法可以保证组织不会被破坏，或者能够在违规或企图违规事件发生时全面保护自己免受伤害。然而，企业参与信息安全计划的经验和轶事都证明违规成本确实可以降低，并能成功预防违规行为的发生。

4.10 小结

构建一个全面的信息安全计划是困难的。为了使该计划具有相关性和有效性，

---

① http://www.northjersey.com/news/former-engineer-at-bergen-county-based-becton-dickinson-charged-withstealing-trade-secrets-1.626124

有许多活动的部分是必要的。威胁和信息技术领域也在迅速演变，使这项工作变得更加复杂。因此，组织必须遵循最佳实践的模式和方法，去建立一个既有效又能经受时间考验的计划。本章介绍的模型已经成功应用了数百次，并形成了许多经得起时间考验的有效安全计划的基础。该模型的优势在于其灵活性，如果无法适应威胁环境和业务的变化，一成不变的计划是无法发挥作用的。成功没有秘诀。构建有效的安全计划是一个旅程，而不是目的地，它不能被当作一种技术去购买。

第 5 章　事件响应计划

在开始讨论事件响应计划之前，我们首先要做的是准确定义信息安全术语中的事件。然而，为了真正理解事件一词的含义，你必须先明白什么是事件。事件是发生在一个公司内部的可能令人担忧的事情。事件是从财务或运营角度对公司产生重大影响的已确认事件。

事件响应计划是一项旨在确保组织为不可避免的事件做好准备的活动。关于这一主题，有各种各样的引语，可归因于各种来源，但一个基本共识是，有两种类型的组织：一种是受到外部威胁的组织，一种是还不知道自己受到威胁的组织。许多专家警告称，那些不知道自己遭到攻击的组织，未能通过事件响应过程对其安全计划进行适当的修改，以防止类似的攻击。由于未能修改不充分的流程或系统漏洞，这类组织再次受到攻击的可能性要大得多，或许一个不太成熟的攻击者首次使用商业化攻击形式就能造成攻击。因此，事件响应计划可以被视为是在为不可避免的情况做准备，同时建立一种从过去的错误中吸取教训的机制，以便在未来提供更强大的安全保障。

芝加哥市长拉姆·伊曼纽尔曾说过："你永远不该白白浪费一场严重的危机。我的意思是，这是一个机会，去做你以前认为你做不到的事。"这个想法既适用于政治，也适用于信息安全。有无数的例子表明，在遭受重大网络攻击之前，组织没有合理分配安全资源，直到自己成为网络攻击的受害者之后，又随意为安全计划投入资金。然而，利用这类事件的关键是要发现该事件，并根据适当的事件响应计划对其进行妥善处理。

确保资金的合理使用非常重要，因为随意购买应用程序以及对问题做无用功的冲动往往会导致超支，无法遵循第 4 章中讨论的战略计划。事件响应计划流程，特别是发生事故后相关的流程，提供了一个框架，说明了事件发生后吸取的教训，以及针对攻击本身改进的机会。

本杰明·富兰克林（Benjamin Franklin）有句名言："不做计划，就是在计划失败。"我总是喜欢告诉人们，教人如何灭火最糟糕的时刻是在地狱中。无论我们选择如何表达，最佳做法是确保每个人都知道在紧急情况下该做什么。这就是为什么学校和工作场所都有消防演习，每次飞机起飞前都会有安全简报。如果事情发生了，我们都必须对自己的最低期望有清晰的认知，如为了遏制事故造成的影响去哪里可以找到可以立即部署的资源。同样地，每个公司都应该有一个经过测试后确认有效的事件响应计划。

我曾亲历过几次违规事件，在事件发生后，我坐在董事会会议室里，试图帮助公司各个部门重新整合。这是我一生中最悲伤的时刻。公司内部变得混乱不堪，人们慌乱地穿过走廊，以书面形式进行交流，因为他们不再信任任何电子通信的安全性。在我从军期间，我经历过真实的但不混乱的战区。至少在战区，人们知道需要做什么，制订了几项应急计划，并且清楚地知道计划在这项工作中的作用。这并非偶然，一个简单的道理是，在人类处于极端压力的情况下，他们的认知功能会停止，依赖心理学家所说的"爬行动物大脑"，它只关注第二天性的行为。人们普遍理解的"战斗或逃跑"的反应就是这种现象的一个例子，这是人类历史上一个时期遗留下来的产物。当人们感到压力时，他们的生命实际上处于危险之中。可以肯定，人在极度紧张时无法在第一时间想出最佳的行动方案；相反，他们会依赖于自己的习惯。

在这些混乱的场景中，成功与失败的区别在于是否有一个好的、经过充分测试和优化过的计划。如果计划恰巧经过了良好的测试，且关键人员提前进行了培训，成功执行了计划，那么计划实现其目标的可能性将成倍增加。一个经过良好测试的计划的关键不仅在于该计划本身经过测试，而且在于参与执行该计划的人员履行了足够多的职责，这已成为他们的第二天性。

在这种情况下，军队就是一个很好的例子，因为军队已经完善了士兵在高压情况下也能有所行动的训练。如果你看过一部讲述部队训练的电影，你会看到部队中的中士或教官，在训练新兵时会大喊大叫。这些人之所以这样做，不是因为他们精神不稳定；相反，这样做是为了训练新兵在战斗或逃跑时的反应，并在潜意识中与他们对抗。通过这种方法，他们可以让这些新兵在这些情况下采取某些行动。根据个人经验，我可以告诉你，在战斗中，这种训练是非常宝贵的，因为受过训练的人在没有理性思考的情况下，也能清楚地知道在应对极端压力的情况下自己需要做什么。

我并不是建议事件响应培训和实践演练应该包括领导对员工尖叫。这些策略在私营企业远不如在军队中被社会所接受。然而，创造意外场景，让参与事件响应过程的员工在没有警告的情况下重复完成自己的工作，可以实现类似的效果。

同样，通过渗透测试进行攻击模拟，不仅是为了评估漏洞，也是为了评估响应是否适当，同时在必要时修改计划在整个过程中可能非常有用。执行这类计划很重要，如果它们只是在写下来后摆上书架，那么在需要时，响应有效的可能性不大。

5.1　事件响应计划的要素

很多时候，人们总是纠结于如何制定一个完美的计划。有许多关于计划的军事谚语，我认为它们在信息安全方面也可以得到充分的利用。我脑海中最常浮现的两句话是"计划只是改变的基础"和"一旦和敌人遭遇，没有计划就等于死亡"。这两种说法背后的想法都是，计划将发生改变，但有一个改变的基础和指导人们努力的方针，对计划的整体能力和成功概率来说至关重要。有计划总比没有计划好。根据波尼蒙机构在 2014 年进行的违约成本研究[1]，即使是一个简单地确定参与响应人员并指定其角色和责任的基本计划，也会大大降低人均违约成本，并在很大程度上增加事件响应成功和恢复的机会。

同样重要的是，在执行计划和事后的审查中，还要有一种改进计划的机制。建立事件响应计划的方法有很多，但大多数方法都有一些共同点。我们将在本章探讨的事件响应规划模型是一个适用于任何行业的基本模型。图 5-1 对该模型进行了简单的说明。

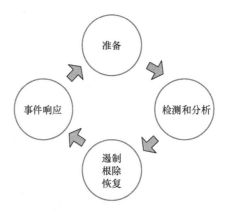

图 5-1　事件响应计划模型

5.1.1　准备

在《创业的艺术》一书中，盖伊·川崎（Guy Kawasaki）提到了一句简单但意义深远的话："万事开头难"。这句话的美妙之处在于它的简单和普适性。尤其是在大型公司中，很难摆脱"过度分析导致瘫痪"的专治模式，这种模式在人们、团体或公司专注于构建完美解决方案时得以盛行，以至于他们从不执行解决方案或大大超出最初的时间表和预算。在信息安全方面，我们谈论的是一个极其复杂且不断发展的问题，可能永远找不到完美的解决方案。由于进攻方和防守方都包含人，想做到完美是不可能的，即使是最好的方法也需要不断优化。制订计划的关键是要理解，信息安全规划的改进是渐进的，而不是基于预先确定的绝对的原始目标。

任何有效的信息安全计划都必须包含可持续过程改进（CPI）机制，在该机制

---

① https://www.ponemon.org/blog/ponemon-institute-releases-2014-cost-of-data-breach-global-analysis

中，随着吸取经验教训，或是对环境变化的适应，计划可以随时得到改进。事件响应是这种机制中的特别之处，因为该模型会在每次过程迭代期间和之后持续运行和改进。因此，开始的时间是至关重要的，因为每次公司内部发生事件或事故时，如果没有制定事件响应计划，公司不仅会因为未做好准备、不适当或效率低下的响应遭受负面后果，还会因此浪费一个改进事件响应计划的大好机会。站在这个角度来看，"过度分析导致瘫痪"十分有害，还会适得其反。制订计划并将其作为变革的基础，都代表着一种渐进式的改进。在准备阶段，它可以简单到设置一个框架，用于记录任何事件的结果、发生事件时应该参与的人员以及各自应负的职责。在大多数公司中，这项简单的工作需要在几分钟或几小时内才能完成，通过减少混乱和重复工作，可以有效地提升响应的效率和有效性。

1. 凯蒂·吉诺维斯

一项心理学研究涉及到凯蒂·吉诺维斯案件。1964 年，凯蒂·凯瑟琳·苏珊·吉诺维斯在纽约皇后区惨遭杀害。据多家媒体报道，在场至少有 37 人听到了袭击发生时的声音。就算不去干预袭击，至少这些人都有能力报警，但没有人这么做，他们都认为别人会做这件事情。结果是，许多人目睹了残忍罪行的发生并亲眼看到那个可怜的女人以一种本可以避免的残忍方式死去[1]。这是一个可怕的例子，说明人们在危机情况下拒绝自愿承担责任的本能。在这种情况下应该对个人问责，并将责任分配作为计划的一部分。人们必须清楚地知道，他们应对某一行为负责，也必须负责。如果你只是在人群中喊"救命"，在很多情况下，人群会因为困惑而瘫痪。然而，如果发生火灾时，你说："约翰，我需要你去拿灭火器"，可能约翰一动不动地站在那里，但如果你大喊，"约翰，去拿灭火器！"约翰很可能会按照你说的去做。虽然在研究网络威胁时，我们通常不会涉及到生与死的威胁，但我们经常会涉及对个人和公司生计的威胁，这种威胁同样十分严重。

> **注释**　我们的大脑天生就能识别对我们生计的威胁，就像识别对生命的威胁一样。这就是为什么在重要的会议或面试之前，一个人可能会大量出汗或表现出心率加快和肌肉紧张的反应。这些反应可能有助于躲避捕食者或在现实中对抗对手，但在商业世界中可能是无用的，但它证明了人类大脑可以潜意识地将经济生活与实际生存联系起来。尤其有趣的是，在一个经济生活和实际生存之间的联系越来越少的社会里，这种联系依然可以在潜意识里保持。

如果人们不知道他们在受到攻击时应该承担的责任，通常会出现两种情况。要么，人们都做同样的事情，因为没有人明确知道他们应该做什么，这会导致混乱、冲突、工作重复以及人们因为持有相反的观点而相互对立。要么，人们什么都不

---

[1] http://www.nytimes.com/1964/03/27/37-who-saw-murder-didnt-call-the-police.html?_r=0

做，认为其他人将担任领导角色。无论是哪种情况都会对遏制和纠正该事件的整体目标造成破坏。

2. 制订计划

首先，我们要制订出实用的事件响应计划。如前所述，计划不必是完美的，但它至少应该包含应对措施的基本内容，包括角色和责任，以及事件发生时需要采取的具体行动。许多事件响应计划十分复杂，因为它们试图预测每一种可能。我向我的客户推荐了另一种方法，即在一整页纸上完成整个计划，同时为我们在第 1 章中描述的每个威胁参与者制定单独的计划。在一开始这些计划加在一起可能用了 7 页纸。当然，计划会随着时间的推移而增长，但当公司向我询问计划应该持续多长时间时，我通常建议计划完成的时间应该尽可能短，同时针对特定情况进行全面有效的规划。重点是要明白，计划的整体质量无关紧要。唯一重要的是在紧急情况下，每个参与响应计划的人都要记得自己应负的责任。

> **注释** 实践中的经验告诉我，在给定的情况下，每个人能完成的任务最多不超过 7 项。如果计划中的一部分是，一个人需要履行 7 项以上的职责，我的建议是让另外一个人参与进来，去分担这一职责。

5.1.2 检测和分析

制订计划的下一步是解决检测和分析问题。2015 年威瑞森数据泄露事件调查报告显示，一个公司发现漏洞的平均时长是攻击者首次侵入网络的 18 个月后[①]。

在长达 18 个月的不受限访问中，专业攻击者可以对网络造成不可估量的破坏，包括实施安全措施和修复漏洞的能力，从而使它们不被外部人员或网络内部人员发现。在大多数情况下，当检测时间这么长时，负责检测的不是公司本身，而是执法机构或政府机构发现属于公司的信息在暗网上出售并提醒他们应该注意入侵行为，暗网是互联网上大多数用户无法进行访问的，是窃取信息和非法活动的黑市。任何公司检测和分析计划的目标都应该是将平均检测时间（MTTD）和平均响应时间（MTTR）从数月和数年减少到数小时和数分钟。理想情况下，一个好的计划要么能够快速地做出响应，要么能采取适当的保护措施，在这些措施中，信息不会流出公司导致财务损失。在第 4 章中探讨的贝克顿·迪金森案例就是一个快速响应的例子，快速的响应让企业在造成破坏之前就消除了威胁。

计划中检测和分析的另一个重要部分是确定可能包含对违规行为有重大影响的信息来源，以及在必要时如何收集和分析这些信息。每部署一个新的检测，出现新漏洞的可能性也会随之增加。因此，每当对功能进行添加和更改时，都应对计划的

---

① http://news.verizonenterprise.com/2015/04/2015-data-breach-report-info/

检测和分析部分进行更新。

> **注释** 当向检测和分析部分增加新功能时，重要的是考虑诸如可检测的信息类型、当前技术成熟度、长期期望状态等因素。从当下的状态转换到理想状态的困难程度和所需时间。

许多公司会通过设想可能发生在其资产上的不同种类的攻击，并对这些攻击的响应进行建模，来执行威胁建模练习。这种方法是可行的，但第一步通常是购买新的应用程序，或者尝试一次性解决很多问题。重要的是新的应用程序和流程往往没有得到改进和优化，这会产生前几章中讨论过的问题：挫折感以及缺乏投资回报率。与之相反，还有一种方法以能力为主并以此激发公司产生更多的想法。

这种方法根据部署工具和程序，去设想可以检测到的场景，而不是试图漫无目的地去想象每一种可能。这让演习以现有的能力为基础，并确定可能存在的检测差距。如果有人说，"如果攻击者做了……怎么办？"答案是"我们没有能力检测到它"，下一个合理的问题可能是"为什么没有能力进行检测？"当然，我们不想让这些问题影响事件响应计划的流程，我们希望停止这些对话，在未来的某个时间去解决这些问题，而目前要做的是对已定位的威胁应用风险应对策略。就事件响应计划而言，最重要的是，如果我们不具备检测特定威胁的能力，那么对此类威胁的响应是无关紧要的，因为即使它发生了，我们也永远不会知道。随着计划的成熟，我们或许能够回答"为什么不呢？"比如"我们已经确定了风险，评估了风险应对策略，并确定我们将接受该风险，直到能够找到一种具有有利成本效益分析的技术来降低该威胁。"这将是一个非常好的答案。

针对每个检测和分析的能力都应该有一名相应的专家作为事件响应团队的一部分。该专家应该具备协助制定事件响应计划的专业知识，并利用个人能力助力响应计划的实现。应立即对信息进行收集并与事件响应团队共享，同时将信息记录在案，与每个专家分享，这样一旦事件响应开始，就可以迅速提供必要的信息。

5.1.3 遏制、根除和恢复

在对遏制、根除和恢复进行深入讨论之前，有 3 个部分一定要记住。我有很多与公司交流的经验，这些公司在遏制和根除威胁方面做得很好，但在恢复方面做得很差。在这种情况下，公司的做法往往会在不经意间对未来的收入和客户造成影响——通常会带来灾难性的后果，同时为竞争对手提供攻击自己的机会。事实上，在我所看到过的违规行为中，有超过一半的业务损害是公司采取的遏制和根除措施造成的。在制定遏制、根除和恢复计划时，目标应该是遏制和根除威胁，并尽快让公司恢复正常运作。因此，我通常建议让业务连续性规划专家参与此部分的事件响应计划，帮助制定全面的计划，恢复正常运营。遏制和根除的内容，可以简单到撤销一些更改，也可以复杂到根据更强大的事件响应计划激活部分或全部的公司业务流程。此外，不要低估预先确定的公众响应计划的价值，尽量使信任流失和未来收入的损失最小化。以上所说的这些情况都应该考虑在内。

举个例子来说明这种情况的严重性，一些事件响应导致整个数据中心无法使用，公司无法对这种情况进行预测，这已经超出了公司的控制范围。然而，几乎所有的公司都为这些事件制定了计划，将其作为业务连续性和灾难规划工作的一部分。利用已经完成的工作，减少自然行为对业务的影响，从而改进事件响应计划，这是一种非常有意义的做法。

1. 遏制

遏制、根除和恢复流程的第一步是遏制，即确保威胁不会重复出现或蔓延到业务的其他领域。因此，针对不同的威胁类型和性质，遏制的定义可能会有所不同，但它通常涉及在根除活动期间隔离机器或网段。例如，如果病毒影响到一台计算机，那么很简单，只需将这台计算机从公司网络中移除即可。通常情况下，受影响的不止是一台机器，因此制定一个计划来快速定位事件发生的位置，并将受影响的网段和其他网段迅速进行隔离，这一点很重要。这项工作中还应该包含通信计划，让任何可能受影响的用户知道公司正在采取紧急措施，以消除正在发生的威胁，并告知在此期间不可用的服务和机器。创建通知模板作为计划的一部分是这种情况下的最佳实践。

当然，作为遏制努力的一部分，应对不同的情况采取不同的行动。例如，在某些情况下，最严谨的应对措施可能是监控威胁，不允许它在整个环境中传播，但也不要让攻击者发现我们在对攻击进行监控，以便获取指控攻击者的证据或尝试确定攻击者的动机。为了实现这些决策，遏制的第一步应该是邀请内部或外部取证专家加入计划，根据受害公司对结果的预期采取特定的行动。例如留存机器被攻击的证据，并以适当的方式保管，以便证据在庭审时有效。

> **注释** 虽然在不同情况下采取的措施可能有所不同，如确定应对措施是否包括收集取证和保存监管链的标准，或者是否应在不考虑取证的情况下，将重点放在尽快遏制、根除威胁以及从事件中恢复上，事件响应计划中还应明确列出参与计划的人员，以及负责做出决策的管理者。

越来越多的公司选择与安全公司签署聘用协议，以便在事件发生时快速找到事件响应专家。对于没有全职事件响应或司法专家的公司来说，这些人员是一个不错的选择。这些专家可以相对较低的价格提供安心的服务。许多服务协议规定，专家在接到电话后应在 48h 内到达事故现场，以协助响应，并立即通过电话向客户提供建议。这种类型的协议类似于保险单，你希望自己永远都不需要它，但当你需要它时，身边需要有合适的公司为你提供服务。

2. 根除

将正在进行的网络攻击想象成一种快速扩散的癌症肿瘤。对肿瘤的快速识别将限制损伤。一旦确定了肿瘤的位置，就可以进行切除，同时减少对健康组织造成的影响。切除过多，会对宿主造成不必要的损害；切除太少，癌症就会比以前更严重，这往往会带来可怕的后果。

根除指的是从环境中消除威胁的过程。这可能是一个简单的恶意软件感染影响到单个机器的情况，也可能是需要拆除和重建整个网络或网络的一部分的情况。公司必须做出权衡，彻底根除威胁固然重要，但如果根除影响太大，会在恢复过程中增加不必要的时间、精力和费用消耗。如果威胁发生后影响了一小部分用户，要确定整个问题的范围并制定根除计划，需要安全专家与计算机网络资源协同工作。这项工作应与公司中名为"安全"的高级人员（通常是指首席信息安全官）进行协调，并由首席信息安全官监督。

例如，在计算机感染病毒的情况下，根除过程应包含如何消除被识别到的病毒的程序。有时可能是完全擦除受感染计算机上的数据存储，并对计算机系统进行重建以恢复其原始功能。对于某些病毒，可以简单地通过修改密码，或运行杀毒程序来清除。对于已识别的高级病毒，可能需要更换整个机器，至少在有更有效的根除方法之前，消除病毒。

对于索尼的攻击代表另一个极端，这是一次恶性袭击，似乎是针对索尼的恐怖袭击，可能有某种形式的国家赞助。我之所以将其归类为恐怖袭击，是因为袭击的目的似乎是造成伤害或尴尬，而不是窃取任何数据。本质上，攻击者使用了一种覆盖所有数据，包括主引导记录（MBR）的恶意软件，造成系统崩溃无法正常启动。这种类型的恶意软件似乎没有任何过滤信息的能力，但会让数据以一种很难恢复的方式被破坏。

索尼攻击事件无疑是近年来针对美国公司的首次高调攻击，但许多专家认为这不会是最后一次。安全软件制造商趋势科技（Trend Micro）的首席网络安全官汤姆·凯勒曼说得很好，他说："我认为，针对美国一家公司的具有破坏性载荷的协同网络攻击是一个分水岭事件，地缘政治已经成为破坏性网络攻击的前兆"[①]。

3. 恢复

到目前为止，恢复一直是大量讨论的主题，但重要的是通过计划中遏制和根除的步骤来解决这一问题。作为遏制和根除措施的一部分，任何被弃用的功能或连接都必须有明确的恢复计划。对这 3 个步骤采取系统的方法，可能会比在黑客入侵后以特别的方式将信息拼凑起来更高效。

---

① http://www.reuters.com/article/us-sony-cybersecurity-malware-idUSKCN0JF3FE20141202

我经常把信息安全行业和医疗行业进行类比，因为两者的首要原则都是不造成伤害。这并不意味着安全专业人员应该犹豫是否采取果断的行动去保护公司，就像让医生冒险去拯救生命一样。但这确实意味着，安全部门采取的每一项行动都应该在纠正措施的利益和对生产力及整个公司的潜在附加损失之间取得平衡。采取特殊措施，确保在遏制和根除措施后适当的恢复环境，将确保不会对公司造成不当损害，还可以将公司内部恢复违约的总成本限制在可控范围内。

当授权用户无法使用服务时，公司需要付出代价。因此，恢复所需的时间是至关重要的，该计划应定义恢复时间目标和恢复点目标，类似于业务连续性计划或灾难恢复计划。

到目前为止，重点在于恢复系统和功能上，这只是第一步。恢复过程还需要考虑新闻发布，因为公司的声誉需要从公开违约事件中恢复。在事件响应计划中对沟通方面的角色和责任进行明确定义非常重要。应该有一群人来控制公司事件的陈述。公司都应该清楚谁有权公开发布信息，谁没有。一般来说，应由首席信息官或首席执行官来指定负责的员工。它通常是公关团队的成员（如果有的话）。如果不是的话，市场营销部是另一个合理的选择，在那里可以找到能够胜任这个职位的人。

很多时候，违约也有法律方面的原因。当披露受监管信息的同时，公司可能需要承担相应的法律责任，通常谨慎的做法是聘请法律顾问，以便在法律顾问的指导下尽可能地减少处罚和罚款。如果需要预测违约可能导致的诉讼类型和和解流程，还应评估与客户或供应商达成的所有协议，以确定事件是否会对合作伙伴或客户造成损害，这些问题需要法律团队进行解决。在其他情况下，即使不可能对该公司提起诉讼或处罚，如果此类行动可行，该公司也可以选择对攻击者提起诉讼。简单地说，恢复过程应该始终包含聘请法律顾问来进行量化，并将公司因违约而受到的影响限制在可控范围内。

4. 恢复时间目标（RTO）

恢复时间目标是指在紧急情况下授权用户无法使用服务的最长时长。在许多方面，记录在案的恢复时间目标是与业务部门利益相关者签订合同。重要的是要记住，规定的恢复时间目标应该是最大的停机时间，而不是团队期望的最佳情况估计或目标。在任何情况下都不应超过这个时长，因此该计划应考虑到所有可能发生的不可预见的延迟，并为过程中不可避免的延迟和可能在执行过程中发现的缺陷提供额外的时间。

5. 恢复点目标（RPO）

恢复点目标与恢复时间目标密切相关，它是指在这种情况下丢失的最大数据量。恢复点目标通常用于确定合适的备份频率以及其他类型的活动，这些活动可以帮助公司在事件发生时恢复数据。一个很好的例子是之前讨论过的沙特阿美黑客攻击事件，数万个计算机硬盘被擦除。如果有一个很短的恢复点目标，那次攻击所造成的伤害将被大大限制。但是，如果每月只执行一次备份，系统可能会丢失长达30 天的信息。

5.1.4 事后活动

事件发生后最先进行的是周期性的流程改进部分。这一部分包括审查和记录上述所有步骤的有效性。这也有可能被称为行动后回顾或经验教训会议，但不管它们被称作什么，都应该是对过程中哪些进展顺利，哪些进展不顺利的真实的评估。在对计划的执行情况进行评估之后，应该站在其他人的视角，立即就如何改进计划进行头脑风暴会议。

在准备方面，应该对让哪些员工参与活动以及活动所必需的准备进行讨论和解决。在检测和分析方面，如果漏洞和检测之间存在重大差距，则应提出如何在未来更快地识别同一类型漏洞的想法。这可能涉及创建具有新功能的程序，或改进现有的功能或程序。在遏制、根除和恢复部分，我们将介绍如何更快更好地遏制威胁并根除它，或者更快地恢复到破坏前的状态。最后，即使是事件后活动本身也可能需要改进，继续加以探索。

任何没有产生某种改进的事件响应计划都是在浪费机会，这种计划永远不会变得完美。因此，简单地说"我们做得很好"，然后继续前进，不仅是傲慢和无知，而且是在浪费宝贵的机会。此外，如果执行效果不好的计划没有得到改善，在将来发生类似事件时，公司可能会受到重大过失的指控和诉讼。公司领导人不仅应该对发生的事故负责，还应该对响应的执行情况和有效性进行真实评估，要求提供详细的改进清单，其中包括每个流程的负责人。领导层有责任确保业务流程的不断改进，尤其是在信息安全方面。冷漠和自满是公司信息安全计划最大的威胁。我曾和数不清的傲慢公司共事，他们告诉我自己有一个完美的计划，他们不可能违反这些计划。然而没过多久，当我在新闻中看到他们，他们就换了一个完全不同的团队。我需要明确一点，漏洞的存在并不意味着信息安全团队应该被清理和替换。这些事情都有可能发生，正如我们之前所讨论的，有针对性的攻击几乎不可能在不造成伤害的情况下成功避开。然而，任何信息安全领导或团队成员，如果傲慢地向领导层提出不可能出现黑客攻击，那就是玩忽职守，对当今存在的行业威胁没有明确的把握，这个人显然不适合继续待在信息安全团队。

5.2　测试计划

每个公司都应该对事件响应计划进行某种类型的测试，这样做有两个原因：首先，任何计划一旦被制定出来就应该进行测试，避免计划中存在致命的缺陷；其次，也许更重要的是，由于计划的制定是为了在任何时候都能进行改进，因此进行测试可以直接对计划进行改进，而不必在漏洞出现时再改进。

5.2.1 红队演习

最常见的模拟攻击被人们称为"红队演习"。通常，有两个团队。蓝队是内部信息安全团队，一般不会发起模拟攻击（"防御"）。而红队，是具有模拟攻击技能的团队，他们被雇佣来攻击环境，以评估蓝队对抗攻击的能力。这些练习对构建信息安全计划非常有价值。我第一次进行红队演习时，在安全行动中心有一个小组。我雇佣了一些我所能找到的最优秀的黑客，他们都是通过道德认证的。我设定了交战规则，给我的红队一个目标，然后开始进攻。正如我猜想的那样，红队一开始能够相对轻松地击败我的蓝队。经过不间断地进行训练，随着时间的推移，红队不再那么成功，而蓝队一直在获胜。表面上看，我的努力似乎取得了压倒性的成功！而不幸的是，这一趋势过于明显，令人难以置信。经过进一步调查，我发现红队和蓝队已经成为朋友，红队不想让蓝队看起来那么失败。因此，红队将时机和战术上的安排暗中透露给蓝队，在攻击系统时三心二意。这根本不是我想要的！但是哪里出了问题？

在现实世界中，攻击者不认识防御者，他们也不关心攻击活动会如何影响防御者。我该如何重新激发这种活力呢？我不想强迫或操纵团队之间处于敌对状态，或让员工对同事的福祉置之不理。现实世界还有另一个不同点，攻击者有获利动机。这点我可以利用！接下来，如果红队成员成功窃取了数据，我会奖给他们每人1000 美元，如果蓝队能够阻止攻击，这笔钱就归蓝队所有。当你看到演习结果的变化时你会十分惊讶，这些演习会对公司产生更多价值。

一些公司选择在演习中不设置获利动机。如果可以的话，设置攻击者在不知道防御者的情况下进行攻击，可以让整个过程更加真实。这一目标可以通过利用第三方红色团队，而不是雇佣红色团队进入公司来实现。这样做还有额外的好处，即可以定期更换团队，进而改变战术。

无论演习如何进行，进行演习的目的都是改进安全计划。这些类型的演习应该以一种有趣的方式进行，为信息安全专业人员提供一个共同竞争和学习的机会，但之所以在演习上花费时间和金钱就是为了找寻改进的机会。在进行红队演习时，训练后需要进行有效的指导和总结。为了建立一支高效的信息安全团队，团队必须明白，一次成功的攻击是可以接受的，而不能接受的是在整个演习的过程中计划没有得到改进。

5.2.2 紫队演习

目前紫色团队越来越流行。紫队演习不同于红队演习，在紫队演习中红队和蓝队会一起工作。与传统的红队演习相比，这种方法有优点，也有缺点。优点是，蓝队可以一步一步地通过攻击，利用检测和分析系统看到攻击过程的所有要素。这种方法还可以将当前系统和程序无法检测到的攻击的特定部分显示出来。

紫队演习的缺点在于，它不允许对事件响应计划以及红队演习提供的相关改进机会进行评估，因为它不是一个真实的攻击模拟。我不认为紫队演习可以取代红队演习。相反，我将紫队演习视为训练营和练习，而红队演习更像是一场混战或一场比赛。

当红队演习和紫队演习被用作公司可持续性过程改进（CPI）模型的一部分时，它们都是有效的，公司基础管理指标模型旨在不断评估和改进安全计划。部署红队演习和渗透测试往往仅是出于合规性原因，因此它们没有实现整个安全计划的价值。此外，许多公司将测试结果视为成绩单，而不是一些可用于改进项目的具体经验教训。

5.2.3　桌面演习

另一种形式的测试计划很少涉及安全团队检测和响应计划的能力，更多的是测试公司在领导层面上进行全面响应的能力。我最近进行了一些这样的演习，这些演习有效地使公司领导对可能存在的威胁和可能发生的情况有所了解，同时也发现了作为计划的一部分可能存在的沟通差距。

事件响应计划的许多部分，特别是在恢复阶段，不仅依靠技术和安全团队，还严重依赖公共关系和法律。这些群体不太可能从红队或紫队演习中受益，却可以从桌面演习中受益匪浅。桌面演习的范围可能有所不同，一个是持续数小时的模拟练习，另一个是要求每个参与者在与主持人进行角色扮演时做出他们应有的反应，时间可能会持续一周左右。

桌面演习要从一个现实场景开始，这个场景需要具备重大的业务影响。当为参与者提供信息时，他们需要对自己的反应进行解释。有趣的是，桌面演习很大一部分价值是在技术测试之后实现遏制、根除和恢复的相关计划。谁来回答媒体的问题？谁负责与受到影响的内部员工进行沟通？谁负责接听客户和合作伙伴的电话？如何解决诉讼问题？如何制定先发制人的协商赔偿协议？这些问题都很重要，需要在测试中不断进行摸索。

5.3　安全评估

我们可以将红队演习看作安全评估的一个具体案例，但安全评估指的是更广泛的活动，旨在评估目前公司的安全态势，并寻找系统中的关键弱点和漏洞。无论公司的安全程度如何，全面的安全评估都会暴露出漏洞。想要修改所有识别到的漏洞是很困难的。在我看来，识别到漏洞后的正确反应是进行成本效益分析，争取在给定情况下确定适当的风险处理策略。安全评估的深度和严格性有 3 个层次：扫描、评估和渗透。这些术语不是通用的，还经常被错误地使用。因此，对于一个公司来说，重要的是确保明确地评估的范围，保证每个员工在工作中保持一致。

5.3.1 漏洞扫描

扫描是安全评估类型中最浅层的，包括使用查找已知漏洞的工具扫描网络防火墙、网络内部（受信系统之间）或应用程序扫描（如需要定期请求更新的应用程序代码）。这种级别的扫描价格低廉也很少对执行扫描的公司的目标进行验证。这些特点让扫描成为了公司的一种廉价选择，它们可以识别公司网络中的漏洞。但正因如此，这种类型的扫描对于攻击者来说也很廉价。如果你不熟悉基本的漏洞扫描，想象一个场景，小偷正在调查房子的情况。他可能会在附近等待，记录户主是否在家的时间，偶尔也会检查门窗有没有上锁。

我经常告诉人们，如果他们不对公开的 IP 地址进行扫描去识别已知的漏洞，就会处于非常不利的地位，因为其他人会这样做。我们已经提到，外部扫描成本低廉且易于执行，因为它基于尚未及时修复的已知漏洞。这个过程和"跑得过熊"的类比相似，其中一个人只要跑得比另一个人更快，就能避免熊的攻击。作为最基本的调查，公司至少应定期（每月或每季度）进行扫描。通常情况下，这些已识别的漏洞很容易被攻击者利用，公司修补起来花费低而且也更容易。

5.3.2 漏洞评估

真正的评估可以让扫描更深入。评估的内容是漏洞易被利用的程度，而不是简单地定位已知漏洞。这往往不会对系统进行控制或窃取某些数据，但是会验证漏洞能否被利用，有时还可能评估利用漏洞所需的技术和资源。在这个例子中，小偷可能会尝试打开窗户或用力推开门，以测试门窗是否上锁。

5.3.3 渗透测试

真正的渗透测试是一种演习，在演习过程中，所有的猜测都是无效的，评估员需要竭尽全力地去模拟系统被破坏的过程。评估工作很难进行，因为评估的整体质量完全取决于评估员的个人水平。通常，当所讨论的演习更多的是扫描或评估时，就会使用渗透测试这个术语。许多人都声称自己拥有渗透测试的能力，而事实上，只有一小部分人拥有这种能力，可以提供复杂攻击模拟所需的经验。一些公司开始对个人和执行此类工作的公司进行认证，因为市场上需要确定哪些公司和个人拥有进行彻底渗透测试的技能和经验。假设你对自己的房子进行渗透测试，评估员会试图闯入你的房子，并在不触发任何警报器的情况下搬走你的物品，将其放入拖车中带走。

在渗透测试领域一个广受认可的认证是道德黑客认证（certified ethical hacker，CEH）。该认证会测试申请人的技能，还会要求他或她遵守道德行为准则。虽然这种认证是众所周知的，但它很难将具有世界级水准的测试员从一众优秀测试员中区分出来。而这种进一步界定个人和公司的需求催生了像 CREST 这样的专注于网络安全的非营利的认证机构，有很多人说，这比道德黑客认证要难得多。认证机构可以在行业或服务的发展中发挥关键作用，只要它们保持测试的完整性，它们就可以得到认证持有者的充分认可。

5.4 周界侵蚀

自千禧年以来，信息技术在公司创建基础设施的方式上发生了巨大转变。有很长一段时间，人们认为公司拥有的信息资产都存放在受到防火墙和入侵防御或检测系统的保护范围内。在那些日子里，对于一家公司来说，一个合理的选择是将所有未经授权的内容都存放在内网外，这样数据就会安全。在那个年代，安全专业人员的另一个优势是数据传输速度相对较慢，因此，即使它们被破坏，攻击者也需要大量时间和资源才能将数据从防火墙内部转移到外部。在世界绝大多数地区，那样的日子已经一去不复返了。现在，技术的进步使共享、即时工作、协作和降低基础设施成本变得更容易，也使攻击、渗透和窃取公司数据变得更容易。现代世界充满了模糊的术语和流行语，如"云"、移动设备、平板电脑、智能手机和电子阅读器。人类知识的全部财富都掌握在用户的手中。能力越大责任就越大，对于那些试图保护他们最珍视的数字财产的公司来说，这是一个巨大的危机。更糟糕的是，一些广为流传的网络用语，在很大程度上对人们进行了误导，让他们误以为新功能是神奇的创造。我将举两个例子来说明这些术语在抽丝剥茧后会失去吸引力：下一代防火墙和云。

5.4.1 下一代防火墙

在许多年前，世界上出现了一种设备，旨在成为应对各种安全挑战的单个安全解决方案，它通常被称为统一威胁模块（UTM）。统一威胁模块是一个包含防火墙、入侵检测系统、Web 网关和防病毒解决方案的设备。当只有几个功能同时使用时，设备运转良好，但是，一旦所有的功能都在争夺同一资源时，它就无法正常发挥作用。因此，该技术的采用率较低，行业决定使用专用的软件和硬件去执行各自的功能。从资源的角度来看，供应商都会更专注于自己擅长的领域，而不是试图成为百事通。让我们来了解下帕洛阿尔托网络公司及其下一代防火墙。什么是下一代防火墙？其实它只是一个重新包装和命名的统一威胁模块。下一代防火墙和统一威胁模块之间真的没有区别，只是硬件和软件都有所改进，统一威胁模块的所有缺点仍然存在。然而，帕洛阿尔托公司已经向我们证明了，在一个被重复利用的、失败的想法之上，再进行一次好的品牌重塑活动是多么有意义！本例的目的并不是贬低帕洛阿尔托产品的功效，每个公司都可以根据自己的优点评估每一个潜在的解决方案。相反，其目的是向业界发出警告，他们需要对呈现出来的内容进行深入了解，并确保他们比广告和营销公司更清楚自己需要解决的问题和需求。当销售人员用流行语向买家介绍商品时，买家应该立即紧紧抓住自己的钱包，并要求销售人员用简单的术语解释清楚他们的意思。

5.4.2　云

第二个例子是云的概念。好像全世界都相信，他们可以把自己的数据存储在云空间中，并随时进行访问。不幸的是，没有云！它只不过是别人数据中心中的计算机，将数据和应用程序作为服务提供给客户。如果你问一个正在使用云技术的公司，他们的数据存在哪里，他们会告诉你"它在云中"。

云不是一个位置。事实是，这些人中的绝大多数都不知道自己的数据实际存放的位置，以及在哪里可以进行复制。云技术背后的术语和广告已经产生了巨大的影响，这看似非常吸引人，但一旦我们对它到底是什么进行了解释，再来看看它有多少吸引力。

如果我告诉你，我想把你的所有数据都存储在我的数据中心，无论我把它放在哪个位置，也不管我如何对数据进行保护你都不会知道，这会是个好主意吗？如果我告诉你，你可以 7×24 小时不间断地访问你的数据，这意味着，任何想要窃取这些数据的人也可以这样做，不会受到任何访问模式的限制和监控，这还会让你对使用云服务存储数据抱有信心吗？这就是云的本质。但当有人告诉我们把数据放在云中不需要担心时，我们往往不会寻求更多的解释。这个例子的重点不是说云在协作和存储方面没有作用，而是简单地说，在投资一项技术之前，记住它到底是什么以及它如何进行工作很重要。否则，我们会让自己和公司面临不必要的风险。

5.5　不断发展的基础架构

有多少现代公司的数据还在以传统方式进行存储？我已经好几年没有遇到过这样的问题了，我的大部分时间都花在与公司谈论他们的安全态势上，因此我接触了大量的公司基础设施。出于同样的原因，很少有公司将全部数据存储在云空间中。

云存储的内容与本地存储的内容之间往往需要做出平衡。问题是，公司在做出这些决定时很少考虑安全问题。一般来说，公司希望将最容易被用户访问的数据存储在云中。因此，这些数据往往也是最敏感、最应受到保护的。云技术难题的一部分就是解决这个问题。许多公司并没有对存入云端的内容进行监管，而是试图控制数据如何存入云端。例如，如果我在将数据存储到云中之前对数据进行加密，并对密钥进行保护，任何破坏云环境的攻击者都不会盗取我的数据，除非他们同时破解了我的密钥。这样的解决方案正在让企业安心的向云空间中存储数据。

5.6　数字保护主义者

世界各地还出现了一种类似保护主义情绪的发展趋势。从本质上说，各国政府已经认识到信息就是力量，并认为信息对它们来说很重要，试图确保公民在出生地生成的信息留在本国。全球有许多法律执行这些规则，而且很可能还会有更多。这种去全球化的势头正在增强，在可预见未来很可能会继续持续下去。

所有这些因素促进了异构网络的形成，这让全球信息安全团队面临的问题变得更加复杂。这些变化并没有让企业失去对关键数据的保护，但它们促使企业采取以数据为中心的解决方案，绘制关键信息资产的生命周期。这还意味着，在事件响应计划中必须考虑这些变化，并准备应对事件，而不管数据位于何处以及谁有权访问数据。

5.7　小结

现代数字世界是危险的。经常看报纸或晚间新闻你就会发现网络犯罪日益猖獗。导致这类犯罪活动增加的原因有很多，但结果是明确的。公司比以往任何时候都更需要为不可避免的信息安全事件做准备。一个事件并不一定就意味着泄密。事件可能是需要调查但不会对公司造成损害的事情，也可能是一个紧急事件，在这种情况下，几秒钟就会使公司遭受巨大的损失。无论如何，构建一个明确的计划，详细说明一个公司将如何应对这样的事件是必要的。

计划不需要是完美的才算有价值，因为一个好的计划将包括一个测试和持续改进的机制。测试计划的方法有多种，包括红队演习、紫队演习、安全评估和桌面演习。

万事开头难。如果你的公司没有建立有效的事件响应计划，那就制订一个！如果计划已经存在，那就测试并改进它。构建一个具有明确界定角色和职责的有效计划，是降低信息安全漏洞成本的最简单和最便宜的方法之一。

第 6 章　人的问题

人们普遍认为，在人、流程和技术安全三位一体的关系中人是最薄弱的一环。用户群体普遍缺乏安全意识，而这种令人不安的趋势一直在持续，在某些情况下，这种趋势甚至可能还会恶化。关于这种趋势的例子有很多，比如创建密码的时候使用弱密码、人们普遍缺乏对自身信息价值的认知、随意点击电子邮件上的未知链接、打开来自未知发件人的附件、无意间为他人入侵安全区域提供方便，以及喜欢通过电话共享信息却不验证打电话人的身份等。更糟糕的是，越来越多的人故意从雇主那里获取数据，然后利用这些数据来获取不正当的利益。关于人的信息安全方面的问题日益严重。

相反，人也可以是信息安全计划中最大的资产。善意往往是第一道防线。当这些人掌握了保护敏感数据所需的信息和工具时，他们可以大大增加攻击者入侵网络的难度，因为大多数攻击都是从某种社会活动开始的，这种活动旨在诱骗用户向攻击者提供他或她的个人信息。社会活动有多种形式，比如说，跟随授权人员进入安全信息区域、向用户发送受感染的附件、欺骗用户点击非法链接的电子邮件，或说服用户通过电话向攻击者提供密码等。攻击者也越来越依赖聪明和能灵活变通的人，而不是仅仅利用技术漏洞。这并不是说技术漏洞没有发挥作用，而是老练的攻击者正在利用人类可以适应不断变化的环境这一特性来击败技术对策。任何计划的成功都必须让人们成为解决方案的一部分，而不是问题的一部分。

简而言之，在网络安全战争中，无论是攻击者还是自己网络领域的捍卫者，往往都是在利用人的优势，都是让人保持最佳状态去发挥自己的优势，同时通过持续的培训和反馈循环来启用这些资源，这样才能获得最终的胜利。而那些一直失败的人或公司大部分都是在不停地感叹终端用户"愚蠢"或"无知"，而没有思考如何解决手头的问题或者方案。在本章中，我们将探讨如何利用人作为有效实施网络安全计划的工具，以及如何在这个用户方面，使那些对他们进行精心设计计划的实行成功率变得更低。

6.1　你会为一块巧克力做什么?

根据英国广播公司 2004 年的一篇文章称，"超过 70% 的人会为了换取一块巧克力而透露自己的计算机密码"，"34%的受访者在被问及时甚至不需要被贿赂，愿意主动提供密码。"①

自 2004 年以来，情况发生了很大变化。我当然希望今天的统计数据会得出这样的结论，现在透露自己的密码比例比原来低得多。然而，我大胆地猜测这个数字可能仍大于 40%。因为实际上仍然有许多用户不知道他们的密码多有价值。大多数用户在日常工作中都是拥有这些非常可观的资产，却不知道这些资产的价值真正几何。这种缺乏认知的情况每天都在发生，每天都有人和同事共享相同的用户名和密码，却不知道当另一个用户已经违反了机器的使用规则，可能将致自己于危险之中。教育终端用户合理使用设备当然是解决方案的一部分，但也会导致其他问题。今天，仍然有许多同样的用户因为不知道他们所使用的资产的价值而导致安全问题，但是一旦他们知道他们所使用的资产的价值，他们也有可能成为内部威胁。因此在今天的所处的情况上，对每个员工进行全面的背景调查比以往任何时候都更加重要。

曾经有一段时间，只有一小部分人能够获得有价值的商业信息。现在，一个公司中几乎所有的员工都能获取此类信息。除此之外，攻击者是非常擅长利用一组已经泄露的凭证去危害整个环境，然后通过最初的泄露点来提升自身权限。然而，很少有公司依旧坚持实施最低特权限制或职责分离概念，这些手段都是确保只有真正需要的人才有访问权限，而且一组泄漏的凭证也不会造成大范围的数据丢失或遗漏。解决这个问题的最好方法就是使用最低特权概念，它规定用户能够访问工作所需的最少量的系统或信息。需要强调的是，这个访问是基于需求而不是期望的。虽然有许多用户想要访问一切，但这并不意味着他们真正地需要它。但是当与一个公司的高层成员相关时，这个问题可能会变得棘手一点。

还有一种选择是职责分离，它规定任何一个员工都不应该被赋予执行全部流程的能力和责任。通常将这种选择看作是一种预防内部欺诈的技术，它有助于保护系统免受外部攻击，因为它确保了简单的一组数据的泄漏不会导致外部欺诈活动发生。

几乎没有像 2014 年易贝违规事件那样的典型案例可以去证明实施这些方案的重要性。易贝之所以被曝光始于受信员工的少量用户凭证被泄露，导致 1.45 亿用户的信息暴露。其中泄露的信息包括个人身份信息和用户密码，但不包括信用卡信息。从本质上来说，这意味着攻击者可能会使用被泄露者的账户购买物品，但无法在现实中使用他们的账户来实际支付，他们当然也可以在暗网上出售用户的身份信息。为什么少量的用户能够访问公司的全部信息？通常在一些公司中，对系统进行更改的管理员可以不受限制地访问数据，这对于他们有效地完成工作来说可能不是

---

① http://news.bbc.co.uk/2/hi/technology/3639679.stm.

必需的。从积极的方面来看，易贝在将用户信息与存储信用卡信息的数据环境（CDE）分离方面做得很好。这种分离保护住了这些用户的信用卡信息，限制住违规行为的范围和影响。

鉴于大部分普通用户仍然没有意识到自己密码的价值，因此每个想要加强自身安全状况的公司都应该实施 3 个基本保护措施：首先，应该普遍采用最低特权的概念；其次，可以要求用户频繁更改密码来限制单次凭证丢失的影响；最后，应该尽可能采用双重和多重身份验证的方式来限制攻击者利用被盗凭证来获取的能力。

多重身份验证是指使用密码组合 3 种方式中的两种或者以上方式，然后向系统表明自己的身份的验证。认证的 3 个可能因素是：你知道的东西、你拥有的东西或者你是谁。你所知道的是身份验证中最常见的认证因素，包括密码或选择用于保护账户的机密问题的答案。你拥有的东西通常以硬件或软件许可证的形式实现，其中许可证必须具有与密码身份验证输入的密码一致。你是谁这个问题也被称为生物识别技术，由虹膜扫描和指纹识别器组成。双重认证意味着使用 3 个类别中两个类别的认证方式；多重身份验证已经扩展到包括使用双重身份验证以及所有 3 个身份验证因素的身份验证。

> **注释** 询问密码和出生日期并不是双重身份验证，因为这两种身份验证方法都属于"你知道的东西"类别。因此为了实现双重身份验证，因素必须来自不同的类别。

曾经有一段时间，生物识别技术很难实施，主要的原因是上述的第二个因素中识别依赖用户拥有设备，其实施和维护成本高并且耗时。原先用户的设备成为了实施生物识别技术的阻碍。但是，随着现在大多数用户都拥有一部指纹识别的智能手机，曾经这些影响识别身份的日子已经一去不复返。在相同的设备中，也是可以利用实现软件许可证来解决此类问题，其中设备从服务器接收许可，这样就消除了向员工分发硬件许可证的必要。在公司的时候，就可以更进一步，要求任何能访问公司信息的移动设备都必须有密码。这种方案的提出可以使公司真正地实施三重身份认证，并且对终端用户的影响很小。本质上，用户会登录他们的手机，然后输入一个密码来验证他们的指纹。指纹验证成功后，就会生成一个代码，然后在他们准备访问的系统中输入这个代码。这个场景非常安全，如果公司选择删除密码，则双重身份验证和两个因素都不能作为密码。攻击者要说服用户把手机和指纹通过各种方式告诉他们，要比说服用户直接放弃密码困难得多。此外，由于指纹是在设备级别验证的，因此不会被传输，从而限制了网络钓鱼攻击。曾经，自带设备（BYOD）被许多安全专业人士认为是一场安全噩梦，但在可预见的未来，它并不会消失。因此，成功的安全公司会寻找机会将自带设备作为其解决方案的一部分，而不是将它视为噩梦。

保证教育用户保持密码安全是一个非常值得追求的目标；但是不管如何进行意识训练，人为错误和无知不可避免，因此继续使密码仍会面临风险。谨慎的做法是采取一定的措施来限制密码丢失对公司的影响。一些公司已经巧妙地实施了他们的措施，比如说用户执行多重身份验证实际上比仅使用密码访问系统更简单更容易操作。当用户想访问多个系统或网络，并且每个系统或网络都有不同的密码要求时，情况更是如此。如果你知道某个身份是如何验证的话，那么关于密码验证就会有相应的了解。简而言之，随着技术的不断进步，无论整体身份验证策略如何，密码登录已经变得越来越不受欢迎，越来越不安全。

6.2　为什么他们不明白呢？

信息安全和信息技术专业人员经常抱怨他们在与终端用户打交道时的所遇到的这样或者那样的困境。在许多信息技术领域都有一个普遍的公理，即"几乎所有的问题都可以通过杀死终端用户这样的举措来解决。"这条公理像是一个可怕的笑话，但它强调了一个这样的思想，为了让技术和业务无缝衔接，我们的思维方式必须改变。

首先，安全专业人员必须解决他们思维中的一个根本缺陷。即在信息安全范畴里，他们经常自以为是地认为，任何不了解信息安全基本原则的人要么是愚蠢的，要么是天真的。可能成功创办一个成功企业的人不是太了解这些问题，那他们愚蠢吗？那么当安全团队不知道如何构建财务预测模型时，他们也算愚蠢吗？虽然说这是一个相对基本的金融功能，但他们不可能也不会不知道。如果我们不知道如何有效地管理绩效周期，就一定是白痴，对吗？这都是相对基本的人力资源职能。他们可能头脑简单，不知道如何有效地预测收入并对销售预测做出承诺，但这并不是一个相对简单的销售功能。人们常常成为我们有限眼光的牺牲品。安全专业人员必须要做的第一件事是学会更有效地与业务用户沟通，并且相互尊重而不是以傲慢的态度接近他们。

其次，非常重要的是，公司需要从指责用户变成帮助用户。终端用户不是敌人，他们往往都是受害者。这就是在下一代信息安全计划中，需要权衡监管人员以及他们处理关键信息资产的授权方式，而不是关注只是可能表明系统受到威胁的位、字节和签名。相反，当我们构建内容与上下文相关的程序时，这些程序会向我们告知，不管是自愿的还是被迫的，他们的账户已经被泄露。大多数发达国家都非常强烈反对受害者有罪论这个观点；但是为什么在信息安全方面不这样做呢？最终的目标应该是让我们将从固定的信息技术和信息安全团队中如何与终端用户社区互动的"我们对抗他们"的文化转变为相互尊重和赋权的文化。为了让我们都成功，我们必须一起努力。信息安全专业人员必须努力使终端用户达到甚至超过公司安全的标准。终端用户必须努力了解他们在保护信息安全方面扮演的角色。只有当信息安全专业人员更好地与企业沟通并帮助企业解释安全问题是如何成为业务问题时，企业用户才会开始"了解"信息安全。

6.3 内部威胁

根据系统管理、网络和安全研究所的研究，96%的数据泄露是意外泄露[①]。然而，不管数据泄露的来源是什么，对于丢失数据的公司来说，后果都是一样的。而且其他 4%的数据泄露通常代价非常高。此外，许多公司的安全计划会将外部人员拒之门外，但是当威胁在公司内部出现时又会发生什么？有 3 类内部威胁可以概括这种情况，基本上我研究过的每一个涉及在内部可信任的员工的违规都属于这 3 类，分别为恶意内部员工、误导内部员工和善意内部员工。

6.3.1 恶意的内部员工

对于安全程序来说一个难以回避的事实是，并非所有涉及可信内部员工的数据丢失都是偶然的。有些人出于本性，会认为一个公司内部的所有人都希望他们的公司和同事变得更好，但有一些人没有。无论是大公司还是小公司都有一些不择手段、自私自利的人。如果某件事对他们个人有利，或者能帮助他们对曾经受到的不被尊重的行为进行报复，这些人可能会故意对公司造成伤害。

恶意内部员工通常会探查防御措施，寻找泄露数据的弱点和机会。此外，由于他们确实含有恶意，他们通常会将最重要的信息作为目标。

对他们来说，通常是市场上最有价值的信息最能获利，这往往是对公司损害最大的部分。恶意的内部员工代表了公司中的绝大多数有问题的用户，但也是这 3 个群体中风险最大的，因为他们有目的性地打算造成伤害，并且当有机会时，会造成尽可能多的伤害，以最大化地获取他们的个人利益。恶意的内部员工有两种类型：第一类是加入公司时没有恶意的。很多时候，员工在雇佣期间会因为各种原因而被疏远或变得不满。在这两者中，这些更容易被发现，因为在某些时候，这些员工的行为会发生变化。在行为分析的监控程序中，系统可以被设计成检测用户行为与基线行为的偏差。这些变化可能是由于角色或业务流程的变化而变化，也可能由于意图的变化而改变。第二类是内部员工，在加入公司之前是恶意的，加入公司的目的

① https://www.sans.org/reading-room/whitepapers/awareness/date-leakage-threats-mitigation-1931

就是窃取信息。这种类型的内部员工更难发现，但并不常见。拥有数据的公司通常会成为资金雄厚的竞争对手的目标，所以对潜在的员工进行详细的背景调查的举措是非常正常的，其中包括使用一切方法去了解员工之间的联系，比如社交媒体，通过进行这样的手段去判断可能存在的任何利益冲突来防范此类事件发生。

6.3.2 被误导的内部员工

还有一群人认为，他们虽然随身携带可能对另一家公司有利的信息，但不会对他们已经窃取过信息的公司造成伤害。这些人正在为自己的行为进行合理化的催眠，就像一个偷车贼相信自己在道德上优于其他偷车贼一样，因为他或者她只从已经为损失投保的大经销商那里偷东西。这些人生活在一个他们的罪行没有受害者的幻想世界里。事实是，任何对竞争公司有价值的东西都会对原公司造成一定程度的物质损害，因为它帮助了竞争对手，这是不可避免的。

第二类被误导的内部员工对他们应该使用甚至创建的数据的所有权有误解。在西方国家，大多数员工都签署了一份雇佣协议，声明他们在雇佣过程中创造的任何知识产权都属于他们的雇主。然而，如果你问那些创建知识产权的人，他们在离开公司后保留副本供自己重用是否错误，许多人会说不是。这种想法给代码开发这样的知识产权的公司带来了很大的问题，因为在许多情况下，代码开发活动的很大一部分是由承包商执行的。如果这些承包商将他们创建的代码转售给竞争对手，他们就立即将自己的工作商品化了。因此，已经为该作品付费的公司，虽然已经通过了委托创作相关知识产权，但还是立即失去了本应该享有的专有权。很多人很难理解，但仔细想想，这个概念还是挺简单的。本质上，如果你在自己的时间里创造了什么，你就拥有了它。如果你是付费创作的，那么它几乎肯定属于付钱给你的个人或公司。复杂的一点是不同的文化对所有权有不同的看法。许多国家，比如美国和英国，都有关于个人财产权的概念，即创造某种东西的个人或公司有权在一段时间内拥有和独家使用他们的成果，以便让他们从中获利并鼓励持续创新。然而，世界上有许多国家认为，任何有益于整个社会的创造都属于社会中的所有人。我不是想要争论哪种文化更好，而是强调这样一个事实，即对知识产权所有权的文化态度在跨国公司的安全计划中起着重要作用，尤其是因为它与内部威胁有关。对于一家在外国运营的美国公司构成内部威胁的人，可能是在按照自己的价值观行事，在他们看来，没有做错什么。但是，我们所需要的是区分并非所有恶意行为者实际上都有恶意。在全球经济中，各地的领导人必须认识到一个事实，即全球共享的价值体系目前并不存在。在开展国际业务时，必须考虑与文化和地理位置相关的风险。

不管目的如何，也不管犯罪者如何为自己的行为辩护，内部盗窃都会伤害公司的利益。内幕信息窃取也远比大多数人想象的要普遍得多。无数的统计数据详细地说明了各种来源的内部威胁，这些统计数据确实每年都在变化。不变的是，绝大多数数据泄露都是从公司内部而不是外部发起的。同样，公司内部部署的大多数安全技术都是针对来自外部威胁的入侵。那为什么我们会更关注外部威胁而不是内部威胁呢？

6.3.3 善意的内部员工

令人感到惊讶的是，对公司构成内部威胁的绝大多数原因都是善意的内部员工。这些人目的单纯，但是由于他们自己对于安全流程的无知而暴露了信息，这不是用户的错。根据之前引用的赛门铁克研究，这些问题中的任何一个都可以通过全面有效的信息技术安全计划来识别和缓解，但这 3 个问题的总和占数据丢失事件的96%。许多公司都有季度或年度信息安全意识培训。事实证明，这种培训对缓解这种情况是无效的。基本的人类心理学解释到这些类型的教育项目需要有持续的现场纠正不当行为来提供支持。通过多种技术可以部署和配置，可以有效加强信息安全意识培训的方式来纠正这些错误。

6.3.4 内外威胁

毋庸置疑，解决外部威胁比解决内部威胁更受欢迎的原因有很多，在政治上也更有利。首先，与监控授权用户使用公司资产的不当行为相比，将外部人员拒之门外更容易，侵入性也更小。其次，对于一个公司来说，说"外面有坏人，我们必须保护自己免受其害"比说"这里有坏人，在你的朋友和同事中，他们会对你造成伤害"更容易。不管统计数据如何，大多数人就是不愿意相信第二种说法是真的。最后，外部威胁一定程度上可以通过技术解决方案得到解决，而内部威胁主要是流程和人员问题。我们更喜欢可以通过技术解决问题，而不是解决复杂过程和人员问题所需要的批判性思维和创造性过程。因此，太多的公司选择了正确的解决方案来解决错误的问题，却对他们面临的最普遍的威胁一无所知，而这些威胁正是来自他们将关键信息资产委托给的用户。

6.4 用户生成和系统生成事件

当专家与定义明确的流程相结合时，就有了许多前瞻性的技术解决方案，它既能解决内部威胁又能解决外部威胁。随着数据丢失预防系统（可以检查消息内容的技术）和 SIEM 系统（可以识别系统或网络中上下文异常的技术）正在快速向安全智能平台普及，它们通过利用大规模关联不同数据的能力及灵活地考虑上下文的能力都可以构建这些类型的程序。一些公司甚至围绕教育和增强终端用户的水平来构建他们的整个企业战略，使其更加安全，而不是依赖技术来执行规则和法规。它们两者有时可以同时进行。

需要注意的是，数据丢失防护技术实际上是内容感知技术，SIEM 系统本质上是上下文感知解决方案。对于这两种技术进行区分的一个重要原因是：单个产品的名称可能会随着时间的推移而改变，因此在可预见的未来，分析内容和上下文的需求将成为安全计划的一个要求。

内容感知解决方案指的是能够检查信息传输内容以及从琐碎信息中辨别重要信息的解决方案。很多时候，这些类型的系统还允许根据信息的来源、目的地和传输中包含的敏感信息的数量，对授权和未授权的内容进行一些编程。第一批内容感知解决方案是第一批数据丢失预防解决方案。这些解决方案对于许多公司来说很难成功实施，因为它们不是技术工具而是由技术推动的商业工具。为了能够成功地操作这些系统，技术和分析资源都是必要的。在我的职业生涯中，我个人参与了 200 多项这些技术的项目并且成功实施，如果实施得当，它们是极有价值的。这些技术生成的事件通常称为用户驱动事件，因为它们通常是监视用户而采取的操作。为了预测用户的目的或未来的行动而增加的行为分析是目前技术开发的潮流，来确保这些技术更加有效。数据丢失防护正重新流行起来，但即使数据丢失防护（DLP）工具最终从信息安全领域消失，公司也将始终需要能够对数据传输内容的价值进行定性判断的工具。上下文感知系统定义了系统或应用程序的正常行为，通过分析其中的数据来提醒安全专业人员注意环境的变化。SIEM 系统就是这些类型技术中最常见的例子。这些设备产生的事件通常被称为系统生成的事件，因为它们从系统的角度检查环境，在大多数情况下不考虑终端用户的行为。基线和偏离基线是需要监控系统生成事件的安全计划的一部分。

将用户生成的事件和系统生成的事件结合到安全分析中对于全面的 IT 安全计划的实现至关重要。当两者都被充分利用时，公司可以识别各种各样的威胁，包括内部威胁、高级持久威胁、由不安全或无效的业务流程导致的不当风险，以及善意的内部员工，他们由于无知或故意绕过授权流程使信息面临风险。构建这样的计划是困难的，但是对于不这样做的公司来说，风险暴露的增加通常比构建计划本身更昂贵。简而言之，构建全面的信息技术安全计划的成本效益通常是有利的。

6.5　攻击的演变

自从互联网发明以来，网络攻击已经发生了几次演变。第一次攻击在很大程度上可以归类为网络恶作剧。许多最初的黑客不是专业人士，而是对技术有兴趣和天赋的人，他们通过攻击系统为自己赢得关注。这些攻击者与涂鸦艺术家非常相似。

他们会试图进入一个安全的系统，并留下一个记号来证明他们是成功的。这些类型的攻击者令人讨厌，但通常不会造成太大伤害。

随着参与破坏网站的同一类人转向服务攻击，下一轮网络恶作剧变得更加严重，在这种攻击中，他们会通过导致网络服务器或服务中断来提高价码。由于生产力的损失，这种类型的危害对公司造成了损害，开发产品就是为了防止这种类型的攻击。攻击者通常经验不足，威胁本身通常不高。

随后出现了第一批恶意软件，接踵而至的是网络恐怖主义。第一类恶意软件通常是病毒和蠕虫，旨在对受感染的系统造成损害。它们通常不会给攻击者带来多少好处，但确实会对受害者造成重大伤害。这些类型的软件催生了传统的基于签名的反恶意软件和防病毒解决方案。

信息安全领域随后发生了重大变化，攻击者开始采用这些类型的恶意软件，从受害者那里窃取信息。许多臭名昭著的恶意软件类型，如宙斯等，是这个时代的产物，并给经常成为目标的企业类型带来了信息安全行业。金融服务业是最常见的目标，这些恶意软件正在成为信息时代的银行抢劫犯。

随着网络传输速度和处理能力的不断提高，攻击也变得更加复杂。在某个时间点，任意节点间的大规模数据传输变得可行。这种变化导致了我们今天所知的高级持续威胁，这些威胁资金充足，它们来自非常老练的个人，他们毕生致力于窃取信息或对系统造成损害。无论他们是网络间谍、网络罪犯、网络恐怖分子还是黑客，实施这些攻击的绝大多数人都是训练有素的专业人士。了解这一事实对于应对现代威胁至关重要，因为公司必须雇用和部署专业人员，才有机会保护自己。人在这场猫捉老鼠的游戏中扮演着重要的角色，一个没有专业人员保护的公司就像待宰的羔羊。他们将完全意识不到自己面临的威胁，当意识到的时候为时已晚。大公司可能会因违反这一准则而遭受巨大损失，而那些名不见经传的小公司可能会因遭受到此类攻击而无法恢复甚至永远消失。

一个著名的例子是一家名为 DigiNotar 的荷兰证书发行商。DigiNotar 是一个安全套接层（SSL）证书颁发机构，主要负责验证用户访问的网站是否是他们声称的那样。DigiNotar 被一个恐怖公司盯上了，因为该公司被认为是荷兰政府 1995 年在波斯尼亚战争期间屠杀穆斯林平民事件的同谋。虽然 DigiNotar 不隶属于荷兰政府，但他们是政府的证书颁发者。攻击者利用非法访问生成了数百个由 DigiNotar 签名的假证书。这一信息的公开发布导致市场立即失信。根据入侵后的取证分析，入侵可能始于 2011 年 6 月，并于 2011 年 7 月被发现。到 2011 年 9 月，DigiNotar 已经申请破产，不再营业。这是一个极端的例子，因为像 DigiNotar 这样的公司比大多数公司更依赖基于其商业模式的公益信托，但仍然还是有很多公司在网络攻击后永远关闭大门的例子。一个简单的道理是，如果一家企业失去了目标市场的信任，他们将遭受重大的收入损失。在大多数情况下，无论情况如何，公开披露的违规行为都会导致公众信任的丧失。许多受害者甚至永远不会选择相信。

6.6 安全人文主义

在本章中，我们研究了导致公司丢失数据的人员类别，定义他们的行为特征，并对他们进行了分类。从而在构建安全程序时可以更容易地识别和减轻他们所带来的风险。就外部攻击者而言，无论威胁行为者群体和他们拥有的资源如何，通常情况下，攻击背后的人都是聪明且适应性强的。与技术相比，我们人类有许多缺点。例如，我们不能像许多计算机处理器那样每秒处理几十亿次计算。然而，我们确实拥有理性思考的能力，以及与生俱来的适应周围环境的能力，而这些处理器却没有。往往最成功的攻击者都是利用人们固有的优势，同时使用流程和技术作为支持。

成功的信息安全计划还必须利用人的力量。互联网安全公司创始人罗伯特·艾格布雷希特将研究如何有效地利用人类作为综合信息安全计划的一个组成部分，这个组成部分称为"安全人文主义"。它的中心前提是应对敌人雇佣聪明且适应性强的员工时，我们采取的唯一方法是就是确保我们的安全计划也利用了人的思维力量。

6.7 人、流程与技术

在信息安全社区中，人们普遍理解人、流程和技术的概念的重要性却很少实施。许多公司明白他们需要这三者，但是好像缺乏的是对每个人的优势和劣势的理解，以及如何建立一个利用这三者相互作用引起反应的计划，利用每个人的优势，同时减少他们的劣势。

在详细展开人、流程和技术之前，我想分享一个故事，它揭示了在公司中，尤其是美国公司，似乎无法在其项目中利用这概念有效地实施的原因。一天下午，在匹兹堡 ISACA 分会发表演讲后，一位波兰裔美国女性找到了我，她想和我分享一些见解。我刚刚介绍完了信息安全项目，这位女性感叹我接触过的太多项目都采用了以技术为中心的方法。她告诉我，为什么美国高管更喜欢选择技术解决方案，而不是去解决人员和流程问题？她告诉我这是有充分原因的，而且从美国人上学的那一天起，这一点就已经根深蒂固了。她举了个例子，将自己在波兰所受到的教育与女儿在美国所受到的教育进行了比较，去证明观点的有效性。她首先解释说，在波兰，没有选择题这种东西。波兰的所有测试都是给学生一个问题，他们必须写下答案。但是她女儿在美国的教育是建立在多项选择测试的基础上的，在这项测试中，她女儿被要求从给出的选择中选择最佳答案。

在美国，进行多项选择测试有其充分的原因。首先，人们希望确保所有学生得到公平对待。因为如果所有学生都有相同的选项，其中一个选项对每个问题都是正确的，如果问题是主观评分的，偏见对于学生评分的影响空间就更小了。另一方面，阅读理解为教师提供了大量的主观性，并为课堂上存在偏见提供了更多的机会，这是美国教育系统一直想要去避免的。其次，人们希望通过标准化测试来衡量不同地区考生的能力。如果不考虑多项选择测试，很难提供标准化测试。最后，美国的学校系统不允许家庭在公立学校系统内选择他们的孩子想就读的学校。就是为了确保每所学校提供的教育水平相近，让教师按照多项选择标准教学，而不是像波兰的制度那样，要求教师在更高的水平上理解材料然后评判学生的分数。我之所以列出美国学校需要进行多项选择题测试的原因，并不是要在下文对美国学校进行控诉，而只是给出一个现象，并解释了为什么美国毕业生的思维方式不同于全球舞台上的同龄人，并且试图在应对全球性和不断发展的威胁时有自己独特的见解。解决人员和流程问题需要批判性思维。事实上，如果你把一个人或一个过程问题放在波兰学校系统的一个孩子身上，它会立即引起他们的共鸣，因为他们会被提出一个问题，并被要求以一种非常相似的方式去写出一个解决方案，就像他们在成长过程中被测试那样。相比之下，美国人习惯解决的问题更类似于技术问题。当我们努力解决一个技术问题时，通常会以技术供应商的形式向我们提供选项，并要求我们选择最适合自身需求的供应商，这与多项选择测试非常相似。事实上，许多美国学生在进入大学之前，除了选择题之外，他们需要解决的问题很少。这条规则当然也有例外；比如一些美国高中教师严重依赖论文测试，而另外一些美国大学则依赖选择题测试。但总的来说，对于美国人来说从一个菜单中选择可用的解决方案要比自己想出问题的解决方案舒服得多。在我看来，这种变化是造成信息安全问题现状的一个主要因素。尤其是在美国，公司购买了大量技术，却没有建立支持它们的计划。虽然这个例子只是理论上可能解决这个难题的一种方案，但当试图理解为什么这些问题会一直存在以及为什么人们一生都在这样做时，思考这样的差异是很有趣的。

6.7.1 人——你会为一块巧克力做什么？

在信息安全计划中，人通常是最薄弱的一环。信息安全意识培训并不是徒劳的，它已经被证明能对公司的相对安全态势产生明显的影响。然而，不可否认的事实是，大多数能够访问关键信息资产的用户不知道这些资产或者他们的凭证能够值多少钱。他们将每天与之交互的数据视为商品，因为这是他们业务功能的常规部分。举一个例子，如果你每天都用一样东西，它对你来说能有多稀有多特别？从管理的角度来看，这件事让你感到沮丧，因为你不知道如何解决。但是请记住，不是每个人都有理由或动力去举一反三，正确的估值往往是一个视角的问题。如前所述，这些问题的存在不是因为人们愚蠢或疏忽，而是因为他们的专业领域不是信息安全。安全计划有责任为这些人提供流程和技术支持，以防止他们因不了解所面临的威胁或所接触信息的价值而犯错。

例如，过去我常常在妻子在医院做排班工作时去看她。对她来说，安排病人的下一次预约是一项十分常规的工作。我去的时候，她的门一般都是开着的，电脑屏幕上也没有隐私滤镜。当她忙碌的时候，人们可以无意中听到她所喊名字的个人信息，或者在她安排病人去看医生时看到她的工作电脑屏幕。在她看来，她从来没有公开过她所接触的受保护的健康信息，因为她从来没有在电话里或屏幕上说他们被诊断出患有什么疾病。然而，她在医院的血癌门诊部工作，所以简单地说出一个病人的名字，并在那个特定的诊所安排他们和医生在一起，那么患有某种血癌这个信息对看病的病人来说就是一个相当可靠的指标。我的妻子是一个非常聪明的女人，但是诊所部署的流程和技术并没有帮助她保护这种类型的信息安全，显然，隐私培训是需要的。此外，也没有什么方案让她意识到她所做的事情侵犯了病人的隐私权。

人们在信息安全方面的另一方面，特别是在安全人文主义，是非常值得重视的。如上面所述，攻击者身边有聪明且适应性强的人，因此信息安全团队如果希望取得成功，也需要同样的人。直接从事安全项目的人员需要了解所部署的流程和技术，这样才能取得成功。同时还需要选择和设计这些技术和流程，来帮助人们共同努力保护网络环境。请记住，实施让终端用户痛苦的安全程序是确保安全程序被绕过并导致失败的最简单方法。人往往既是安全计划中最薄弱的环节又是其中最大的资产。优秀人才在安全项目中的重要性怎么强调都不为过。人员等式的另一面是终端用户，他们每天都在与敏感数据交互，并且可能没有安全背景。为了保护敏感数据的安全他们必须接受有关流程的全面培训。

1. 文化战争

我合作过的许多成功的公司都特别重视他们的文化。创建"合规文化"或"安全文化"通常是一项艰巨的任务，但如果能够有效地应用，一定会产生非凡的效果。个人层面的诚信即使没有人关注，你也得做正确的事。你的企业文化决定了一个人在同龄人眼中应该做什么。此外，公司的员工必须知道，理解并真正相信报告安全漏洞给公司会带来表扬、奖励，而不是惩罚。诚信在每个公司中都非常重要，因为影响个人价值观的是社会规范，成年人与同事相处的时间往往比与家人相处的时间多。这并不是说人们的核心价值观在工作中会发生变化，但即使是以前从未做过某件事的人，如果处于一个文化上可以接受的环境中，也可能会开始这样做。

改变文化并不容易，大多数员工都会抵制变革。曾几何时，在以前的雇主手下工作时，如果你工作发生错误会面临纪律处分或解雇的惩罚。积极的文化变革需要自上而下的承诺、持续的沟通、一致的纠正措施（需要时）以及对卓越的要求。简而言之，这需要强有力和有效的领导，这是一个缓慢的过程。许多书都以建立积极的企业文化为主题，随着时间的推移，有许多种方法被证明是有效的。为了支持全面的安全计划，我并不倾向于如何实现，但是创建一种能够意识到信息安全存在的危险和公司拥有的资产价值的文化才是有效计划的关键要素。

2. 人才缺口

就我的经验而言，由于种种原因，一个公司雇佣的有经验和明显作用的安全人员严重不足。由于互联网的进步和对于海量的数据的使用，人们开始对信息安全产生关注。在企业、大学、公众的培训和教育都在改善，但仍落后于当前实际情况。此外，考虑我们之前讨论过的所有因素，当违规行为发生时，信息安全员工会失业，其他员工就会抵制安全和流程的改进，一般业务流程改进的投资回报很难量化（因为大规模违规并不常见），并且定向攻击几乎无法防范。所以，当有许多风险较低的职业选择时，通常都不会选择这份职业，以上的因素都不会促进信息安全职业的发展。

此外，许多有丰富经验的安全专业人员利用人才短缺，从一个工作岗位跳槽到另一个工作岗位，每次跳槽都可以获得更高的工资。这种类型的"安全雇佣军"让全面的信息安全计划的连续性难以保持，还会进一步恶化问题。此外，一些地方，很难吸引顶级安全人才。这些人才往往聚集在人口密集的大都市或理想的地点，因为他们的工资通常很高，即使在生活成本过高的地区，也能为他们提供体面的生活质量。所以，以上的原因证明信息安全领域的人才缺口是真实存在的，而且还在不断扩大。

有趣的是，上述原因导致许多公司寻求外包安全解决方案。与 10 年前相比，外包解决方案是一个显著的变化，10 年前，外包公司在这些关键职责的方案甚至不在考虑范围内，这样做是有道理的。如果这些信息对我的业务如此重要，我自己都很难做到保护这些数据，又怎么能相信另一家外包公司能做到这一点？但是，最近几年思想发生了根本性的变化，包括以云技术形式的关键数据和应用程序，这解释了向外包的转变的原因。而十来年前，对于外包来说这些关键的基础设施是不可能拥有的。

然而，当根据本书概述的思想来构建程序时，传统的分层管理服务模型通常是不足的。这些类型的程序需要对公司业务有深入的了解，并且需要一个类似于业务扩展的模型，而不是传统的被动的、票据驱动的服务，后者是传统上专注于基于签名的技术的托管安全服务提供商（MSSP）的标志，例如入侵检测和防御系统（IDS/IPS）、传统的防病毒和防火墙。如今下一代移动服务供应商的出现，比起传统供应商来说更能通过协作性的方式来解决人员问题。这些最新的服务产品为寻求解决人才短缺，同时仍在构建、运营和维护世界一流的信息安全计划的公司提供了一个很好的保障。

6.7.2　流程

在安全计划中，有效的流程能高效地推动技术决策，去选择适合业务的技术，而不是修改业务流程去配合所选技术的功能。通常情况下，技术驱动公司内部的决策。考虑到过去更关注通过实施防火墙等技术来阻止外部威胁，这是有意义的。然而，在当下这个时代，这种基于技术的决策是处理信息安全的错误方式。现在所面临的信息安全技术的状况是，如果你的业务需求不是由某项技术满足的，那么很有可能做出不同的技术选择，但是我们可以与技术人员运用适当的流程来解决这个问题。这就是为什么第 4 章中介绍的实施正确信息安全模型的重要性。因此，在模型中，你将在选择技术之前制定战略和战术。

我坚信这是正确的方法，但经常有公司先购买技术，再和像我这样的人合作，帮助他们将技术融入流程。这类似于买了锤子却发现自己需要的是螺丝刀。简单来说，在你定义想要完成的事情之前购买一个工具的话，在任何情况下都是无效的。这个错误似乎在信息安全圈子会经常犯，因为对我来说这个问题的理解和自身的评判标准可能会影响我对于问题的判断。

流程的设计是为了帮助人，但人通常是容易犯错的。因此，同样需要在流程上进行训练后再去有效地执行它，接着再买程序才能成功。在一些能够有效地改变人类行为的公司通常会部署对终端用户影响最小的流程，或者在理想情况下，在提高安全性的同时提供实际的生产力优势。就像电力的传输一样，人们通常会选择阻力最小的道路，因此提供一个既安全又高效的过程才是真正的"双赢"。

6.7.3　安全过程设计

自软件开发以来，软件就被设计去实现某种功能。只有在软件完成并发布到市场后，安全缺陷才能被检验出来，然后被发现的缺陷在开发周期结束后就会被修补。随着人们越来越关注安全性，安全软件设计的概念被提出，以确保软件开发的过程中考虑到安全性，人们开始不再把功能作为唯一关注点。

我认为业务流程设计已经成熟到可以进行同样的转变。在构建业务流程时，不应该只考虑生产力。相反，安全也应该被列入考虑范畴，来确保流程不仅仅是为了实现既定目标还要尽可能安全。例如，医院将患者信息传输到计费机构的最便捷方式可能是通过未加密的文件传输协议（FTP），这样的传输可能包含一批中的多条记录。根据公司的规模，这些传输的量可能会变得非常大。未加密的传输是不安全的，在许多情况下，违反了保护消费者的法规。与其部署 FTP 技术后再尝试保护传输，不如在设计流程时就将安全性作为一项要求，这样可能会产生一种传输方法，这种方法既方便又不会使信息面临不必要的风险。这是一个显而易见的例子，但其思想是所有业务流程设计都应遵循两个原则：尽快完成目标，同时在整个流程中保护关键信息资产。我有信心这种方法会产生更好的结果。

构建安全的流程还应该关心公司内部员工心理的文化转变。"我们一直都是这样做的"这句话在商业中通常是危险的，尤其是在安全的背景下。但是，如果流程从一开始就被设计为安全的，那么从安全角度来看，用户一直执行任务的方式就成为了合适的方法。

例如，我曾与一家制造业客户合作，该客户希望努力加强他们在知识产权方面的安全保护，尤其是他们的商业机密。很多人不知道这一点，但商业机密是唯一没有任何法律保护的知识产权形式，商业机密只受到拥有它的公司的保护。为什么一个公司会选择使用商业秘密，而不是版权、商标或专利？答案在于公共领域的概念，任何受到法律保护的知识产权都有一个到期日。而随着知识产权法有所改变，一些知名公司已经可以扩展国际公认的商标。公认的例子就是迪士尼。米老鼠这个商标已经好几次处在进入公共领域的边缘，这对迪士尼公司来说将是灾难性的。这就是为什么很多东西，包括可口可乐、百事可乐、肯德基等热门产品的配方，以及其他很多东西都是商业机密，这是因为没有受到其他法律的保护。

我的客户已经开始转变策略，准备改变他们的生产流程，以便更好地利用发展中国家的廉价劳动力。但是如果这样做的话，他们的商业机密就要转移到发展中国家。他们并没有以一种传统方式将这些数据传输到发展中国家，而是重新设计他们的流程，对流程进行加密，以一种更安全的方式，只有用户通过双重身份验证的虚拟专用网连接回公司网络时，才能解密。如果位于美国公司总部的密钥不被检索的话，文件就无法打开。如果该流程通过传统方式部署，那么会让未来的改变变得困难得多。曾经和我合作的制造业客户也曾尝试这样做，结果喜忧参半。思维惯性发生在人的身上是很正常的，本质上，就像物理世界的物体一样，除非付出巨大的努力来改变行为，否则人类将继续以他们一贯的方式做事。安全流程设计是一种方法，旨在利用行为惯性为安全计划带来好处，并且并不损害安全计划。

6.7.4 技术

科技在我们的生活中扮演着非常重要的角色。它帮助我们简化了许多日常难题，提高了全球无数人的生活质量。但对技术的过度依赖也对人类的基本技能造成了影响。你不必在网上搜索关于此类的帖子，就能看到技术对人们之间的交流产生的负面影响。当然，社交媒体平台也有一定的好处，但随着技术成为许多人的拐杖，有效沟通的基本知识已经被影响。对于很多商业应用来说也是如此。

总的来说，技术对生产力有实实在在的正面影响，但是仅依靠技术而不是将技术作为人、过程和技术的三位一体中的一环仍然会发生失败，这在全球无数次的破坏中已经表现出来了。技术在项目中当然有其适当的位置，但是仅仅选择实施一项技术作为一种简单的解决方案，然后让公司忽略设计流程和教育人员将会面临更困难的挑战，而且这些所作所为是无效的，也是被误导的。无论如何，绝大多数公司都拥有大量的技术来保护其信息安全环境，但是很少有人能够正确地部署、集成和操作这些技术。

技术在公司中的恰当角色是什么？就像人或设计的流程一样，技术擅长很多东西，但是它也有一些固有的缺点。技术非常擅长实时的或者接近实时的复杂的计算，它在扫描和匹配大量信息方面也非常有效。然而，它不是太擅长区分哪些功能应该或不应该执行，识别和解决业务问题，或者确定人类行为的意图。因此，在做出技术决策之前，最好构建流程并让合适的人参与进来。但很多时候，公司选择以相反的顺序购买技术。

6.7.5　我的所有特征

导致 shelfware 技术流行的一个根本原因是在于它们的买卖方式，shelfware 技术指的是那些从未被充分开发和利用的技术。需要明白的是，无论什么时候销售商品的方式出现了问题，买家和卖家都要承担失败的后果。同样，卖家经常抱怨每个公司似乎都在一个季度或一年快要结束时购买商品，但正是卖家通过在此期间提供最佳优惠来限制他们这样做。以下并不纯粹是对技术供应商的控诉，因为如果这些策略是没有效果的话，它们也会很快倒闭。

技术供应商通常通过抢占首发和牢牢与流行趋势结合的营销部门一起销售他们的产品。他们会使用当时市场上最能引起共鸣的东西。在撰写本文时，一些流行语是"云""大数据""分析"和"下一代"。然后，供应商将建立一个功能列表和记录下一些与客户对所展示的功能有兴趣相关的谈话要点。本质上，供应商只在介绍他们可以解决的业务问题，而没有真正地去探索这些能解决的问题是否与客户相关。

在购买方面，供应商向客户和潜在客户介绍产品并说一些听起来很高大上的流行词，他们出于对产品各种错误的原因产生兴趣来大肆宣传产品。客户会拿着供应商告诉他们应该需要的特性列表，寻找公司中可以通过技术去解决的业务问题。

6.8　不同的方法

曾经的方法在现在可能不能再次使用。在第 4 章中，我们更深入地探讨了安全智能模型，但是重要的是了解本次对话的目的。在我看来，如果没有利用适当的内部资源去建立业务和系统的功能的话，就不需要任何公司都去做评估技术了。这样做不仅可以更好地适应技术，还可以迫使公司思考他们到底想要实现什么。这种方法为客户和供应商带来了更好的结果。

6.8.1 业务需求

业务需求应该在从广泛的业务部门领导层中收集。在安全性方面，无论是否考虑购买技术，都应该持续收集这些需求。有了对于当前业务需求的全面认识，安全团队才可以根据需求排列不同类型的技术，并对业务需求进行优先排序，而不会成为"闪亮物体综合征"的受害者，也不会简单地追逐"下一件大事"，一旦从业务角度认为购买是必要的，并初步确定了预算，就可以制定功能需求。

6.8.2 功能需求

功能需求应该与一个或多个业务需求相关。本质上，应该允许技术团队成员开发更多的技术的功能需求，但是应该有规定功能需求与当前或未来业务需求相关的规则。如果信息安全团队希望在一个与业务需求无关的产品中包含一些功能元素，那么实际上这不是一个需求，而是一个"很好拥有的东西"。许多成功的公司构建电子表格或其他模板来跟踪所有业务和功能需求以及它们之间的关系，一旦这些需求被团队成员记录和批准，就可以开始技术选择了。

6.8.3 技术选择

与为了技术而选择技术相比，一旦建立了业务和功能需求，选择技术就变得不那么主观，而是更有条理。当邀请供应商在这个场景中展示他们的技术时，他们将确切地知道公司打算解决什么问题，并且将有机会根据需求定制他们的产品。通常，定制的结果是更彻底、更适合客户的选择，供应商的销售周期也更短。这确实是一种所有人都受益的情况。

6.9 返璞归真

解决人员问题的最佳方法是需要返璞归真。多年来，许多公司都在转向更复杂的解决方案，而有时最简单的却是最有效的。表 6-1 列出了一些著名的违规行为和可能有益的最佳做法，我们可以看出有时通过适当应用最佳实践可以显著减轻这些行为的危害。

表 6-1　违规行为和可能有益的最佳做法

公司名称	有益的最佳做法
易贝	最小特权概念
索尼影业	记录和信息管理
塔吉特	第三方访问控制
沙特阿拉伯国家石油公司	责任分离

6.9.1　易贝与最小特权概念

此前已经详细解释了"最低特权概念"和"易贝违规"的例子。易贝的例子是一个很好的例子，说明最低特权概念的重要性。这是一个在理论上容易实现的概念，但实施起来要困难得多。也就是说，最小特权的概念是一个很好的解决方案，它可以最大限度地减少基于一组凭证或一个身份对公司所产生的危害。

6.9.2　索尼影业与记录和信息管理

对索尼电影公司的攻击是众所周知的，在本书和许多其他地方这个例子都有被引用。索尼违规事件中经常被忽视的部分是记录和信息管理。记录和信息管理（RIM）是与信息保留期相关的。许多公司将 RIM 视为维护记录的授权，但从安全角度来看，了解哪些信息不应保留并销毁这些信息也很重要。大多数公司都保留了他们被要求保留的信息，但很少有人关注已经销毁并过期的信息。因此，一般公司存储的数据量会不断扩大。索尼的案例表明了过度保留会造成多大的损害。

在索尼案例的全部细节中，许多人都在关注是谁做的以及为什么做。许多人根据信息类型推测，这种攻击似乎没有什么商业价值，只是为了伤害索尼公司。我个人认为这可能是对错误问题的正确回答。真正的问题是:索尼当初为什么要存储这些信息？由于过度保留而导致对索尼公司造成的伤害，这使得一些有类似行为的公司已经开始思考这个问题。

6.9.3　塔吉特公司与第三方访问控制

塔吉特公司案例是支持第三方访问控制和职责分离需求的一个例子。报道称，对塔吉特公司网络的最初入侵是由一个公司完成的，因为该公司泄露了一家空调和供暖提供商的信息。在任何时候第三方被授权访问系统，该方的安全策略都应作为尽职调查的一部分，此做法符合有效的第三方供应商管理需求。

第三方访问管理很重要，但"最低特权概念"问题围绕着为什么该公司需要访问塔吉特系统展开？尤其是允许攻击者在塔吉特系统上安装软件的访问级别，这些软件可能会被恶意软件推送到支付系统。作为其访问控制计划的一部分，公司应授予可信的第三方所需的最低权限。

如果我们通过更有效的第三方访问控制程序，结合对授予的访问权限的最低权限审查，就有可能会防止或至少显著减轻历史上最著名的违规事件。

6.9.4 沙特阿拉伯国家石油公司与职责分离

之前将职责分离看作是一个很好的选择，但需要注意的是，在沙特阿拉伯国家石油公司案例中，它需要确保没有一个人能够访问执行任务所需的一切信息。它通常用于防止欺诈，但在安全环境中，其目的是防止一组泄露的凭据或一个受损的系统造成过多的损害。

石油和天然气行业已经启用了职责分离，尤其是与系统相关的职责分离，这比其他行业要好得多。大多数石油公司将钻机、科研设备和其他与发掘和开采石油相关的连接设备（称为操作技术）的网络与包含更传统系统（称为信息技术）的网络分开。这种分离在石油和天然气领域已经被广泛接受了很多年，直到近些年企业资源规划系统被广泛使用。

企业资源规划系统旨在管理业务流程和自动化某些功能。例如，如果有一个业务流程要出售一桶石油，它可能会在系统中下订单时自动开具账单并将石油装桶。为了实现这一级别的业务流程自动化，在 Aramco 石油公司的案例中，企业资源规划系统允许访问所有系统。这实际上为恐怖袭击者提供了一个从信息技术（IT）网络转向操作技术（OT）网络的机会，并通过禁用用于负责处理支付和向客户分发产品等事务的计算机，对 Aramco 石油公司造成财务伤害。

如果在加班网络和信息技术网络之间的职责分离得到维护，这将导致企业资源规划（ERP）系统的功能下降，但可能对公司的影响较小。这是安全环境中职责分离的一个典型的例子。

这样的例子还有很多，但大前提是，绝大多数违规都始于人，并且是主动实施的。虽然人可能是最薄弱的一环，但当他们得到源于最佳实践的流程的适当支持时，他们也可能是公司最大的财富。这些过程在通过技术进行监控和实施时最为有效，并且能够在未遵守适当过程的情况下立即阻止危害进入组织。当人们理解了能帮助他们的流程和技术，并且他们开始真正相信公司的使命时，他们就能做到最好。没有一个单一的解决方案可以确保一家公司的安全，也没有一个神奇的流程可以解决一家公司将面临的所有挑战。如今行走在地球上的每一个人，肯定没有一个是完美的。然而，当人员、流程和技术被有效地部署并相互支持时，公司可以将风险降到最低。图 6-1 显示了人、流程和技术维恩图，以及它们如何结合在一起形成有效的保护。

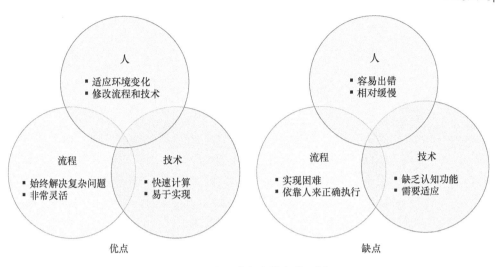

图 6-1　人、流程和技术维恩图

6.10　小结

我们必须有效地部署人、流程和技术这 3 个部分,相互协同工作来创建更有效的信息技术安全计划。总的来说,人是最薄弱的一环,但这只是因为在我所看到的大多数案例中,流程和技术并不能充分为人提供支持。事实上,由于这三者是相互依赖的,一方的缺失必然会导致其他方面的失败。所以为了解决人的问题,流程和技术就必须发挥主要作用。

第 7 章　责任分配

自 2012 年以来，我花了大量时间与客户打交道，并告诉他们信息安全是一个商业问题。但是许多高管都反对这个想法，因为他们不想为自己不理解的事情负责。此外，高管不认为这是他们需要关注的事情，他们对信息安全带来的问题视而不见，并在发生信息安全的问题时解雇他们的首席信息安全官。但是塔吉特（Target）事件改变了一切。

7.1　谁负责安全?

在塔吉特（Target）大规模数据泄露事件发生后，曾在塔吉特工作了 35 年、担任了 6 年首席执行官的格雷格·斯坦因菲尔突然辞职，他的辞职在经济界引起了不小的风波。不过，有人认为他的离开不是因为直接违约，而是与公司内部的其他问题有关，至少在其他后果开始显现之前是这样的。下一个辞职的是塔吉特的 CIO。如果说单单他的下台并不能明确表明高层领导、投资者和董事会成员期待其首席信息官有更强的安全方向的话，那么他被具有强大安全背景的鲍勃·德罗斯（Bob DeRodes）所取代，以及他的简历中的几位高管领导角色，则充分说明安全是塔吉特内部的行政责任。来自投资者的巨大压力导致 7 名董事会成员被解职，这或许是大规模泄密事件后最令人震惊的人事决定。任何可能导致 7 名董事会成员、1 名首席执行官和 1 名首席信息官失业的事情，显然都是商业问题。当人们问我什么时候安全成为了一个商业问题时，我会说它一直都是。但当被问及世界何时将安全视为一个商业问题时，我认为是在 2014 年 5 月的某个时候，长期担任塔吉特首席执行官的他因为安全漏洞而丢掉了工作。

上述案件的特点是，该组织的许多人犯了大量错误，导致它的破坏性远远超过其所能证明的程度。然而，企业领导人会对信息安全相关的事情负责的观念在企业界还是比较陌生的。随后出现了违规案例，塔吉特公司开创的先例已被证明是一种趋势，而不是单个的事件。但这并不意味着一旦出现数据泄露，首席执行官们就会被解雇，我也不主张他们应该被解雇。很多时候，无论对信息安全计划的关注程度如何，都无法合理地阻止入侵，或者涉及的财务影响较小的事件可能并不需要引起高管的注意。然而，它的确意味着，最高领导层未能界定和保护可能对组织造成财务损害或声誉损失的信息，是一种失职行为，是一种可能导致立即解雇的违法行为。这是对这一问题的问责的明显转变，也是要求企业领导人将责任下放到整个任务中，而不是试图仅仅依靠信息技术或信息安全部门，以微薄的预算和人手不足的团队来保护他们。

在许多政府和军事圈子里，有句话是这样说的："通信安全是每个人的责任。"这句箴言也开始被私营企业所采纳。与业务单位日常互动很少的员工中的一小部分可以在没有业务单位参与的情况下全面保护组织中所有关键信息资产的想法是可笑的。安全部门的角色应该是为业务单元构建一个框架，以便在其中进行操作，并提供专业知识和指导，以使业务单元能够保护其最重要的数据。一个合理的方案的特点是强制保护受管理法规约束的资产和执行领导团队认为至关重要的资产，以及业务单位对公司安全治理范围之外的资产指定敏感性等级的能力，并使信息得到适当保护。后者催生了数据分类产品作为一种安全工具。

7.1.1 数据分类的兴起

Titus 公司的数据分类工具最初是为了标记政府机构内部保密和清除级别的文件而开发的。在民营企业中，数据分类往往是一个没有出路的项目，很少产生有价值的结果。正是因为这个原因，我最初并不相信数据分类。为了解释数据分类作为一种安全工具的崛起，我将分享我的数据分类之旅，许多其他安全专业人士也经历了类似的过程，从怀疑者到支持者，还有更多的人可能在未来的几个月和几年里做同样的事情。

1. 怀疑论的起源

当我第一次将数据分类作为一个项目引入时，我特别专注于 DLP 解决方案的好处，并将其作为一个全面的内容和环境感知信息安全项目的一部分部署。许多组织将数据丢失预防作为一种解决方案进行评估，这在当时并不常见，同时也在关注数据分类的价值。关于数据丢失预防和数据分类的问题，有很多争论。有些人认为，应该先实施 DLP，然后再实施数据分类程序。这个方法对我来说很不错，因为它不会干扰到我的目标。第二组则认为首先部署数据分类是最好的方法。这让我非常恼火。

我认为数据分类是一个乌托邦式的想法。从本质上说，这是一个伟大的想法，但没有人真正知道如何有效地执行，我开始相信它在现实世界中是不可能实现的。我从未见过这样的环境，所有的数据都被分类在整齐的小标签上，并根据这些标签进行保护，然后根据过期日期进行处理，就像超市里的过期食品一样。这些并不是我不同意这个说法的前提；而是因为执行总是有缺陷的。

2. 数据分类工具的有效部署

以下是建立一个有效的数据分类程序的两部分。首先，你必须有一个友好的用户机制来对创建的数据进行分类。其次，你必须有一种方法来对所有已经存在的数据进行分类。前者通常是第一步，一些组织可以有效地做到这一点，但是似乎没人能弄清楚后者。

我的主要问题是人们在数据分类这方面做得很糟糕。本质上，很少有组织能够将他们的项目付诸实施。对我来说，"数据分类"就是"无路可走"的代名词。从本质上说，这是一个用时间和金钱都无法填满的坑，它只会耽误我想要完成的事情。我在每一个我能找到的山顶上大喊，数据分类是一个伟大的想法，但它几乎没有实际应用。在很多情况下，我是对的。不过，数据分类的想法还是不错的。仅仅通过查看文件来确定数据的敏感性是很困难的，特别是如果你不是这方面的专家的话。创建资产或与资产互动最多的人是最有可能确定资产的敏感程度的，从而推动组织处理资产的方法。数据分类有可能让用户以一种有意义的方式参与到安全和数据保留程序中，这在以前是前所未有和不切实际的，但一定有更好的方法来实现这个目标。

3. 数据分类技术

数据分类产品在刚出现时，虽然它们提供了标记数据的系统，但我还没有碰到一种行之有效的方法。回顾当时的情况，我反对数据分类的理由和人们反对数据丢失预防的理由是一样的。InteliSecure 公司（当时的 BEW Global）成功地建立了一种有效部署和管理数据丢失预防的方法，以使业务价值从工具中脱离出来，这种方法以前对许多组织来说并不现实。我完全忽视了 Titus、Bolden James 和 Secure Islands 等公司开发的新兴技术，它们不仅是开发软件解决方案，而且是有效部署和使用解决方案的有效方法。

我在数据分类产品开发领域遇到的第一个人是 Titus 的员工，他们是我见过的最聪明、最实际的人，尤其是在软件开发领域。许多开发人员没有足够的经验来开发他们的产品，使他们的产品易于部署和维护。但 Titus 团队是不同的，他们处理业务问题的方法帮助我改变了对数据分类的消极态度。他们的解决技术问题的方案根植于他们的咨询业务，这比软件公司要早。Titus 的创始人清楚地认识到他们的客户所面临的挑战，并着手为业务问题创建一个解决方案，而不是编制一份令人印象深刻的特征列表，而且这些特征对实际应用可能有影响也可能没有。

> **注释** 本示例并不是要贬低数据分类领域的其他技术供应商。这些产品以一种相对相似的方式运行，而且这些解决方案可能也有类似的轶事。然而，改变我观点的具体经历是我在 Titus 团队的经历。

出于个人利益，让我和数据分类产品第一次相遇。我需要一个解决方案来应对欧洲和亚太地区出现的国际数据保护法规所带来的挑战。具体而言，Titus 产品和一般的数据分类产品具有使用 X-header 对消息进行分类的能力，我可以使用它来迫使我的 DLP 解决方案忽略那些被员工标记为私人的消息，这让我站在了许多工务委员会的正确一边，这些委员会开始在支持这些新出现的数据保护法规方面拥有更大的影响力。突然之间，数据丢失预防解决方案在某些地区的有效部署需要与数据分类解决方案进行集成，因为某些政府已经要求为用户提供一种机制，让他们可以标记自己的通信隐私，并让他们的组织尊重该隐私。

4. 数据分类与 DLP：更好地结合

大约在同一时间，我开始重新评估我对数据分类的看法。罗伯·艾格布雷希特（Rob Eggebrecht）和恰克·布鲁姆奎斯特（Chuck Bloomquist）强烈鼓励我阅读吉姆·柯林斯（Jim Collins）所有的作品，因为他的作品帮助塑造了他们的职业生涯和个人成长的愿景。吉姆·柯林斯写过许多畅销书，如《从优秀到卓越》《经久不衰》《伟大源于选择》和《巨人为何倒下》。每本书都有自己的关注点，但它们都围绕着研究当前和过去的公司的中心主题，寻找具体的决策和习惯，将在特定时期表现良好的公司与经受住时间考验的伟大公司区分开来，通常是经过几代人，经过多次迭代的领导。重读柯林斯的作品时，我对他的"天才的天才"与"暴君的暴政"的概念产生了想法。这个概念从本质上讲，在会出现选择的情况下，同时做两件事是很有天赋的。与其做数据分类或 DLP，我们为什么不将数据分类和 DLP 结合起来。此外，如果我们能够将创建的两个项目努力结合起来，也许我们可以找到必要的规模经济，使整个项目对各种组织具有成本效益和高价值。在我将数据分类和数据丢失预防系统部署在一起的过程中，我开始意识到将这两种产品混合在一起所带来的不可预见的结果:在组织内部分配责任。数据丢失预防工具通常是一种"自上而下"的信息安全方法。这里有一个中央控制台，所有规则都在这里，信息也是在这里被审查。这种类型的安排适用于被认为在整个组织中至关重要并且被安全团队很好地理解的资产。然而，还需要一种"自下而上"的方法，使各个业务单位能够在创建数据时分配敏感级别。

基本前提相对简单。该组织规定了三到四种通用的敏感标签，如"仅供内部使用""限制使用"或"机密"。然后，每个分类级别都有关于该分类级别中的信息如何存储、使用或传输的规则。然后编写安全工具来读取这些敏感标签并执行与分类相关的规则。每个解决方案的工作方式略有不同，但大多数都要求用户从特定的时间点开始对新的或修改过的信息进行分类。对于如何处理存在于组织内部的遗留数据，解决方案的分歧更大，这些数据不会被修改，但必须被保留。这些数据块的处理方法包括接受与之相关的风险，以及执行历史数据扫描，目的是实现存储数据的100%分类。分类标签允许业务单位保护其敏感信息，而不必将这些数据元素构建到更大的公司治理基础设施中。有效的方案也基于这些敏感性水平的响应之上。从历史上看，许多组织都希望员工保护敏感信息，但没有授权他们的员工使用工具，

构建全面 IT 安全规划——实用指南和最佳实践

也没有提供一种机制来在整个企业中有效地交流数据敏感性。这个过程是很好的一步，为员工提供他们需要的工具，以保持他们对公司政策的遵从，并展示这种遵从性。

7.2　转移责任

全球市场已经开始将信息安全失败的责任从技术和安全专业人员转移到商业领袖，这一点从董事会对塔吉特公司（Target）黑客事件的回应以及随后类似的黑客事件的回应中就可以看出。安全已经成为一个真正的商业问题。简单地说安全性是一个业务问题可能是准确的，但这不足以实际解决问题。企业在解决问题时，首先要求最高层领导来解决问题。董事会通常是一个组织内部的最高领导层，尤其是上市公司。

7.2.1　利用收益报告建立授权

在大多数全球市场中，上市公司必须向市场报告他们的收益。在美国，一种比较知名的报告是 Form 10-K 报告，通常每年提交一次，是董事会和高管领导团队向股东传达他们的意图和业绩的一种方式。Form 10-K 报告的格式是有规定的，所以不管公司或行业它们都有相同的部分。第 1 部分要求组织列出其风险因素。越来越多地，我能够在那些报告中找到与信息安全相关的列出的风险因素。这样做，就会得到了董事会的书面授权，该授权将被提交给股东，以确保公司信息的安全。这是一个很大的负担，但对信息安全专业人员来说，这是一个很好的机会，可以向可能对信息安全没有深入了解的同行证明，这个问题是真实存在的，并被业务的最高层所理解。InteliSecure 创始人、前首席执行官罗布·埃格布雷希特（Rob Eggebrecht）喜欢将自己作为首席执行官的角色定义为"提供指导、预算和空中掩护"。我认为这也是从信息安全的角度来定义行政领导的一个很好的方法。一个真正支持的管理团队将提供这 3 个方面，以使他们的组织更加安全。

很多次，在我发言之后，我经常见到一些沮丧的信息安全专业人士，他们所在的组织里那些至少比他们高一级的人似乎并不关心信息安全。我让他们看看他们的Form10-K 报告，看看他们是否找到了信息安全的授权。如果他们这样做了，确保他们的领导意识到这一授权。他们可能有不同的意见，但如果他完全忽略了它，只需等待，直到他们被替换。如果公司高层不重视信息安全问题，我通常建议他们找另一份工作，因为太多的人对教育工作充耳不闻，不可能让公司变革成为现实。我坚信，不重视信息安全问题的组织不可能长期生存，因为这一主题越来越受到重视。美国国土安全部第一部长汤姆·里奇在被问及对美国首席执行官们有什么建议

118

时表示："你们的信息安全战略必须成为你们商业战略的一部分。"那些选择不听从这一建议的人通常不会在全球互联网的市场中生存下去。我预计这一趋势不仅会持续下去，而且在未来几年还会增长，因为网络攻击变得越来越普遍，而高管们对董事会成员未能采取信息安全措施的耐心也在持续减弱。

7.2.2 这是我的问题，如何解决？

解决任何问题的第一步就是承认你有一个问题。一旦组织内部有人获得了所有权，他们就会确切地知道该做什么。本书的前 6 章可以作为构建程序的指南。然而，为了使规划成功，必须定义许多角色和职责。重要的是要在整个过程中提醒参与者，这是一个业务问题，需要业务全程参与才能成功。

信息安全程序在内容上不同于其他业务计划，但它们在执行方面并没有很大的不同。从宏观角度创建信息安全程序的步骤与其他任何程序都非常相似。首先，必须有一份章程，规定要建立什么以及为什么要建立。其次，必须确定预算。第三，计划必须建立里程碑，确定从当前状态到期望的最终状态所需的步骤和时间框架。由于程序本身并没有结束，期望的结束状态可以是在任何给定的月、季或年结束时的期望状态，以"路线图"或一系列带有设定评估日期的里程碑的形式出现。

7.2.3 框架内的灵活性

我最近访问一个组织时，我想起了在许多组织中使用过的我一直很喜欢的通用话语："框架的灵活性"。许多组织错误地认为他们必须在一个不允许规程的完全灵活的环境和一个不允许灵活性的刚性框架之间做出选择。你可以两者兼而有之，并允许人们在提供边界的框架内获得自由和灵活性。

许多框架为组织建立一个全面的信息安全计划提供指导。许多都是特定于地点和行业的，但有一个似乎是其他许多方法的基础，并且得到了国际认可，那就是国际标准组织（ISO）27001。ISO 为如何建立质量管理体系（QMS）和应该实施何种类型的控制建立了指导方针，但为灵活性和在程序中建立安全的业务过程留下了大量的空间。对于现代组织来说，灵活地满足快速变化的世界的需求是非常重要的。业务结果的可预测性和一致性也很重要。框架内的灵活性提供了同时做这两件事的机会。

7.3 使用 RACI 矩阵

RACI 矩阵通常用于项目管理领域，以确定项目中谁是负责方、解释方、咨询方和知情方。一个有效的信息安全程序本质上是一个项目，它的设计目的不是让每个学到的教训都成为一个新的改进项目。一个有效的 RACI 矩阵不仅包含广泛的类别，而且为了使项目成功，必须把各个任务加以分解。

> **注释** 矩阵的目标是确保参与程序的每个人都能准确地理解他或她所期望的，因此 RACI 矩阵越具体，它就越有效。

为了理解如何有效地构建信息安全的 RACI 矩阵，我们必须首先了解 RACI 矩阵是如何构建的。首先，任务可以分配给个人或团体。例如，一个团体中的许多人负责执行一项任务，而每个人则可能负责完成这项任务的某一部分。"负责""解释""咨询"和"知情"的每一项任务在如何应用方面都有略微不同的指导方针。我们将在下面的小节中详细探讨每个问题。

7.3.1　负责方

负责人是实际执行该任务的人或团队。责任通常分配给多个个人或多个团队。

例如，当我在 InteliSecure 公司的管理服务部门任职，为安全管理中心构建 RACI 矩阵时，其中一项日常任务是对我们管理的所有服务器完成健康检查。每个团队都有几个信息安全工程师支持客户系统。我发现，与其将特定的工程师分配到特定的客户环境中，不如将所有类似的任务分配到信息安全工程师的团队中，而不是分配给特定的员工，这样会更有效。这样做可以确保拥有适当技能的人能够执行工作，而且也给了团队经理在任何给定的日子根据情况需要部署他们的任务的灵活性。这是一个将特定任务的责任分配给团队（而不是个人），从而在框架中构建灵活性的示例。

负责人的指定也可以授予多个团队或个人，因为一些任务需要多个人来协作，才能出色地完成任务。任何正在完成某项任务的人都应该被指定为该任务的负责人。然而，如果必须将单个任务分配给多个个人或团队时，那么谨慎的做法是检查该任务是否真的是单个任务，或者是否可以分解为子任务，用来跟踪每一方负责什么。重要的是要记住，矩阵的目的是让项目中的所有参与者对他们的任务有清晰的认知。最有效的矩阵是能够以尽可能少的复杂性完成目标的矩阵。

7.3.2　解释方

小组可能负责任务，但个人应该掌握解释权。解释方应该是完成这项任务的最终权威。这类人应该是因任务失败而受到最大负面影响的人。被认为负有解释责任的人应有权将任务委托给负责各方，并应在所有工作被认为完成之前对其进行审查。

许多组织都在努力推卸任务的解释权，直到出现问题。一旦出现问题，高层就会争先恐后地追究某人的责任，以转移自己的责任。这不仅是不公平的，而且在实现更好的结果和消除负面后果方面也是无效的。如果有人在事情出问题之前就知道自己要承担责任，他们更有可能确保任务顺利完成。此外，对安全关键信息资产的责任不应总是分配给信息安全领导。这些个人可能负责程序中的任务，但是业务中的安全责任最终应该由业务所有者以及高级业务领导承担。最近发生的事件表明，在大规模失败的情况下，董事会最终将追究他们的责任，因此确保项目的 RACI 矩阵能够证明这一点是恰当的。

> **注释** 提前分配责任并公平分配责任是努力取得成功的关键，尤其是在建立有效的信息安全计划方面。

7.3.3 公正分配责任

人应该永远处在成功的位置上。让一个人置于失败的境地不仅在道德上是错误的，而且在许多情况下还会危及关键的商业计划。安全计划常常属于这一类。通常情况下，安全项目的目标几乎是不可能实现的，而且预算很少，只有很少的人员负责部分安全工作。确保问责制的分配是关键，但确保公平分配问责制也同样重要。公平分配责任有几个要素：

第一，解释方应该始终对问责方拥有一定的权力。这种方法是有意义的，因为解释方要对责任方的工作负责，但这种最佳实践却不总是被遵守。描述这种最佳实践的最好方法之一是，所有需要负责的事情都应该在他们的"影响范围"内，也就是说，如果他们不能对任务的结果产生完全的影响，他们就不应该对任务负责。最容易符合最佳实践的方法之一是将一项任务或子任务的责任分配给在其势力范围内拥有所有责任方的排名最低的管理个体。这样做既保证了责任方对其工作的监督足够接近责任方，又有适当的职权范围来承担责任。

第二，解释方应该对正在进行的实际工作有一定程度的了解。例如，让一个信息安全工程团队领导负责财务预测对个人来说是不公平的，也不太可能产生预期的结果。同样，让首席财务官负责根据最新的最佳实践调优防火墙规则集，同样是不公平的，也不太可能产生预期的结果。这些都是看似常识的极端例子，但通常情况下，解释方对自己负责的任务缺乏适当程度的理解。

最后，应向解释方提供适当的资源，以便在给定的时间框架内完成任务。这些资源包括具有适当技能的责任方、完成任务所需的足够预算、来自高级领导的指导以及在过程中需要帮助时提供途径。

7.3.4 咨询方

咨询方是对结果没有责任的各方，但应征求意见，并给予机会，提供与正在做什么和如何做有关的反馈。被咨询方通常拥有可以用来改善给定活动结果的专业知识。在很多情况下，不对某项任务承担责任的课题专家（中小企业）会在任务完成时进行咨询。

根据其定义，被咨询方与负责任的各方进行双向对话。重要的是，负责任和解释的各方应听取被咨询方的意见，以达到最佳结果。

咨询可以指定，而且通常应该给予许多个人，因为从尽可能多的中小企业获得见解和反馈通常是可取的。但重要的是要找到平衡，以确保不会达到"分析瘫痪"的局面。换句话说，太多的咨询方可能会使进程瘫痪，因为在等待无法控制的咨询方的反馈时，程序会停滞不前。组织在保证所要求的反馈的广度不致瘫痪程序的同时，可以收集到广泛的反馈信息的一种方式是要求有截止期限的大批专家组的反馈信息，而程序将继续进行，而不必等待在特定时间框架内尚未收集到的反馈信息。

7.3.5　知情方

知情方是指需要了解项目进展或结果的各方，但他们没有责任，项目的实施不需要征求其反馈意见。这些当事人往往是外围利益人，不是流程中的利益相关者。许多任务无论是否全部备案，都有广泛的知情方。而且，重要的是要列举知情方，以确保在整个程序中进行适当的沟通。记录知情方的另一个好处与建立程序的报告要求有关。如前所述，适当的报告对项目的整体成功至关重要。在项目中记录被告知的各方有助于枚举报告必须处理的利益。

7.3.6　构建矩阵

一旦理解了不同的选项，就必须列举成功的程序所需的不同任务。一旦确定了，就必须定义所涉及的个人和角色。最后，必须完成矩阵。图 7-1 所示为一个高水平的 RACI 矩阵，它演示了示例程序以及 RACI 矩阵是如何构建的。

这个矩阵表明，一个人应该对每一项任务负责，不同的职能部门和团队可以分担责任并协同工作。建立 RACI 矩阵极大地增加了不同群体朝着共同目标进行有效协作的可能性。

构建矩阵的行为对于识别和解决误解是一种非常有益的，但是确保矩阵在程序更改时保持最新也是同样重要的。由于一个程序的设计是会随着时间的推移而不断演变的，通常谨慎的做法是建立一个包括 RACI 矩阵在内的项目整体的循环评审。这种评审通常每年进行一次，但是频率可能会调整，以适应组织和规划的需要。

信息安全程序 RACI 矩阵示例

角色 项目可交付成果（或活动）	管理组				工作组						业务单位				IT 支持人员					
	执行发起人	项目发起人	指导委员会	咨询委员会	项目主管	团队主管	团队主管	安全工程师	安全分析师	顾问	业务部执行人	业务部门联络员	业务部门分析师	中小企业业务流程	IT服务台	网络工程师	桌面支持	信息团队	存储团队	网络架构师
规划设计活动																				
一项目章节	A	R	C	C	C	I	I	I	I	I	C/I	I	I	I	I	I	I	I	I	C/I
一关键资产保护计划的投入	R	R	A	R	C	I	I	I	I	R	C	I	C	I	I	I	I	I	I	C/I
一规划设计运行资料的投入	I	I	I	I	A	R	I	I	I	R	I	R	I	R	I	I	I	I	I	C/I
一规划文档					A	R														
技术实施活动																				
一变更管理活动					I	I	R	R												A
一邮件整合					I	I	R	C								R	R			A
一网站整合					I	I	R	C								R				A
一终端代理部署					I	I	R	C									R			A
一文件共享整合					I	I	R	C											R	A
一数据库整合					I	I	R	C											R	A
一技术文档					I	I	A	R							C	C	C	C	C	C
平台工程活动																				
一日常健康检查						A	R	R	I	I										
一版本更新	I	I	C	C	C	I	R	R	I	I										A
一变更管理活动						A	R	R	I	I										
一季度架构评审	I	I	C	C	C	I	R	R	I	I										A
事件分类活动																				
一日常事件分类						A	I	I	R	C	C	R	R	C						
一事件响应活动						R	I	I	R	R	C	R	R	C						
范围和策略治理活动																				
一新策略发展	I	I	C	C	C	C	C	R	R	R	A	R	C	C						
一持续策略改进					C	C	C	R	R	R	A	R	C							

图 7-1　RACI 矩阵

7.4 有效领导

在专业领域，有效的领导在大多数成功中起着关键作用。然而，在安全环境中，领导力更为重要，因为组织难以留住顶尖人才，而安全团队也在与压倒性的困难作斗争。信息安全领导层必须努力使每一位员工发挥出最大的潜力，并努力留住熟练的员工。研究表明，高效的团队成员希望他们的领导让他们和同事对他们的表现负责。因此，领导力，特别是与责任相关的领导力，对于员工保留和项目的整体成功都是至关重要的。

与问责有关的有效领导的要素有哪些?第一个方面是设定适当的期望。告知员工什么时候他们要对某件事负责是很重要的，但仅仅告知他们是不够的。领导还必须为每一项负责任的任务设定衡量成功和失败的参数。领导力的另一个关键要素是有效的沟通。伟大的领导者是伟大的沟通者。最后，授权对于确保信息安全计划的全面成功至关重要。因此，适当的授权对项目的整体成功至关重要。

7.4.1 设定适当的期望

分配责任很重要，但这只是成功的一半。为了让某人负责，他们必须知道他们将被赋予的目标是什么。设定期望和目标在组织的所有级别上都是一项重要的工作，但在安全程序中尤其重要，因为责任跨越多个组织单元，而且通常是跨职能的。具有特殊安全态势的组织会让每个人都对安全的某些方面负责。例如，我曾经参与过的一些公司在每个职位描述中都写了一段话，详细说明每个员工遵守安全程序的责任。这样做可以确保员工在雇佣期开始之前就意识到他们的安全责任。

适当的期望应被记录下来，并由责任方及其领导亲自审查。会议应该以达成共识为目标，文档应该由双方签署，表明他们所理解的具体期望的责任在哪里，以及如何衡量这些期望的成功或失败。

7.4.2 沟通

在任何人际关系中，沟通都是重要的。培养诚实沟通的环境是领导力的一个重要功能，因为领导者会为组织和团队内部什么是可接受的，什么是不可接受的定下基调。如果员工害怕报告失败或负面的影响，组织就不太可能解决存在的问题，并且在他们走向深渊时仍然不知道这些问题。沟通对领导力的影响尤其大，因为沟通是建立领导者和员工之间信任的关键因素。重视透明度和诚实的领导者要比不重视的领导者有效得多。我有幸追随的许多优秀领导者都在努力建立超越工作场所的人际关系。当提到安全团队时，这种类型的领导尤其重要，因为他们经常被要求用很少的资源完成很多工作，而且风险通常非常高。人们更愿意为他们喜欢和尊重的人而牺牲，而不是为一组任务或一份工作的描述。

对于人们，尤其是领导者来说，让他们放松警惕，与团队成员公开交流通常是不舒服的。这些挑战往往是由于担心领导者自身的脆弱性和根深蒂固的不安全感。然而，如果领导者足够自信，能够在团队中表现出谦逊，那么他们更有可能被团队成员所接受与喜欢。

有效的信息安全程序需要聪明的人对复杂的问题提出创造性的解决方案。在一个普遍连接的世界里，没有其他方法来对抗不断演变的威胁，特别是我们的许多对手正在利用聪明人来寻找新的方法以绕过安全系统并且危及关键信息资产。

要培育具有创造这些类型解决方案能力的创造性文化，领导者必须减少深深植根于大多数人心里的对失败的恐惧。对于每一个有效的创造性解决方案，都有许多无效的创造性解决方案。提倡对失败恐惧的组织比创造一个安全环境的创新的组织的可能性要小得多。文化通常是由领导来建立的，而创造这种培养创造性解决方案的环境的主要因素之一是领导者的谦逊。如果一位领导者告诉他或她的员工，他们不是完美的，他们犯了错误，并且所有团队成员在追求卓越的过程中犯错误也是可以接受的，那么这样的领导者很可能会让团队成员更愿意冒险。太多的领导者害怕或不愿意承认他们是易犯错的人。

7.4.3　授权

领导者或管理者需要掌握的最重要的技能之一就是授权。委派责任对管理者或领导者在组织内部的整体成功至关重要，因为让成员自己完成每一项任务是不切实际的。

> **注释**　责任可以被委派，但解释权不能。重要的是要记住，负责任的人是不能转移责任的。"推卸责任"是将责任转移给下属的一种形式。

适当的授权不仅能扩大领导者的影响力，还能在团队中建立信任，激励团队成员改进。不授权会导致微观管理，最终会导致有经验的员工的流失。由于问责不能下放，下放过程要求领导监督责任方或当事人的进展情况，因为领导将对结果负责。许多人对自己不能直接控制的事情负责感到不舒服，然而，在我看来，这种观点并没有错；如果不适应这种状态，就不可能成为一名有效的领导者。领导力有很多让人不舒服的方面，这就是为什么领导力是一种负担。

7.4.4　千禧一代

越来越多的人认为，一个有效的领导者必须具备领导千禧一代员工的能力。千禧一代指的是出生于 1980 年或 80 年代初（取决于来源）到 2004 年之间的人。千禧一代在劳动力中所占的比例在不断增长，在撰写本文时，他们也是活跃劳动力人数最多的一代[①]。千禧一代一直被老一辈人恶意中伤，被形容为懒惰、不忠、缺乏动力。在我的职业生涯中，我发现情况并非如此。然而，我发现，要想让千禧一代有最好的表现，需要强大的领导力，而这种水平的领导力可能不是其他世代获得最好结果的先决条件。千禧一代在工作场所也有一些优势，尤其是在高科技职业和网络安全方面。在下面的几节中，我将谈谈我对千禧一代的一些负面看法，以及我在这一代人身上的经历，以及我如何能够利用一支以千禧一代为主的工作队伍，建设一个革命性的信息安全运营中心，为世界上一些最大的组织保护最关键的信息资产。我分享这一见解的目的并不是吹嘘我们能够完成什么，而是希望其他信息安全领导者能够学会有效地利用千禧一代。

1. 懒惰

关于千禧一代，我听到的最普遍的误解是他们很懒惰。这种看法来自于千禧一代高度重视工作与生活的平衡。一些千禧一代用"工作与生活平衡"这个词来掩盖他们不想工作的事实，根据我的经验，绝大多数千禧一代并非如此。

千禧一代和我有幸在职业生涯中担任领导的其他一代人一样努力工作，但他们的动机不同。与其他几代人相比，千禧一代往往不太受金钱的驱使，所以如果你试图用物质的东西来激励千禧一代，你不太可能激发他们的职业道德。相反，千禧一代非常理想主义，更有动力成为为社会做出贡献的特殊群体的一部分。许多领导人的问题在于他们对透明度感到不适。简单地说，为了给千禧一代提供他们需要的动力，让他们处于最佳状态，领导者必须足够信任他们，让他们分享组织的整体使命和愿景，以及他们的个人角色如何为这个使命和愿景做出贡献。如果做不到这一点，就会导致员工脱离工作，他们可能会在工作中付出最少的努力。这样做将会使员工乐意跳出框架思考，并投入大量的努力，为组织的整体成功做出贡献，实现你所阐述的使命和愿景。

为了诚实、公正地探究为什么很难留住顶尖的千禧一代人才，我们需要回顾几代人的历史。千禧一代是婴儿潮一代和 X 一代的孩子，这些世代中的许多人是第二次世界大战期间最伟大的一代人的子女，或者说是适龄的一代人。为了了解千禧一代对雇主的态度，我们必须了解他们的祖父母和父母是如何被雇主对待的。

"最伟大的一代"的成员在成长过程中被灌输了工作保障高于一切的价值观。他们经常被教导，理想的工作场景是在同一家公司工作一辈子，退休后有一大笔退休金。由于这种偏好，公司意识到他们不必为了人才而竞争，也不必为了留住员工而善待他们，因为员工很少离开公司，除非他们改变了职业生涯。因此，各组织开

---

① http://www.pewresearch.org/fack-tank/2015/05/11/millennials-surpass-gen-xers-as-the-largest-generation-in-u-s-labor-force/

始削减养老金，并以非常低的比例提高上限，以削减成本。这些变化不为这一代的孩子所接受，他们觉得这些组织在利用他们的父母。

婴儿潮一代和 X 一代目睹父母的选择和福利受到雇主的严重限制，他们对公司的忠诚度要低得多。对于这几代人来说，为了增加自己的收入潜力，从一家公司跳槽到另一家公司并不罕见。企业为了改善财务状况而任意解雇员工，这进一步加剧了雇主和员工之间的不忠。人们的看法是，裁员并非出于必要，而是为了确保那些利润丰厚的公司的高管能够拿到丰厚的奖金。大多数千禧一代的童年都受到过表现良好的家庭成员被裁员的严重影响，而裁员的原因似乎与公司无关。

随着千禧一代长大成人，人们普遍认为他们应该每 18～24 个月换一次雇主，以推进自己的职业生涯。这并不是因为他们本身缺乏价值观，而是因为他们的父母和祖父母的雇主对他们进行了三代人的培训。对于所有的组织来说，问题是以这种频率替换团队成员是非常昂贵和具有破坏性的。作为雇主，为了应对这种情况，我们首先必须正面解决问题，同时承认这种情况的存在，并向我们的员工展示一个职业道路，以证明他们不需要为了建立自己的职业生涯而离开公司。

解决任何问题的第一步是承认你有问题，并承担起这个问题的责任。当我把一个新员工带进公司时，我们的第一个话题就是他们的职业志向。这段对话为我们提供了一个绝佳的机会来解释，虽然你必须离开很多公司才能获得晋升，但发展人才和从内部提拔是我们公司战略和愿景的一部分。不管你对员工的直觉有什么假设，都有必要说出来。

第二步是组织必须致力于培养真正的人才。InteliSecure 的首席执行官兼联合创始人罗伯·艾格布雷希特为我的团队成员首创了一项名为"职业规划"的季度测试。基本上，每个季度，我们都会评估每个员工的短期和长期目标，以及为了取得进步必须达到的绩效和教育目标。致力于这样一个过程使我们能够有效地与团队沟通，并留住许多顶尖人才。额外的好处是，我们清楚地了解人们的热情和兴趣集中在哪里，所以我们不会提拔人们到他们不喜欢的职位。这最后一点对我个人来说很重要，因为我看到很多公司把提拔一个人作为一种奖励，结果这个人很快就离开了公司。这常常使组织感到困惑，因为他们认为这是在给员工提供一个更高的职位。与其他任何一代人相比，千禧一代对自己想要从事的职业更加挑剔，其中一些人对管理没有兴趣。为了留住顶尖的千禧一代人才，组织必须确保了解员工想要从他们的职业生涯中得到什么。在通过管理向上流动之外，必须有通过培训和专业知识途径在财务上取得进步的可能性。倾听是关键。

2. 八卦

我经常听到的另一个对千禧一代员工的批评是，他们喜欢八卦和破坏性的"茶水间谈话"。根据我的经验，千禧一代确实会用谣言和猜测来填补信息的空白。这些谣言可能具有相当大的破坏性，但相对容易通过频繁和诚实的沟通来解决。在我的职业生涯中，有一次，我发现我所在的部门中存在着大量的误解，并且我因此失去了一个很好的人才，因为这些夸大其词的谎言。这个问题的解决方案以及随之而来的人员流失问题的解决方案非常简单。

我每周五下午两点召开全体员工会议。一般来说，团队会在每天下午 5 点左右离开。会议的第一部分将涵盖本周所有高级领导会议的所有主题。当然，在这些会议中有些事情是不能分享的，但在这些情况下，我只是告诉团队，我们进行了一次机密谈话，我不能分享细节。在我分享完信息后，我开始讨论团队成员想要向团队提出的任何问题。没有什么是禁区，如果问题的答案是保密的，我会解释为什么我不能在公共场合回答。小组会议结束后，任何想私下和我谈话的员工都可以到我的办公室来。没有选择的人可以早点回家享受下午的时光。在实施这个系统后，流言蜚语大大减少，因为不再有流言和猜测的空隙。

最后，我写了一篇"个人领导哲学"，这是我在 InteliSecure 接受领导力培训时，唐·詹金斯介绍给我的一个概念。这个个人领导哲学旨在解释我的思想工作方式，在回顾人格测试的结果后，解释我的价值观和期望，并向我的任何团队成员发出挑战，如果他们认为我不符合这一哲学，就当面与我对抗。这就实现了领先千禧一代的关键目标。首先，它为团队成员提供了独特的透明度。其次，它允许我的团队对我的行为负责，就像我让他们对他们的行为负责一样。最后，它确立了我们每天都要努力展示的共同价值观。所有这些都向团队传递了这样一个信息:虽然我们的职责不同，但我没有超越他们，我们都应该对自己和彼此抱有很高的标准。

3. 技术精通

人们普遍认为，千禧一代的平均技术水平远远高于其他任何一代的平均水平。这在很大程度上是因为，大多数千禧一代的成长岁月都是在科技的氛围下度过的，而且他们是第一代如此大规模地这样做的人。这一特殊事实是一把双刃剑，因为千禧一代对技术的学习曲线要陡峭得多，但在公共论坛上分享信息的顾虑也少得多。

领导者有责任利用和培养千禧一代天生对科技的热爱和适应，同时教育他们了解不应该在社交媒体帖子等公共论坛上分享的信息类型。自从千禧一代习惯于在网上分享自己的每一个细节以来，他们意外泄露隐私的例子数不胜数。对于这一代人来说，秘密很少，因此组织必须明白，他们必须向千禧一代员工强调公司秘密的重要性，并将网络安全与组织的总体使命和愿景联系起来，这一点很重要。

7.5　千禧年的隐私

隐私在全世界都是一个备受争议的话题。在监测电子通信领域，技术正在迅速发展。与此同时，人际交流在数字世界中所占的比例也在不断上升。这些因素的综合导致了人们对在信息时代什么是隐私的担忧。千禧一代越来越多地自愿放弃自己的隐私，通过社交媒体把自己的大部分生活展现在公众面前，这一事实进一步加剧了这一问题。对隐私的关注正在推动世界各地出台许多新法规，旨在建立个人可以选择维护隐私的机制，但这些法规仍在形成，隐私问题远未解决。

生活中的许多事情都需要平衡才能有效。关于信息安全，我们作为努力在安全和隐私方面取得适当平衡的组织和政府，必须权衡双方的争论，使我们能够建立能够同时为个人提供合理隐私期望的方案，同时也允许组织保护其拥有的关键信息资产及其雇员履行职责时使用的信息资产。建立侧重于特定内容而不是监测网络上所有通信的信息安全方案，不仅在现实预算范围内更可行，而且更有可能在隐私和安全之间取得适当的平衡，因为数据的捕获是有目标的。

7.6　小结

在所做的任何事情中分配责任是非常重要的。如果人们不清楚他们将对一项任务或结果负责，那么他们就不太可能亲自投入到这个项目中。沟通是公平分配责任的关键，也是责任方委派手头任务的关键。领导力也起着关键作用，因为简单地让某人对结果负责是不可能有一个积极的体验的。然而，把责任分配给强有力的领导人，往往会大大增加取得好结果的可能性。

在许多组织中，问责制也在向上层管理阶层转移，特别是在信息安全方面。对于高管们来说，将矛头指向 IT 安全部门或 IT 部门，从而置身事外，这已不再是可接受的做法。保护组织的关键信息资产显然已成为执行层的责任。

第8章 转变模式

在信息安全中有许多需要改变危险的先例，以便组织能够更成功地保护其最关键的信息资产。虽然过去一直以来都使用某种方式，但若继续以这种方式做事是危险的。尽管对这些先例的有效性进行检查后会发现有必要做出改变，但这些先例往往会得到加强。还有代表这些陈旧方法的根深蒂固的利益集团，他们强烈反对对老派做法的任何改变。简单的事实是，威胁形势正在发生变化，信息安全计划也必须改变以应对这些新兴的和不断发展的威胁。有时，当我向听众演讲时，人们告诉我，我提出的想法是常识性的解决方案。我认为这是一种恭维，当你听到好的解决方案时，它们应该是有意义的。伟大的想法应该让你好奇为什么每个人都没有按照建议去做。问题不是没有人知道该怎么做，而是人们仍然没有做需要做的事情来保证程序的正确性。这些想法看似简单，但正确地实施它们并全面保护关键信息资产仍然是一个挑战，每当你读到其他公司未能保护其资产的事件时，这个挑战就进一步凸显出来。

有许多主要的范式必须转变，但它们基本上分为两类：人和过程。传统的信息安全程序是以技术为中心的。他们专注于购买新的技术，承诺只需点击一个按钮就能解决所有安全问题。不幸的是，在现代世界中，任何不需要人和流程的解决方案都不可能抵御危害系统的威胁。以技术为中心的解决方案只能成功地对抗以技术为中心的攻击，这是组织面临的最低形式的威胁。这并不是说，程序不应该解决这些威胁，它们当然应该解决，但由于击败这些威胁相对容易，大部分时间、精力和预算应该花在应对更复杂和潜在有害的威胁上。

既然威胁在不断演变，那为什么组织要选择关注技术？首先，用技术对抗威胁要容易得多。直到最近，大多数组织还依靠购买技术来解决威胁，当一种技术失败时，便责备供应商并替换另一种技术。该解决方案还经常允许组织"满足依法检查的各项"，以证明在审计或监管审查时，他们正在采取措施解决安全性问题。此外，信息安全被视为 IT 问题而不是商业问题，因此，没有分配足够的预算来适当地资助一个全面的安全规划方案。即使在那些不需考虑资金不足的项目中，通常也很难从企业领导人那里获得适当的关注，以便将他们的安全系统融合到他们的业务流程中。满足最低要求要容易得多，但本书的内容完全是关于构建程序和做出有效决策的。在大多数组织中，面向安全的旧业务模式正在发生或已经发生了变化。我经常告诉人们，当塔吉特（Target）的董事会成员在他们被入侵后被要求辞职时，信息安全就成了一个商业问题。事实上，这一趋势早在塔吉特遭黑客攻击之前就开始了，但如果信息安全让你丢掉了工作，那就很难说它是别人的问题了。

企业越来越关注董事会层面的信息安全问题。世界上大多数国家都要求上市公司以特定的频率向潜在投资者提交公司概要和结果。一些国家要求，无论该公司是否是私人公司，都必须向公众公布某些细节。这些报告的细节各不相同，但大多数都包含威胁其业务或其在市场中的地位的特定风险因素。即使没有明确规定，但审查可能适用于组织或其提供的产品和服务的法规，也可以从监管的角度清楚地传达对组织来说重要的内容。人们必须知道在哪里找到信息以及如何分析它。第 7 章包含了一份来自美国公开交易股票的公司所提交的 10-K 报告。

信息安全的预算正在扩大，随着预算的增加，人们的期望也越来越高。满足这些期望将需要信息安全专业人员和团队重新评估他们的业务运作方式，并将安全计划和结果与业务融合，满足之前承诺的投资回报。在许多组织中，商业用户和信息安全团队之间存在着根本性的分歧，为了使安全程序真正服务于其组织的商业利益，需要弥合这种分歧，以保护资产。因为资产的丢失或不当暴露可能造成业务不可弥补的损害。

信息安全领域的现状表明，越来越多的安全技术公司正试图捕捉涌入市场的资金，因为企业明白他们需要在安全上花钱，并继续尝试在技术上投资，因为这是解决问题的最合适的方法。不幸的是，仅仅在技术上花更多的钱不会使一个组织本质上更安全，并且往往会使问题变得更糟，因为负责管理系统的人分散在各处，对他们的工作几乎没有指导。简单地说，你不可能通过花钱来获得安全，也没有任何能够单独利用的技术全面地保护你的组织。没有任何产品是灵丹妙药，我也相信，没有任何一种安全技术是绝对可靠的。如果你想成功，你必须同时专注于人和流程。不管你如何看待美国总统奥巴马的政治意识形态，他作为一个伟大的演说家被广泛接受，甚至被他最严厉的批评者所接受。他最初的竞选演讲的主题之一就是变革，以及阐述变革是如何成为总统的一个主要因素。他在谈到改变时引用的一句话与许多信息安全专业人员目前所处的境况特别相似，那就是："如果我们等待其他人或其他时间，改变不会到来。我们自己就是我们一直在等待的人。我们就是我们所寻求的改变。"许多信息安全人士，甚至是商业专业人士正在不同的技术之间转换，试图找到一种新技术来解决他们棘手的人员和流程问题。人工智能正在开发中，但截至撰写本文时，商业上还没有可用的技术可以满足将人和流程纳入全面安全计划的需求。

8.1 教育改革

在第 6 章中，我们探讨了一个关于多选项问题的教育与一个更多地依赖于解决问题和解释解决方案的教育之间的差异的轶事。进行比较的原因并不是说其中一个明显优于另一个，因此就应该被普遍使用。像生活中的许多其他情景一样，最好的解决方案是在两者之间取得适当的平衡。

学生应该以一种允许他们从定义的选项列表中选择最佳选项的方式来接受教育。当我们面临许多个人和职业选择的情况时，都需要我们在现有的选项之中做出类似的选择，即使我们完美的解决方案可能不是一个可用的选项。同样，有些问题有绝对和具体的答案。然而，也有一些情况下，专业人员必须利用他们的创造性来创造一种方案来解决复杂的问题。这既有助于培养批判性思维的能力，也是我们应该重点培养的技能。

有很多关于教育的观点，我并不是说所有的观点都对，但我的观点是，我们越是努力确保世界各地所有学生的受教育经历都是一样的，优质教育和优秀教师就越是被边缘化。我们绝不能接受必须以牺牲质量为前提的标准化。

我有一些朋友和家人，他们都是现任或前任教师，包括我的姐姐，他们热衷于教授孩子们在全球市场上具有竞争力所需的技能。然而，他们中的许多人感到沮丧的事实是，他们被限制提供比所在地区规定的更高质量的教育。从本质上讲，他们只能提供与期望相符的教育服务：既不会更好，也不会更差。我在教育方面的参照仅限于美国，但我相信其他社会也存在类似的情况，但我们必须阻止这种事情。

作为人类，我们必须为我们的孩子提供最好的东西，不仅是为了他们的利益，也是为了全人类的利益。我听到的许多想法可能会改善现状，但也可能不会，但现状强大到足以压倒变革的想法。在我个人看来，通过拨款让家长们选择他们认为能给孩子提供最好教育机会的学校，或者在拨款给学校和地区时考虑家长的反馈，为学校建立一个盈利动机，将形成一个可以推动教育质量提高的局面。这类改革的另一个积极成果是学校之间会出现竞争，他们会让最优秀、最聪明的教师提供最高质量的教育,因为这些教师将会是学校获得政府奖励的一个关键因素。这种竞争会导致优秀的教师获得更高的工资，并形成一种以成绩为基础的评价教师的体系，而不是目前的以资历为基础的体系。这只是我对一个可能解决问题的方案的看法;每个人都可能同意或不同意它。然而，我相信大多数人都会同意变革教育，使学生在完成学业后就已经做好就业准备，我们应该尽我们所能实现这一结果。

我之前已经阐述了我的理论，即当前的教育体系过分依赖于选择，导致组织倾向于选择技术而不是解决问题。有人可能会说，这种关联过于简单了，但我相信这两者是有关的，尽管可能还会有其他因素。不管原因是什么，在我的职业生涯中，我观察到一些组织倾向于利用技术，特别是在信息安全项目中，但却没有制定适当的政策和程序改变或解决人员问题。

重要的是，组织要打破过度依赖技术作为复杂问题的简单解决方案的习惯，对于信息安全方面的复杂问题，再怎么强调创造性解决方案的需求也不为过。信息安全领域的许多对手都是聪明的、有创造力的、适应性强的。为了提高效率，我们的团队必须保持一致。马歇尔·戈德史密斯（Marshall Goldsmith）写过一本书，名为《成功人士如何变得更成功》，这本书很好地解释了许多信息安全项目的现状。我们不能通过做同样的事情来阻止越来越多的网络攻击，这些同样的事情会让我们的组织在一开始时就容易受到攻击。我们必须对我们所做的事情充满热情，我们必须做出我们所寻求的改变，以改善我们的安全态势，保护我们最关键的信息资产。

8.2　传统的信息安全专业人员与有效的信息安全团队

在华盛顿西雅图发表演讲后有一个人找到了我，他对我的观点很感兴趣。他告诉我，业界仍然有一种盛行的态度，即信息安全领域的每个人都需要知道如何进行恶意软件分析、编写脚本或其他类似的技术任务。这个人非常聪明，口齿伶俐，有调查背景。他热爱信息安全，但他发现他很难找到工作。事实上，当人们想到信息安全专业人员时，他们脑海中就会想到信息安全工程师。这些传统的技术技能仍然与行业相关，这些人对于有效的项目是必要的，但是在有效的信息安全团队中还需要出现更多的角色。

转变模式，进而更成功地保护我们最关键的信息资产，需要创造性思维和挑战现状，以建立我们的项目。这既包含了我们用来运行项目的方法，也包括了我们选择雇佣的支持项目的人员。建立更有效的信息安全团队将需要项目采用比以往更多样化的方式，包括理解人类行为和社会动态的人，而不是只专注于技术。

8.2.1　传统的信息安全专业人员

信息安全专业人员通常被视为主要致力于保护系统的网络工程师。虽然这些类型的专业人员在有效的信息安全规划中肯定有一席之地，但并不代表他们有一整套有助于解决当今和未来问题的技能。

导致信息安全规划过于依赖技术的一个主要因素是，世界各地主要大学的网络安全教育课程都集中在信息安全的技术要素上。学生学习诸如密码学、访问控制列表、防火墙、如何打开和关闭特定端口，以及遵守政府法规的最佳实践。所有这些技能都很重要，但这只是在数字战场上取得成功所需技能的一部分。

这些传统教育项目的第一个主要缺点是安全其实是一个商业问题。尽管越来越多的信息安全专业人员承认安全是一个商业问题，但很少有信息安全项目包括和教授学生与核心商业概念相关的课程。其结果是，学生进入职场时，没有必要的技能与他们的商业利益相关者建立联系，也无法有效地为他们提出的安全建议进行成本效益分析。商业教育项目也很少教授信息安全的内容，所以结果是商业和安全团队之间的沟通出现了分歧。这种分歧导致双方脱钩，这往往会给企业本身带来灾难性的后果。

另一个主要的缺点是，安全会涉及人的问题，这在课程中没有体现出来。行为分析和基本人类心理学是学生学习的重要内容，如果他们想有效地确定意图和预测未来的行为模式就必须掌握，这是安全计划成功的关键要素。

教育不会一蹴而就地改变，但最终高等教育是一项有竞争力的事业。如果学生要求更广泛的教育范围，以及与更广泛的信息安全行业所面临的新兴威胁和问题相关联，那么更全面的教育选择就很可能会出现。

在教育项目改变以培养具备更全面技能的信息安全专业人员之前，各机构将不得不在不那么好的地方和资质不是特别好的人中寻找人才。但我成功地组建了团队，其中既有传统的信息安全和网络安全专业的学生，也有商业专业的学生、金融专业的学生、有刑事司法学位的人、前警官和联邦特工，还有自认为是数据科学家的人。事实证明，对我来说，由拥有这些技能的人组成的团队比由更多传统信息安全专业人员组成的团队更有效。

8.2.2　有效的信息安全团队

为了讨论我今天所倡导的从传统的信息安全团队到更高效、技能更多样化的团队的演变过程，我将讲述我作为 BEW Global 公司首任管理服务总监的个人历程。我的主要职责是建立和管理负责为客户保护关键信息资产的团队。在讲这个故事之前，我想花点时间说明一下，我在担任管理服务总监期间所取得的进步并不只是我一个人的功劳。有很多人对这些进步做出了贡献，其中一些人的贡献可能比我的还要大，包括罗伯特·艾格布雷希特、恰克·布鲁姆奎斯特、格雷厄姆·莱尔德等。

一开始，团队的每个成员都使用一套通用技能，我们称为数据保护分析，这些人被指派以外包模式为客户管理系统。在许多方面，这种安排类似于当时许多组织的信息安全团队在内部运作的方式，而且有许多组织至今仍在用这种方式运作。然而，对我和其他人来说，很明显在这个项目中，每个人都是不同的，有不同的优点和缺点，这本身并不奇怪。进一步地，我们发现，对于项目的不同部分，需要不同的心态。这并不是说个人之间的优势和劣势是独一无二的，我们可以通过扩大团队规模，将人们的优势和劣势互补起来，从而很容易解决一些问题。这样一种新的模式诞生了。

我们通过观察、试验和大量的试错发现，擅长工程的人都有一定的心态。他们喜欢把问题看得非黑即白，每次都以相同的方式解决同一个问题，对他们来说，每个解决方案都应该是可重复的。此外，找到一个合适的解决方案，将系统或系统元素尽可能快速地转换到两个确定的状态，这通常是他们最满意的目标。一个例子就是尽可能快地将服务器从非工作状态变为工作状态。

这些人不太擅长深入调查事件，以确定某人采取某种行动的原因。他们经常观察到底发生了什么，以便作出权宜之计，而有效的事件分类和反应必须考虑到的不仅仅是发生了什么，而且还有为什么发生。此外，对人类行为的自然好奇心促使最有效的分析师寻找人类行为的模式，这会让我认识的大多数工程师感到厌烦。他们天生的好奇心在于系统如何运作以及如何优化它们，而不是人类如何以及为什么会以这种方式行事。

此外，大家都熟知工程师不擅长沟通，并且很少有工程师对商业和金融感兴趣。当向业务领导提供有影响力的报告和分析时，这些缺乏的技能就变得很重要。因此，很多时候，如果你要求工程师做报告，生成的报告不太可能包含与业务相关的信息。这并不是因为工程师没有为商业利益相关者提供价值的意图，而是因为他们天生就不擅长商业，看待世界的方式也与别人不同。

我们发现，许多擅长执行事件分类和构建报告的人并不具备大量技能。这类人认为观察人们的行为比排除系统的故障更容易。

他们在建立报告方面相当有效，但他们的报告通常缺乏对所报告事件的财务分析和业务影响分析。他们的报告专注于行为模式和预测分析，这有助于企业了解他们可能面临或可能不面临的人员问题，这对企业来说比专注于技术的信息安全报告更有价值；但缺乏业务影响力表明，在构建更全面的技术时，可能存在第三种心态。

最后一组人撰写了令人难以置信的报告，对事件进行了合理的分类。这些人主要关注该计划的经济影响，并确定可以实现的进一步目标，以便为企业提供更多价值。这些人在与业务利益相关者进行有效沟通方面非常有价值，但一般来说，他们是团队中技术水平最低的。

很明显，我们必须将运行有效程序的必要活动划分为 3 个不同的方面。对于专注于关键信息资产的全面 IT 安全项目的整体成功来说，每个方面都是重要的，并且每个方面都需要不同的技术和心态，这就说明我们没有一个人能够胜任所有 3 个角色。在这期间，我没有遇到任何证据或任何个人来改变我对这一分析的看法。

1. 网络安全工程师

很多时候，当人们想到信息安全专业人员时，他们实际上是在想象信息安全工程师或网络安全工程师。在本书中，我一直在强调这样一个事实：项目需要的不仅仅是技术，同样地，信息安全团队需要的不仅仅是工程师。也就是说，工程师对团队的成功至关重要。虽然它们不是唯一需要的技能，但工程技术对项目的成功至关重要。

想想运行信息安全程序所需的技术，就像建造房屋所需的技术一样。建造一座房子肯定需要不止一个木匠，但是如果没有木匠，建造一座房子是非常困难的。同样，由于信息安全规划项目的许多细节需要适当的技术来部署，所以需要工程师。

那么谁是信息安全工程师呢？这些人要么是信息安全专业的学生，要么是决定将职业聚焦于安全领域的网络工程师。他们往往拥有一套技术技能，并专注于支持项目的技术部署，他们主要负责项目的应用程序管理部分以及范围和策略治理的技术方面。

2．网络安全分析师

在有效的信息安全项目中，网络安全分析师往往是最容易被忽视的。在很多情况下，所谓的分析师实际上更多的是工程师。真正的分析师更关注调查而不是技术，他们更有可能拥有刑事司法或类似的背景，而不是计算机科学或电气工程背景。这些人负责调查和行为分析，这对于打击不断发展的威胁至关重要。我已经成功地在传统的信息安全渠道之外找到了这类人，比如在刑事司法和心理学领域。简单地说，这种技能是建立在寻找行为模式和偏离正常行为模式的心态之上的。

最近发布的许多技术声称可以进行行为分析，真正的行为分析需要人来进行。虽然技术可能更容易地突出可能有风险的行为模式，但对人类行为的定性分析通常需要另一个人来验证分析的结果。机器很难根据一系列的动作来确定意图。机器很容易告诉你一个人做了什么，但它却很难告诉你为什么会发生这样的事情。

在我的职业生涯中，许多工程师都告诉我，他们既能胜任工程师的工作，也能胜任分析师的工作。我给了很多人可以以这种"混合型"角色工作的机会。事实上，与分析人类行为相比，研究技术挑战的思维方式是不同的，在相同的环境下，技术挑战的表现方式是相同的，而分析人类行为的思维方式则可能因情感、态度和情绪等一些不定因素而有所不同。我从未见过一个能成为高效分析师的工程师，也从未见过一个能成为世界级工程师的分析师。我的目的不是贬低任何一种技能或心态，而是认为它们是根本不同的。

3．业务分析师/顾问

业务分析是一种传统的技能。这些团队成员负责与业务部门进行对接，以定义需求并以报告的形式提供商业情报，他们负责模型两侧从业务层到战略层的管理。业务分析师和顾问通常主修商业管理或金融等业务技能，或者是对信息安全感兴趣的数据科学家。这些人几乎充当了信息安全团队和业务本身之间的口译员。他们负责从安全计划中获取度量指标和关键性能指标，并将它们转换为业务指标，如投资回报率和执行成本效益分析。

在信息安全团队中，业务分析师和顾问往往被忽视，因为他们不具备传统的信息安全技能，但一个好的业务分析师可能是长期资金不足、人员不足的安全团队与一个有足够预算来完成其任务的团队之间的区别。

4．团队管理

管理具有不同技术的团队的挑战是，团队需要能够与他们的管理者联系起来，而他们的管理者需要能够与团队成员联系起来。同理心是团队管理者的重要价值，在大多数情况下，管理者具备不同工作所要求的教育和/或经验是很重要的。

重要的是要理解，管理和领导这些不同的技术，这需要的不仅仅是理解每个技术在做什么，以及它们如何对整个项目做出贡献。有效的管理和领导还必须了解每种技术的职业发展道路，以及如何正确地培训和激励团队。管理和领导力越来越依赖于向团队成员讲述一个有效的故事，让他们明白自己在整个使命中扮演的角色，以及这个角色对他们所工作的公司、世界和经济的重要性。

美国伟大的德怀特·戴维·艾森豪威尔将军说过："领导力是一门艺术，就是让别人去做你希望他们做的事，因为他们想做。"激励人们去做你想让他们做的事情需要有效的专业的话术。如果你要求某人在八小时的工作时间里全心全意地重复做一项卑微的工作，很少有人会受到鼓舞而全力以赴。然而，如果你能描绘出他们正在做的工作对一项很重要的事业来说至关重要的图画，并准确地向他们解释他们是如何适应这个难题的，他们就更有可能将自己投入到高水平的工作中。

随着几代人参与到劳动力的转变中来，领导力和激励将会越来越受到重视。与前几代人相比，越来越多的人不再为金钱和传统福利所驱使，而是更多地为他们的工作将留下的遗产所驱使，并成为伟大而持久事业的一部分。拥有不同技术人员的团队可以比拥有相同技术人员的团队表现更好，特别是当优秀的领导者和管理者能够利用独特的技能来建立有效的团队时。在新一代信息安全事业中，管理的作用是非常重要的。

5. 激励行为

当我刚开始当领导时，我得到了一条简单的建议，这条建议从我得到后就成为了我职业生涯的核心部分，它激励着我去做我想要做的事。这句话很简单，对实现结果非常重要，却经常被管理者所忽视。

安全运营中心也不例外。很多时候，安全运营中心的员工会根据他们关闭漏洞的速度或数量来获得奖励。在这些指标上建立激励机制，激励每个人尽可能快地完成这些任务，而不是推动规划实现与增加规划的安全态势或降低组织的风险概率等任务。

建立一个有效的计划可以量化风险，从而降低风险。因此，谨慎的做法是将安全运营中心员工的激励与风险降低目标挂钩。这样做将确保团队中的每一位成员都能根据其对项目整体业务目标的贡献受到激励。

培养团队精神也是成功的关键，告诉人们他们不需要无效地一起工作。为了营造一个协作的团队环境，重要的是要确保至少有一部分激励性薪酬与团队绩效挂钩，而不是与个人绩效挂钩。一些员工或管理者可能会发现，激励团队行为而不是个人行为是不公平的。毕竟，如果一个表现出色的人在一个表现不佳的团队中呢？如果表现不佳的人利用了这种情况，而其他接手的人却没有得到奖励呢？这种观点是有道理的，但在现实中，很少有人不依赖周围的人来获得成功，这是团队乃至公司的本质。一个高效的团队会要求每个团队成员都表现出色，并要求彼此负责，这使得团队更容易管理。以个人激励培养个人主义文化往往会产生相反的效果。信息安全在现代绝对是一项团队运动。我们在本书中已经讨论过，构建安全规划项目需要各种各样的技术协同操作。事实上，一个全面的信息安全项目与开采黄金非常相似。

当我和 InteliSecure 公司团队一起为我所负责的安全运营中心员工建立激励计划时，我要确保我们是在激励我们想要的行为。我们知道，传统的安全运营中心指标只会激励交易行为，这与客户的需求相反，与我们的利益背道而驰。当我们在探索频道上看到一个名为淘金热的节目时，我们正在寻找更好的指标。这个节目跟踪报道了不同的淘金者的工作。从本质上讲，开采黄金的过程相对简单，某些地区的开采是根据土壤中的含金量来选择的。然后，土壤被运送到一个水闸箱，这个水闸箱本质上是一个精巧的装置，将土壤放入其中，用水冲刷，目的是将杂质冲进水流中，而黄金则被留存在箱子中。有两个变量会影响黄金的产量：土壤的含金量和水闸箱的质量。我们发现这个过程与建立一个信息安全项目非常相似。

在一个信息安全项目中，以适当的角度建造一个适当的水闸箱，以确保黄金被留存和杂质被方便地冲进河流的过程类似于设计和部署一个系统。为系统定义规则的过程（这将引起分析人员对这些规则的注意）类似于选择要开采什么土壤的过程。实际上，让杂质通过闸门箱的过程类似于对事件进行分类和调查。信息安全项目的所有部分必须协同工作，以实现有效的风险降低，就像团队中的每一个人在开采黄金时都必须做好自己的工作，以实现收益最大化一样。因此，就像淘金者根据他们发现了多少黄金而受到激励一样，信息安全团队也可以通过他们发现和响应对业务有重大影响的事件的数量来有效地受到激励。这种激励不仅会激励团队合作，而且会比传统的激励安全运营中心员工的方法产生更好的效果。

8.3　软件开发史

软件开发的起源与设计业务流程的现状是相似的。在软件开发的初期，有各种各样的软件开发方法，但它们本质上都有同一个目标。即软件是用来执行一个或多个特定任务并满足特定需求的。在这一进程的初期，人们很少注意到安全问题。相反，在软件完成后，安全漏洞会被发现，然后在无休止的循环中修补，现在仍然有一些软件是用这种方法开发的。任何熟悉操作系统安全补丁和浏览器补丁的人都非常清楚软件开发的反应性。

然而，在软件开发的整个发展过程中，有一些应用程序和其他软件部件的安全性被认为是至关重要的，并且在整个开发过程中被设计得十分安全。这些类型的软件比它们的前辈要安全得多，因为它们就是为了安全性才被设计出来的，而安全是设计的关键功能，而不是等出事后再考虑。本节的目的不是探讨安全软件开发的过程，而是强调这样一个事实，即从一开始就以安全为目的而设计的软件会更加安全。信息安全的当前状态要求企业开始在其业务流程中考虑安全性。很少有业务流程的设计考虑到安全性，许多流程是在违反或更改规则后进行修改的。其结果与软件开发的早期非常相似，因为业务流程本身经常发生变化并被"修补"，它们在安全性方面存在不足。面对一个不确定的网络安全未来，组织面临的挑战是确定他们是否有机会重新评估关键业务流程，并在考虑安全的情况下重新设计它们。我认为这样做是谨慎的，尽管我承认这样做不是一件小事。

8.3.1 安全的业务流程设计

在考虑到安全性的前提下，重新设计与关键信息资产交互的关键业务流程是无可替代的。然而，这样做通常是不可行的，因为大多数企业不能容忍所有关键的利益相关者花时间全面重新设计他们的所有流程。那么，我们如何从当前的状态（安全性旨在增强业务流程而不实质性地更改它们）转移到流程本身是安全的状态呢？答案在于风险建模。基于风险对业务流程进行有效排序，将需要一个组织首先对其流程存在的风险进行有效量化，并进行成本效益分析，重新设计流程。在成本方面，组织必须通过安全的方式设计流程来量化利益相关者执行建模的成本以及在建模过程中由于效率低下而带来的成本。

上述方法是实现安全业务流程设计的有效方法。令人遗憾的是，绝大多数组织在遇到问题之前不会重新评估业务流程的安全状况。在这些情况下，通常需要评估与违规行为直接相关的流程，作为事件响应计划的事件分析部分的一部分。令人遗憾的是，为了使组织解决存在于安全方面的系统性问题，往往可能对该组织造成不可弥补的损害。然而，正是业务的反应性和业务惯性的力量使这成为现实，这不仅仅体现在安全方面，而且也体现在一般业务流程和实践方面。当事情进展顺利时，很少有组织会进行主动的改革，通常需要一个消极的事件来激发变革。

以安全的方式设计业务流程的过程需要安全性，既要在流程设计时占据一席之地，又要完成起草流程的需求。例如，在两个物理位置之间传输信息的流程最初可能要求尽可能快地执行传输。安全的业务流程可能需要以加密的方式将信息从一个位置传输到另一个位置，并确保在没有多因素身份验证的情况下，任何人都无法在任何时候访问未加密的信息。前一个需求可能会产生更快的传输机制，但后一个需求更可能产生合理快速且安全的传输机制。

有许多框架可以帮助组织设计安全流程。其中包括国际标准化组织（ISO）

27001 系列和各种类似框架。这些框架建立了组织应采用的一组基本控制措施、一个运行项目的委员会，以及整个组织中文件传输框架。框架非常有助于在不熟悉安全实践的组织中构建安全性。

为了使这些计划获得成功，必须有执行层的承诺。安全性是一个业务问题，在当前环境下，没有认识到这一基本事实的高管们的任职时间都相对较短。然而，理解安全是每个人的责任，与致力于让安全成为组织的一部分，两者之间存在着深刻的差异。我强烈认为，现代全球经济需要后一种方法。在新千禧年里，从商业第一、安全为辅的模式转变为安全作为负责任的商业运作不可分割的一部分的模式，是一种思维上的根本转变，现代组织要想在当今世界存在的威胁动态中生存和繁荣，就必须发生这种转变。

8.4　被动安全与主动安全

安全领域必须转变的一个最重要的模式是，从事后应对安全事件的重视，转变为在威胁对组织造成伤害之前可以预防和缓解事件的模式。这种转变不仅必须发生在组织自身和技术供应商之间，而且发生在法律和监管环境中，以允许采取攻击性的安全措施。

从表面上看，攻击性安全的想法很有吸引力，但不可否认的是，预测性和攻击性安全措施带来了重大的伦理和道德挑战。总的来说，主动安全也面临着重大挑战。例如，如果你在威胁发生前就阻止了它，你如何证明它会产生什么影响，或者如果你的预防措施不到位，它会发生什么？如果你不能证明这些事情，我们如何证明通过预防性措施实现的投资回报率（ROI）？解决方案的微观经济影响将难以量化,各组织将被迫依赖不完善的宏观经济计算来确定其所在行业和地区的基线，只要这些统计数据准确且可用，并确定他们在实施措施后是否或多或少受到影响。这极具挑战性，因为当企业无法计算预期和实际的投资回报率时，他们会犹豫是否要对人员、流程和技术进行大量投资。

预测性安全是指过去的行为模式是未来行为的指标。这一观点不仅受到信息安全思想家的青睐，也受到反乌托邦主义者的欢迎，他们对未来的执法持怀疑态度。问题是，你如何对一个什么都没做的人采取惩罚措施？仅仅因为一个人表现出了一种行为模式，使他们在未来做出某种行为的可能性大大增加，但并不意味着他们一定会做出那种行为。人类能自主支配意志，可以让他们在跨入非法或不道德行为的门槛之前改变方向。那么，应该允许一个组织在多大程度上使用预测建模和行为分析，以减少其员工或潜在的员工所带来的风险呢？这是全世界都在激烈争论的话题。可以肯定的是，利用先进的分析技术已经开始为安全专业人员提供必要的数据，以做出预测性的安全决策；问题是，他们能在多大程度上合法地使用这些方法来降低风险。全球有很多重要的隐私法规，旨在限制可以收集的个人数据以及这些数据的使用方式。其思想是防止预测安全模型限制可能匹配已识别风险行为模式的个体的收益潜力。这些法规会在很大程度上抑制安全计划，并在某些情况下对国家经济造成损害。既要为组织提供保护自身所需的工具，又要让人们享受到技术发展到目前在一切电子监控之下所享有的自由和隐私，这是一种难以实现的平衡。

攻击性安全是另一个问题。基本上，核心前提是如果有人黑了我，我可以黑回去吗？我所说的"黑客回击"并不是指该组织会从攻击者那里偷东西，而是会采取一些报复行动，至少会挫败攻击者，甚至可能对他们用来发动攻击的系统造成伤害，在一定程度上，这些报复攻击是合法的。此外，保罗·阿萨多里安和约翰·斯特兰德在 2012 年 RSA 大会上提出的想法是，可以收集有关攻击者的统计数据，并将其交给相关机构[①]。这个问题有明显的细微差别，和其他许多问题一样，它不像高级别问题所显示的那么简单。然而，假设一个组织能够清楚地识别出攻击他们的是谁，并且他们有能力发动反击，不会对任何第三方造成附带损害，他们是否有权这样做？常识告诉他们应该这样做，但几乎没有法律先例表明他们这样做会受到法律保护。这些攻击往往跨越传统的陆地边界，这一事实使问题更加复杂。

那么组织能做什么呢？如果他们将证据移交给本国当局，而本国当局不太可能对犯罪者有管辖权，那么这样做又有什么好处呢？在撰写本书时，几乎没有公开的协议允许对这类案件在国家之间进行起诉和引渡；目前存在的协议主要是针对邻国的，并不是全球性的，尽管这些类型的协议可能有一天会存在。问题的关键是我们为组织提供的威慑能力。就目前的情况来看，攻击者要么成功获得一笔意外之财，要么失败之后也没什么负面影响。只要这些情况存在，网络犯罪不仅带来了最大的潜在利益，而且在所有类型的犯罪中具有最小的负面后果。

如果我们要改变网络犯罪的模式，制定关于攻击性安全的法律将是非常重要的。例如，如果一个组织在他们的数据中散布"有毒数据"，或者在攻击者离开预期环境一段时间后会对攻击者造成伤害的数据，这是可以接受的吗？这类似于银行用来阻止银行劫匪的方法，但如果文件会物理破坏攻击者的计算机或用勒索软件感染攻击者的计算机，这是否合法？为了实施任何有意义的攻击性安全措施，世界各地的政府和立法机构都需要明确交战规则。

无论组织是否被允许自卫，还是国家的军队将保护他们的企业公民，很容易想象这样一个世界：在合法政府和企业之间，在我们今天视为威胁行为者的网络黑客和企业之间，存在一场全面的网络战争，这将与 17 世纪和 18 世纪由世界强国部署的先进海军和海盗之间的战斗相媲美。与 17 世纪和 18 世纪相似，很容易想象这样

---

① http://whatis.techtarget.com/definition/offensive-security

一种情景：允许组织保护自己并积极保护其企业公民的国家将吸引更多企业到其国家，从而有助于这些国家振兴经济和提高生活质量。全球经济正在发生变化，世界各国公共和私营部门之间的伙伴关系将会在新千年各国的经济中发挥重要作用。

8.4.1 传统的被动安全模型

在撰写本书时，安全模型基本上是被动的。本质上，安全程序的度量标准是像平均检测时间（MTTD）和平均响应时间（MTTR）这样的度量标准。这些指标意味着，最好的可能结果是减少组织检测违约或响应违约所花费的时间，但是如何从一开始就采取措施防止违约的发生呢？前面讨论的法律、道德和伦理方面的挑战使得实现主动的安全模型变得困难，但是将被动模型转换为主动模型的想法是值得追求的。

传统模型是制订计划的良好开端，因此，在有更好的选择之前对其进行完善将有助于组织更好地实施主动安全模式。尤其是，最大限度地减少误报并确定特定资产和用户的风险水平对于构建主动预防性计划至关重要，因为在事情正在发生或发生之前停止会显著增加与不当干预授权业务流程相关的负面后果。为了为实施主动式安全模型做好准备，必须确保业务和安全团队能够无缝地协调工作，以构建和完善安全计划。

8.4.2 自适应安全

自适应安全是一个新兴而有趣的概念，它包含了主动安全的一些方面，但并没有提出与真正主动的安全计划或技术相关的挑战。从本质上讲，适应性安全是指程序和技术可以根据不断变化的现实来适应或改变它们的反应。在内容和上下文感知的安全领域中，有各种各样的供应商正在努力在其产品中构建自适应的安全模型，而且也取得了不同程度的成功。目前，基本上有两种类型的自适应安全，即系统自适应安全和以用户为中心的自适应安全。

1. 系统自适应安全

系统自适应安全是基于系统生成的事件建立响应模型。例如，如果一台机器被确定有病毒，系统自适应安全模型将自动对系统编程，以便在发现病毒后立即将机器与网络隔离，并关闭与该设备的所有通信方式，以限制影响。这不是系统自适应安全的唯一应用，而是一个例子，说明了系统如何协同工作，以提供可能会提高机器或系统抵御风险状况的关键信息，并根据不断升级的风险状况或不断增加的风险状况，以不同的方式对待该机器或系统。

系统自适应安全的核心原则是，风险概况与系统本身有关。这种方法与更传统的位、字节和基于签名的技术相似，但它提供了一种方法，可以在几秒钟或更短的时间内有效地实施遏制和根除程序，而不是像以前那样，必须注意到这些趋势，并手工实施这些变化。系统自适应安全可以非常有效地识别和防范外部威胁。

基于战术、技术和协议对外部威胁加以识别的参与方，具有构建系统自适应安全模型的能力，比之前能更恰当地应对外部威胁。例如，该系统可能被设定为对有组织犯罪威胁的行为者作出反应，尽快终止其访问，而对民族国家的行为者可能要观察较长一段时间，以了解他们的影响范围有多广，以及他们在寻找什么。根据已执行的风险模型，在不同的情况下，收集情报可能是一种更为谨慎的反应。关键不在于你对每一个群体做了什么，而在于你是否有能力以不同的方式应对不同的威胁。

2. 以用户为中心的自适应安全

以用户为中心的自适应安全根据用户风险概况而不是系统风险概况定制其适应性。这些模型可能非常有效，但也必须小心执行，因为它们可能已经开始侵犯用户的隐私。例如，大多数人都会认为，即将为竞争对手工作的用户在离开时可能更有可能带走公司机密，但这是否意味着公司有权监控员工的电子邮件和网络流量，以获取发送简历的电子邮件或访问领英网站而流量增加的情况，并以此为基础加强对该用户的控制？这个问题的法律答案取决于你住在哪里，但即使这种行为是合法的，它是否是道德的？

不管是否存在滥用的可能性，以用户为中心的自适应安全模型提供了有趣的可能性，允许组织根据不同的内部威胁配置文件、行为触发因素和风险评级来构建模型。随着行为模式的变化，这些模型将有助于将用户行为分为不同类别，进而可以将系统配置为以不同于匹配善意内部行为模式的用户的方式对待表现出恶意行为模式的人。建立用户风险档案有助于将受损人员的影响降至最低，并根据档案建立不同的应对措施。例如，如果用户是恶意的，他们的操作可能会被阻止并立即通知管理层，而如果善意的内部人员触发了风险，可能会警告他们并询问他们是否想继续。如果他们选择继续，随后系统可能被配置为提高他们的风险评级。以用户为中心的自适应安全模型提供了很好的机会，以一种比当前技术和程序更灵活的方式来解决内部威胁。

3. "与"的"天才"

吉姆·柯林斯（Jim Collins）是第一个提出这一概念的人，他认为我们在思维过程中存在一个固有的弊端，认为我们必须做一件事或另一件事，而天才则认为我们可以做一件事的同时也可以做另一件事，寻找机会两者兼顾是很重要的。在系统自适应安全和以用户为中心的自适应安全的情况下，"与的天才"将允许我们监控行为模式和系统模式，并根据两种信息源的聚合调整我们的系统安全行为。这样做将允许程序对数据丢失的 7 个方面中的每一个都有独特的响应能力。这将意味着以一种更好、更全面的方式朝着实现关键信息资产安全的最终目标迈进。

8.4.3 行为分析

行为分析正在成为一个流行词，这是令人遗憾的，因为它是一个重要的信息安全概念，但正在被过度使用，甚至滥用。真正的行为分析是一门艺术和科学，它利用人类行为因素来做出关于如何对待用户或系统的决定。行为分析是以用户为中心的自适应安全的核心，也是许多新兴技术的焦点，但在撰写本书时，全面的行为分析仍然是通过技术能力和人类定性分析的融合来执行的。图 8-1 说明了如何协同部署 3 种常用技术，即数据丢失防护、数据分类和安全信息及事件管理，以帮助组织根据每个产品收集的信息快速作出定性决策。

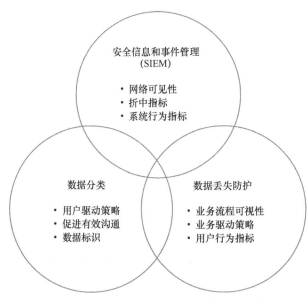

图 8-1　3 种常用技术

其想法是，每一种技术都回答了 3 个关键问题中的一个，这将有助于确定组织面临的威胁类型。在讨论每个问题之前，让我们回顾一下在第 1 章（外部参与者）和第 6 章（内部威胁）中深入讨论过的不同威胁参与者。首先，在本书中有 4 个外部威胁组织：间谍和国家、有组织的犯罪分子、恐怖分子和黑客组织。3 个内部威胁是恶意的内部人员、被误导或心怀不满的内部人员和善意的内部人员。

因此，必须回答的第一个问题是，威胁是来自内部还是外部。SIEM 系统具有从各种安全产品中获取信息的能力，可以快速显示折中指标（IoC）和异常的系统行为，以便识别攻击的来源。这大大简化了任务，无论哪种方式，都可以消除近一半的类别。如果威胁是外部的，SIEM 系统可以根据战术、技术和协议进一步了解参与者属于哪一类。同样了解 SIEM 系统包含来自数据丢失预防系统的信息也很重要。

必须回答的第二个问题是，处于风险或正在被破坏的数据的范围是什么？信息的转移是否符合授权的业务流程？数据丢失预防系统可以回答这些问题，因为它能够监视数据传输的内容。这些信息有助于对内部和外部威胁进行细分。如果确定威胁来自内部，就必须回答第三个问题。

对于内部威胁，为了做出准确的行为判断，必须回答的最后一个问题是用户的意图。数据分类系统与 SIEM 系统可以在用户采取数据丢失预防中记录的具体行动之前，向用户提出警告和教育。如果用户可能不知道他们所做的是错误的，那么这可能会产生不同的响应，即用户接受了教育、警告，然后继续采取特定行动，拒绝理会这些警告。

这 3 种技术的结合对行为分析非常有帮助，因此也有助于对威胁做出适当的反应。未来的技术可以更容易地解决这 3 个问题，这将帮助组织以更有利的方式作出反应，也将有助于引导安全行业走上主动安全的道路。

8.5 工作流程自动化

在我写这一章的时候，我有幸与两位非常好的朋友和非常聪明的人一起度过了一段时间，他们是瓦汉·加拉坎和乔·罗马诺，他们正在工作流程自动化领域进行创新。我与这两人的对话强调了技术通过智能自动化支持人员和流程的力量，智能自动化有助于减少流程中人为错误的机会。这些类型的技术融合代表了对技术的适当使用，以实现其在人、流程和技术三位一体中的适当角色，这是模式转变的重要组成部分。

我的大部分时间都花在宣传作为项目一部分的人员和流程的需求上，但这并不是要降低技术解决方案的重要性。技术是构建任何事物的重要组成部分，信息安全程序也不例外。我认为将技术作为独立解决方案部署的做法是许多项目的主要缺点。如果技术部署得当，在考虑人员和流程之后，并在同样的支持下，技术解决方案可能是非常强大。工作流程自动化是有效利用技术的一个例子。

自动化的核心被看作对人员和流程的替代，很容易看出这种误解是如何形成的。毕竟，当自动化被有效地实现时，经常会有一些以前由人执行的任务突然被自动化任务执行了。然而，为了有效地实现自动化，必须构建和优化流程，使其达到最高效的状态，并且必须是可重复并记录在案的。因此，在成为自动化候选之前，流程必须至少达到功能成熟度模型的第四级或第五级。尽管人们的角色从执行琐碎的任务转变为监督自动化过程以确保其正常工作，但仍然参与到这个流程中以实现自动化。简单地说，自动化并不像许多人认为的那样代表了技术对人和流程的胜利，而是代表了人、流程和技术的无缝衔接，三者的结合对每个人来说更有效率，负担更少。

8.6　小结

俗话说，解决任何问题的第一步就是承认自己有这个问题。企业界的许多人采取两种立场中的一种，这两种立场都阻碍了他们安全态势的改善。第一种方法是"鸵鸟方法"。这就是商业领袖们逃避现实的方式。这些人会说"没有人会蠢到点击未知邮件中的链接"或"没有人会向攻击者支付赎金"，尽管有大量证据表明事实恰恰相反。第二种方法是我所说的"挥舞白旗"，这种方法表示"我们无法保护自己"，"攻击者总是比我们强"，或者简单地说"情况已经没有希望了"。即使这些说法目前是正确的，但我们也可以做一些事情来改变这种模式。

好消息是，决定直面信息安全问题的领导者很快就会发现，虽然没有灵丹妙药，但也不乏成功案例和改进的想法。我认为，大多数读这本书的人都在努力解决问题，而不是假装问题不存在或屈服于问题。前几章已经讨论了当今组织可以部署的许多最佳实践和经验的解决方案。接下来的几章将试图把当前的情况放在历史背景下，并开始讨论我们如何大规模地创造条件，从而使网络世界成为一个更安全的场所。它将始于改变的愿望和转变视角的意愿。

第9章　疯狂的定义

阿尔伯特·爱因斯坦对于疯狂的定义可以应用到很多行业和实践中。然而，在信息安全内部，这种情绪尤为适用。我做过一些演讲，人们会对演讲的内容进行反驳，有些人会比其他人更强烈，他们说："这些东西谁不知道，在信息安全领域它们是最佳的基本做法"。然而，当我质问这些人，如何将最佳实践应用到自己所处的环境中时，他们并没有像自己说的那样使用普遍的基本原则，这种做法令人震惊。在我看来，他们知道自己该做什么，却没有去做，同时还在指责那些努力为他们提供方法，帮助他们增加实践成功概率的人，这是一种错误。不知道该做什么是可以原谅的；明知道该做什么却不去做，这是不可原谅的。一些法规甚至将这种行为定义为"故意忽视"，并大幅增加了对违规公司的罚款。企业惯性的概念，或公司中对改变固有的抵制，对信息安全项目尤为有害。威胁每天都在变化，但它们的目标仍然停滞不前。正如在第 8 章中引用巴拉克·奥巴马（Barack Obama）演讲时所说的那样，我们必须成为我们寻求的变革本身。

建立一个全面而成功的信息安全计划需要公司自上而下的承诺，并且完成的方式必须得到员工的认可，以使计划从下到上都能获得成功。为了实现那些众所周知已经成功了几十年的最佳实践方案，成功的计划可能十分依赖习惯和业务流程的改变，但最终实施时仍有可能失败。像最小特权概念这样简单的方案都很少被成功实施，这一概念指出，应该授予用户成功完成其工作职能所需的最小数量信息的访问权限。当这些最佳实践被实施时，它们很少被全面地应用到公司的所有员工身上。职责分离，即不应该让一个员工为一个流程的所有部分负责，以此来减少欺骗行为。这在公司进行岗位描述或想用少量员工承担更多责任时很少被考虑到。密码管理指的是需要使用强密码的最佳实践，并且要求频繁地更换密码，要实现它很难将安全性和可用性达到平衡水平。我们都希望少花钱多办事，这是不变的商业主题。然而，确保公司不会暴露在风险之中是公司内管理层人员和领导必须承担的责任。

这些改变并不容易，第 1 章中详细描述的来自世界各地的每一个威胁参与者组织的攻击者都知道这样一个道理，那就是大多数公司要么不去实施这些方案，要么实施得很糟糕。遗憾的是，许多公司不会做出改变，因为保持现状容易，而改变很难。我们在保护最重要的信息资产方面面临着艰巨的挑战。威胁参与者组织正在不断地适应和改变，不知疲倦地挫败我们的计划，并危及我们的关键信息资产。他们积极性高、资金充足、聪明、适应性强。如果我们要领先于我们的对手，并在他们适应我们不断变化的对策的同时保持领先，我们必须坚定不移地这样做，同时认识到这并不容易。美国总统约翰·肯尼迪有句名言："我们决定在这十年间登上月球并实现更多梦想，并非因为它们轻而易举，而正是因为它们困难重重。"解决当下存在并将继续发展的信息安全挑战，需要有类似面对压倒性优势的创新精神。然而，我们必须去解决这个问题。

电动汽车制造商特斯拉就是一个例子，当我们对他们的自动驾驶汽车计划进行考察时，他们从一开始就希望将安全性加入到设计当中。特斯拉当然不是唯一一家想要制造自动驾驶汽车的公司，但他们花费了更多的时间和资源来解决自动驾驶汽车安全漏洞的固有威胁。特斯拉甚至邀请黑客去尝试破坏他们的系统，这样他们就可以在特斯拉客户被攻击之前识别并修复漏洞。类似的程序，通常被称为"bug 奖励"，在其他有远见的软件开发人员中也很受欢迎。随着科技的不断进步，信息安全的风险也越来越大。勒索软件要我支付赎金去恢复文件访问是一回事，但勒索软件劫持我的车和孩子就是完全不同的另一回事了。当它真的变成生死抉择时，我更有可能选择支付赎金。

首先要做的是停止这种疯狂！我们必须对接下来要做的事有一个充分的认知，如果想要成功，就必须做出改变。有一句名言说："解决问题的第一步是承认你有一个问题。"许多安全专业人士对此表示认同。如果我们希望解决现存的问题，就必须要公正地评估公司中是否存在这些问题。我参与了全球数百个大小公司的信息安全项目建设。在本章中将解释一些我反复看到的核心问题。首先，让我们举一个真实的例子来说明我们所处的情况。

9.1　皮克特冲锋

大多数历史学家认为葛底斯堡战役是美国内战中的一场关键战役。在葛底斯堡战役之前，联邦军队一直在打胜仗并不断扩大领土，在我看来，这要归功于联邦军团的高级战术指挥家。和南部联邦相比，联邦在总的人力和工业力量方面有几个优势，因此，他们更有可能在长期的消耗战中获胜。而迅速赢得这场战争对南部联邦有利，这样才能确保联邦军队不会在数量上对他们进行压制，因为北方征兵的人数更多并且训练士兵的速度要比以农村为主的南方快得多。南部联邦军队在葛底斯堡战役中惨败，伤亡惨重，许多历史学家认为这是美国内战的转折点。葛底斯堡战役是南部联邦军队在南北战争中最后一次入侵北方，并被击败。在我看来，被称为皮克特冲锋的军事失误对战争的最终结果造成了重大影响。

南部联邦少将乔治·皮克特决定进攻墓地岭上一个戒备森严的联邦阵地。这个位置是高地，俯瞰着树线和山脊底部之间 3/4 英里的开阔地。大多数军事理论都会指出这样一个事实，即在一片开阔地上攻击一个戒备森严、高度戒备的阵地是一个非常糟糕的主意，袭击从一开始就是个错误。

面对压倒性的困难，皮克特将军率领一支由 1.5 万名南方军士兵组成的部队对墓地岭发起了直接进攻。在面对来福枪、步枪和炮火的猛烈攻击后，南方军的冲锋以失败告终，皮克特将军指挥下的南方军团被迫撤退。而皮克特将军并没有因为最初的失败而气馁。

在最初的进攻失败后，皮克特将军没有重新评估他的战略，也没有尝试找出战术中的缺陷。相反，他命令他的士兵以同样的方式再次进攻墓地岭。当一切尘埃落定，硝烟散去时，南方军对墓地岭的北方守军造成的伤亡很少，而皮克特将军的部队则有 6000 人伤亡。皮克特的错误指挥不仅使这些人在那一天失去了生命，还在实质上促成了美国南部联邦的失败，彻底改变了美国进而改变了全球历史。

大多数信息安全程序运作方式与皮克特冲锋相似。作为一个社区，我们遭受了一次又一次的攻击，这与许多相同的程序漏洞有关，但这样的漏洞仍然存在，有时甚至在自己的公司内部。我们必须从已有的安全漏洞中学习，或者更进一步，从别人的漏洞中学习，通过研究漏洞的细节制定策略，以便在类似情况下保护自己的公司。

公司做出的反应往往是在问题上投入资金或人力。我将重申并再次强调前几章中的观点。购入一个新的应用程序去填补安全程序的空白，通过开发使程序的利用率达到最大，这完全没问题。此外，还可以通过雇用外部资源去提高能力，努力发展和加强安全程序。在我看来，这些解决方案往往是下意识反应的一部分，却不是总体计划和达到最终目标的一部分。通常，人们会选择增加预算或人力去解决问题，但在战略本身存在缺陷的情况下，这些措施是不会起作用的。

要知道，成功地构建一个压缩安全程序不是一次性的活动，建成后仍要不断努力改进。因此，研究违规行为，无论它们发生在我们的公司还是别人的公司，都是这个过程的重要组成部分。无论是在我们自己的公司中还是在其他公司中，研究违规的细节时，确定违规的根本原因是很重要的。违规是因为缺乏资源么？

有时，即使有无限的资源，计划也不会暴露出漏洞。在这些情况下，战略或战术需要进行本质上的转变。第 5 章详细描述了事件响应计划的事后活动细节，这是十分重要的，因为这是公司识别改进机会计划的一部分。简单地走走过场不会对程序或业务过程产生有效的变化，而想要真正地改善公司的安全状况这些变化是必要的。

要想做出有效的改变首先要做的就是承认你有一个问题。很多次，我坐在一个房间里，都会有安全团队告诉我"每个人都知道"或"这不会发生在我们身上"，只是在接下来的几个月里读到了同一家公司的新闻，标题详细地描述了如果团队足够认真地评估他们的项目而不自负，攻击本是可以避免的。对待信息安全需要时刻保持谦逊。

9.2   计划失败

本杰明·富兰克林（Benjamin Franklin）有句名言："不做计划就是计划失败。"尽管公众对信息安全挑战和大规模数据泄露的意识日益增强，但令人震惊的是，有相当多的公司没为保护自己做出任何计划。根据图 9-1 所示的 2014 年波尼蒙机构所做的安全策略调查研究表明，只有 45%，或者说不到一半的公司制定了安全保护策略。

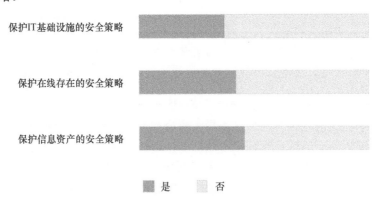

图 9-1   安全策略调查

然而，当我向团队提议需要对关键信息资产进行保护时，有些人会告诉我，每个人都知道，我是在浪费他们的时间！这些人很可能是占公司人数 55%的没有计划的一部分人。假装有计划比起实际制定和执行计划容易得多。许多公司都有一个合理的程序伪装成安全程序，为他们制造出一种程序有效的错觉。这些公司将"最低监管合规性"作为退路以此证明满足攻击事件故障最小化的需求。首先，我想警告任何读过这本书的人，政府的最低要求对于任何严格的安全程序来说都是不够的。一个全面的计划应该在实质上超过任何最低限度的规定，并将显示出持续和可测的提升。其次，以我和那些将服从性作为主要关注点的公司打交道的经历来看，他们通常忽略了安全最佳实践，除非它们恰好是强制性的。相反，这些公司构建了一个外壳程序用于保护数据，但随着时间的推移，它们无法适应新的威胁。

令人震惊的是，根据图 9-2 所示的 2014 年波尼蒙机构所做的全球数据泄露的成本分析研究表明，只有不到一半的公司做了计划，尤其是没有考虑到计划的有效性。公平地说，根据这项研究，许多公司的失败是因为他们没有做出关于信息安全的计划。这是为什么呢？我觉得这个问题很难回答，但我知道有几个因素，包括过去缺乏对数据安全的重视，最近计算机和互联网技术的发展，以及历史上缺乏保护非物理威胁的需要。我真心希望这本书能有助于增加构建和执行全面信息安全计划的公司数量。

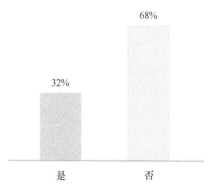

图 9-2　网络保险数据泄露检测

更糟糕的是，采取具体措施保护自己的公司数量更少。许多信息安全的领导者争论公司是否应该有网络保险，或某种类型的数据泄露保护，不管它是本书中概述的一个程序，还是仅是一项部署的技术。我认为在某种程度上每个公司都应该有这两种保护，但是在图 9-2 中引用的统计数据显示，只有不到 1/3 的公司既有数据泄露保护，也有网络保险。

图 9-2 也被 2014 年波尼蒙机构数据泄露的成本调查所提及，这个数字令人难以置信。很少有公司拥有网络保险或违约保护，很难理解这种做法。美国前国防部长、中央情报局局长帕内塔在 2015 年的信息安全（RSA）大会上表示："公司可以选择是提前计划应对网络威胁还是被迫应对危机。"很明显，许多公司如果不做出

保护自己的计划就将被迫应对危机，而这样做是让公司被迫陷入危机。

从上述统计数字中可以清楚地看到，大多数公司没有保护信息资产的计划，甚至连基本的保护措施都没有。任何声称这类保护措施是常识并普遍存在的人，要么是妄想，要么是虚伪的。缺乏全面计划和网络攻击的保护策略，特别是针对关键信息，公司必须承认并努力尝试去解决这些问题。公司选择解决这些挑战的方式当然很重要，但解决这些挑战的意愿和全面地解决这些挑战的承诺必须优先于如何进行这些挑战的讨论。

9.3　复选框规定

恰克·布鲁奎斯特是 BEW Global（后来成为 InteliSecure）公司的联合创始人，也是内容分析领域的思想领袖，当谈到关键信息资产安全时，他曾告诉我："没有复选框，也没有简单的按钮。"事实是，如果保护关键信息资产很容易，那人们都会这么做，强制公司这么做的法规将变得无关紧要。要做到这一点并不容易，因此，许多国家和行业采取了各种各样的规定，旨在保护消费者免受信息被盗带来的损害。结果就是，整个家庭手工业在遵守各种法规的基础上发展起来。

在许多行业中，遵守规章制度至关重要。遵守法规和保护公司的关键资产并不冲突。的确，许多受监管的资产也是需要安全程序提供保护的关键信息资产。无论如何，重要的是要明白合规不等同于安全。

二者都十分重要，尤其是在受监管的行业，但将二者混为一谈是安全机构犯下的最大的错误之一。事实上，一旦强制为一个行业制定特定的对策，就可以假定任何攻击该公司的老练对手都有一个与之对应的计划。在《孙子兵法》中，一位伟大的军事哲学家指出了欺骗的重要性，这同样适用于信息安全。孙子曰："兵者，诡道也。故能而示之不能，用而示之不用，近而示之远，远而示之近。"[1]在保护关键信息资产不受攻击时，欺骗同样十分重要。

想象一下，如果一支美国球队在比赛开始前告诉对手，比赛的首发，谁来控球，这支球队能够胜利吗？用更国际性的术语来说，如果我们把这个比喻引申到国际足球，在北美被称为足球，如果一支球队告知另一支球队他们的前锋如何进攻，或者他们在点球大战中的点球策略，他们又该如何取胜？

即使是像《孙子兵法》这样的古籍也讨论了战斗中欺骗的必要性，这种必要性同样可以延伸到现代竞争中。这些例子都说明了一个道理，在任何形式的竞争或冲突中，欺骗都是一种必要的手段。信息安全也不例外，任何一方采取的措施都有相

---

① 孙子.《孙子兵法》（出版地点不详）；塞缪尔·B·格里菲斯.《战争的艺术》（牛津：牛津大学出版社，1971 年）.

应的对策。情报和反情报对双方都很重要。

出于同样的原因，我们必须研究第 1 章中所述的对手公司，对手试图了解对于关键信息资产我们采取了哪种保护措施，再加以破坏。简单地说，如果一个公司为了遵守行业或地区法规而设置了最低限度的保护措施，那么该公司实际上已经将保护措施的具体内容暴露给所有潜在的攻击者。换句话说，任何将美国医疗保健信息视为目标的潜在攻击者都会去了解《健康保险便携性和责任法案》（HIPAA）的法规和其中规定的保护。通常还会制定一项计划去击破这些最低限度的保护。

> **重点**　公司安全计划的总和就是他们为保护关键信息资产所采取的措施之和，这些措施超出了法规服从性的要求。

公司经常把信息安全和服从性混为一谈，但本质上它们具有不同的功能。服从性是指公司执行其他人（如政府或行业委员会）指示的能力。安全是一种与体育比赛或军事冲突密切相关的斗争。服从是一种能产生两种结果的管理实践：一个公司要么是服从的，要么不是。安全是一种竞争，其中一方表现得比另一方好，导致赢家和输家各占一定的比例，这与他们能够击败对手的计划和目标的程度成正比。并不是说遵守法规不重要，只是说遵守法规和安全在本质上是不同的。服从性的目标是通过审查，而安全性的目标是最大限度地保护关键资产。

对于安全专业人员来说，合规性可能有负面的含义，因为这两者经常被放在一起，但服从并不是一件坏事。重要的是要能够区分服从性和安全性，并设置不同的目标，再分配不同的预算。这样做可以保证安全措施不是为了服从法律规定采取的，而是为了加强公司的安全状况。同样，它保证服从性解决方案不会被安全团队拦截，造成不必要的延迟。

9.4　鸵鸟方法

许多公司知道安全问题的存在，但他们假装没有看到，而不是去解决。我喜欢称之为鸵鸟方法，因为这类公司宁愿把头埋在沙子里，也不愿解决他们所面临的问题。采取这种方法的公司远比我想得多，因为许多安全团队承认他们的程序存在缺陷。这些缺陷包括缺少具有专业技能的工作人员、适当的计划和程序去解决他们所面对的问题，或者缺乏适当的技术来帮助解决已经确定的问题。由于这种方法，故意忽视和惩罚性损害赔偿的概念进入了与信息安全相关的监管环境。故意忽视是指，接受公众数据委托的公司有诚信义务在合理的范围内保护该数据。如果不这样做，会对公众造成实质性的伤害，违背公众的信任，因此可能导致惩罚性损害赔偿，在某些情况下，是实际损害赔偿金额的 3 倍。监管环境中的这些变化是对鸵鸟方法的否定，太多公司采用了鸵鸟方法，一些公司已经遭到破坏，对公众和合法的全球经济造成了实质性的伤害。

以我在信息安全领域的亲身经历，我发现了许多以前不为人知的问题。许多公司做出了负责任的反应，开始了解暴露的信息，并开始评估如何在未来更好地保护公司。然而，有些公司选择了鸵鸟方法。事实上，他们要求我关掉设备，删除我发现的所有痕迹。在法律没有规定我必须报告调查结果的情况下，我按照要求做了。在目前关于信息安全的意识生态下，如果这些信息被公开，我认为公众不会接受公司的决定。在测试技术时，这些类型的活动已经够糟糕的了，但是鸵鸟方法甚至已经扩展到生产环境中。事实上，在受监管的行业中，一些公司要求我只口头上报在他们的环境中发现的违规行为，并销毁所有违规证据。显然，这样的要求涉及法律、伦理和道德方面的问题，大量的保密协议阻止我对这个问题做进一步的评论，但我想说的是，有些安全团队更关心掩盖调查结果，而不是通过适当的投资减少这些情况发生的可能性。这是最糟糕的鸵鸟方法。

9.5　安全中的隔阂

设想一场象棋比赛，12 个人分别被安排在一个单独的隔音房间里。一个队有 11 个人，每个人控制着棋盘上不同的棋子。另一个人控制着棋盘另一边的所有棋子。谁会赢得这场比赛？显然，控制整个局面的人将比 11 个脱节的、各自为营的人更有优势。这个形象的例子与大多数安全程序中的分块非常相似。攻击者对环境有全面的看法，但防御者通常由不同的团队组成，他们不能很好地沟通。如果你将这个例子颠倒过来，允许 11 个玩家公开交流，那么 11 个玩家将能够打败 1 个玩家，只要这个玩家不是一个非常老练的棋手。这是安全团队打破隔阂的机会。在这个环境中，总有人去执行不同的功能，但如果他们之间没有交流，团队内部就会产生碰撞，而不是共同去对抗对手。正如我祖父常说的那样，要是容易，每个人都会去做。

打破隔阂说起来容易做起来难。许多和我交谈过的人都认为，在大型官僚机构中，打破隔阂是一项不可能完成的任务。我承认，打破隔阂是困难的，但我不认为这是不可能的。为了打破隔阂，你必须做两件事：消除沟通障碍以及创造一个互相成就的环境。

9.5.1　消除沟通障碍

首先要做的是消除沟通障碍。想要做到这一点，就必须有一个全面的战略，争取那些更看重团队荣誉而不是个人荣誉的人，需要输入过程，需要拥有不同技术的专家和团队，以及促进公司内部全方位信息共享的技术。

人们有一种不愿沟通的本能反应。这种趋势与直觉相反的，公司内部的协作沟通能够产生互惠。对这些本能反应存在的原因发表看法是没用的。相反，我们应该了解这种动态并制定策略，以减轻它对项目构成的威胁。

1. 共同确保成功

在美苏冷战期间，"共同确保毁灭"这一概念为防止第三次世界大战的发生做出了重大贡献。这个概念是，每个国家都有足够的核能力去摧毁另一个国家，如果一个国家攻击另一个国家，无论谁是侵略者，他们肯定都会灭亡。这个场景可以在信息安全领域中被颠覆，也可以应用于任何将协作视为成功关键的环境中。在这种环境中，过去存在分歧的部门能够展现出互相帮助的决心。这个想法取决于，将要么都成功和要么都失败视作评估团队的标准。通过删除只有一个团队能获得成功的场景，实际上是将不同的团队打造成一个具有共同目标的团队，而这些目标恰好适应公司的使命和愿景。这个想法似乎是乌托邦式的，但是对于那些愿意挑战他们建立和分配目标的方法的公司来说，它是可以实现的。

大多数部门和公司根据关键绩效指标（KPI）来衡量绩效，并设定个人和团队需要实现的目标。寻求在部门之间建立协作的公司可以衡量成功和失败并设定目标，其中一个部门必须和另一个部门相关联，以促进建立关系，打破作为不同团队日常工作的隔阂。目标和关键绩效指标对加薪和奖金有影响是很常见的，这加强了之前关于激励你想要的行为的概念的讨论。很多时候，公司告诉员工他们想要营造一个协作的环境，但是他们的目标和绩效指标并没有衡量或奖励协作活动。更糟糕的是，公司内部的员工行事自私、不协作，参与办公室政治，组建小团体，还能得到加薪和晋升。通常，公司并没有刻意地奖励这种行为，但做这种事的人非常擅长。因此，为了确保个人和团队朝着共同的目标协同工作，公司必须重视这种行为，并在发现这种行为时予以惩罚，只奖励那些促进公司内部相互协作的行为。行动胜于言语，员工观察身边获得奖励的人，就会主动模仿他们的行为。

一些商业领袖将员工视作公司最宝贵的财富。其他人则对这句话加以限定，认为合适的人是一个公司最大的财产。在我看来，人们为了同一个目标共同努力是不可阻挡的，当人们相互对抗，只考虑自己的利益，很快就会破坏一个部门或整个公司的生产力和盈利能力。真正成功的公司会奖励那些与他人合作完成公司目标以打破隔阂的人。

2. 技术打破隔阂

一些公司的企业文化本身就存在隔阂，这些隔阂受到了强有力的保护。在这些公司中，技术可以帮助跨部门信息共享，即使这些部门内部的员工不想这样做。综合分析技术和安全事件和事件管理（SIEM）系统从环境中的各种技术解决方案中收集信息，并将这些数据聚合到某种集中数据库中。这些数据库可以为公司的隔阂提供一个窗口。

在撰写本文时，许多领先的技术供应商正在为巩固产品做出巨大努力，推动团队之间的协作。在一个公共平台上开发不同的产品可以迫使不同的团队一起工作，同时允许安全团队用更少的人力获得更好的结果。这些技术解决方案应该努力构建解决方案包，而不仅仅是跨平台共享信息的产品的集合。

9.6　红鲱鱼

"红鲱鱼"这个词起源于 19 世纪早期的伦敦，是威廉·科贝特的发明。"红鲱鱼"（red herring）是一种腌制的咸鱼，科贝特小时候用它来驱赶猎犬，而这个"修辞手法"指的是能让人从真正重要的事情上转移焦点与注意力。随着技术供应商不断向市场推出新技术和新功能，信息安全行业充满了转移注意力的事情。威胁是耸人听闻的，流行语是为了给新产品创造市场，但问题是许多安全专业人员和团队不断地从一个对象转移到另一个对象，却忽视了安全的基本原则和他们尚未解决的更为普遍的威胁。在下一节中，我们将讨论一些应该普遍实施的基本原则。但首先，让我们探讨一下最近的一些流行语，这些流行语分散了人们对重要安全对策和最佳实践的注意力。

实例：移动设备安全

在会议中，人们通常将移动设备作为需要保护的东西提出来。许多安全团队和领导都非常关心如何处理和保护移动设备。然而，现有数据表明，很少有入侵涉及移动设备，虽然移动设备中确实存在恶意软件和被利用的可能性，并可能在系统内部造成破坏，至少在撰写本书时，这些威胁还停留在理论层面。根据 2015 年威瑞森数据泄露调查报告，"在威瑞森网络数千万设备中，每周有 0.03% 的智能手机感染了'高级'恶意代码。"事实是，在写本书时，将移动设备作为攻击的载体很难构成威胁。其中有很多潜在的原因。首先，许多手机没有连接到一个公司的局域网，这意味着攻击手机的人可以访问该手机上的所有内容，但横向移动十分困难。其次，移动操作系统比传统操作系统更新得更频繁，这导致攻击者漏洞的可利用时间很短。最后，由于信息的高度集中，一些企业系统比移动设备更有吸引力。尽管如此，在许多关于安全的对话和会议上还是在讨论移动安全。

不论是现在还是将来，信息安全行业都不缺乏注意力转移的例子。在考虑为哪些技术和计划投资时，对关键资产进行风险分析并确定风险优先级非常重要。一个标准并不适合所有人，仅凭一个产品或程序抵御了真实的或感知到的威胁并引发了人们的关注，并不意味着特定的威胁会受到特定组织的关注。当心注意力的转移，将注意力和资源从现存的危险上转移到尚未构成威胁的地方。

9.7 持续存在的漏洞

信息安全领域存在由恐惧驱动技术购买和转移视线形成的漩涡，其中存在一些持续困扰安全计划的漏洞。通常，确保安全似乎是无望的，特别是随着信息安全专业人员和领导人的人才缺口日益扩大。许多公司发现，要找到合适的人才和有经验的技术人员组建他们的团队十分困难。但是，仍有一些办法做起来简单，还可以有效地应对入侵现象的发生。

正如本书中多次提到的，当老练的攻击者有足够的时间和资源，他们可以访问大多数环境。然而，一线生机是，有足够多的软目标或安全态势相对较弱的公司，即使采用基本保护措施也足以抵御潜在攻击者，因为他们可以用较少的努力去攻击其他的环境，并仍能获取想要的数据信息。

除某些特例外，安全程序旨在增加工作因素，或增加破坏环境所需的时间和资源，而不是使网络完全不受攻击，这需要在技术和人员方面进行大量投资，同时授权的业务流程会变得缓慢、困难或难以实现。

因此，消除最为常见的攻击是提高环境安全性的第一步，同时在攻击者对环境发起攻击时显著增加其工作难度。考虑到它对总体安全性的影响以及相对较低的成本，每个公司都应尽快实施以下示例。这并不是说不应该采取其他保护措施（当然应该采取保护措施），但我遇到的大多数入侵都可以通过解决这些反复出现的问题以某种方式得到缓解。

9.7.1 单因素认证服务器

当我有机会与研究人员和事故响应专业人员交谈时，得知公司入口普遍采用的切入点是单因素身份验证服务器。一些研究人员会将范围缩小到 Citrix 服务器的单因素身份验证，但我接触过的大多数研究人员都同意，单因素身份验证通常使用密码，为攻击者在合法网站上使用社会工程（social engineering）以及恶意软件创造了机会，同时使用密码窃取技术获取公司内部用户，尤其是特权用户的密码。在公司中实现多因素身份验证已经变得十分普遍，这显著增加了与环境攻击相关的工作因素。

信息安全专业人士认为，有 3 个可用的认证因素。它们分别是：你知道的，如密码或通行码；你拥有的，如硬件许可证或芯片智能卡；你是谁，如指纹或视网膜扫描。多因素身份验证就是采用其中的两个及两个以上的因素。

> **注释** 在实现多因素身份验证时，每个因素必须来自于第 6 章中深入讨论的不同类别的身份验证。认证的 3 个可能因素是你知道的东西，如密码；你所拥有的东西，如许可证；你是谁，如指纹。要求提供密码和密码短语不是多因素身份验证，但同时要求提供指纹和密码是多因素身份验证。

在选择所需的身份验证因素时，主要考虑两个因素：实现成本和欺诈可能性。一般来说，"你知道的"实现成本最低具有最高的欺骗可能。"你是谁"这个因素在历史上是实现成本最高的同时也是最难欺骗的。"你有什么"通常处于中间位置。每一种都有其优缺点，并在第 6 章中进行了详细描述。

9.7.2 多因素认证的特征

想象一个不存在密码的世界。在这个世界中，执行多因素身份验证时不需要你知道什么，也不需要密码，最常见的身份验证方法是通过你口袋里的手机，这是你拥有的东西，身份验证的第二个因素是你在同一部手机上的拇指指纹。在这个世界中，认证的速度要快得多，因为无需输入密码也更加安全，因为每个认证过程都包含生物识别技术。当然这个世界不会像许多人想得那么遥远，实际上以现有的技术就足以实现。

当我们开始关注使用指纹甚至 DNA 样本确认身份，而不是个人身份信息（PII），例如美国的社会安全号码（SSN）、加拿大的社会保险号码（SIN）或英国驾照号码，这个世界离现在越来越远。在这些情况下，你可以使用指纹或 DNA 样本申请贷款或政府福利，指纹或 DNA 样本使用比身份证号或基于个人身份的各种属性创建的字母数字等更难识别的东西来对人进行唯一标识。这些未来的概念仅是一种猜测，但可以从另一个角度显著降低网络犯罪的流行。它并没有保护信息，而是使验证方法更加强大，以确保很难使用公开信息实施大规模欺诈。

无论机制如何，显而易见的是，随着我们走向未来，加强对个人身份的保护是必要的。人们无法接受将一个人的信用和身份通过网络攻击联系到一起，公众应该普遍认识到这一点。然而，在这之前，拥有重要信息的公司有责任保护这些信息，这些信息应符合本书中提出的原则。

9.7.3 社会工程

社会工程是一门艺术也是一门科学，通过欺骗或强迫一个人去做不符合他们或公司利益的事情。作为一个未经授权的用户，通过让你忙得不可开交来说服别人为你开门是一种社交工程。呼叫用户并假装是 IT 部门的一员询问用户的密码是另一种形式。网络钓鱼或试图通过电子邮件、电话及其他方式获取用户凭证的访问权也是一种形式。社会工程的例子不胜枚举。它是对单个用户的攻击，很难防御。

社会工程带来的一个问题是，许多能够访问到有价值信息的用户并不把信息安全视为自己的主要责任。谴责个人用户很容易，但正如第 6 章所述，许多信息安全专业人员不了解基本的财务任务，就像许多财务部门的用户不了解信息安全原理一样。然而，教育并不断提醒用户他们应该为保护公司内部信息负责也很重要。

许多有先见之明的公司会对自己的用户进行社会工程攻击，无论是在内部还是通过与第三方签订合同，以此定位易受攻击的用户，并在攻击对公司造成伤害之前对这些用户进行教育。这种练习是保护公司免受攻击的第一步，即社会工程。然而，大多数公司都容易受到老练的攻击者的攻击。这个问题很难解决，因为老练的攻击者非常擅长社会工程。对抗它需要一个程序，该程序需要不断加强信息安全策略，并随着攻击者的战术、技术和协议的发展而发展。信息安全是每个人的责任。信息安全计划中没有哪个部分比防止用户成为社会工程的受害者更依赖于这一事实。

9.8 返璞归真

一些核心的信息安全概念是注册信息安全系统专业人员（CISSP）和注册信息安全审核员（CISA）考试的基础，尽管大多数公司的团队中有 CISSP 和 CISA 认证的员工，仍有许多概念没有实现。在后面的小节中，我们将逐一探讨这些概念，并提供一个公开违规的示例，这是一个因未能正确实施基本概念而发生或受其影响的公开违约的例子。

许多人认为这些概念是普遍适用的，因为它们是众所周知的。这种想法是幼稚的，因为在信息安全内部和一般情况下，广泛了解和广泛应用的概念之间存在着相当大的差距。当加入一个新的公司时，许多员工和高管认为一些基本的保护措施已经到位，但这些是危险的假设。在接管安全程序的职责或责任时，对作为安全程序一部分的员工、过程和技术进行检查是很重要的。通常，提出问题或以全新的视角审视程序的行为可以突出程序的不足，而这些不足之处一直是维持现状的一部分。

9.8.1 最小特权和需要知道的概念

最小特权这一概念指出，每个员工应访问执行其职责所需的最小数量的系统和数据。这通常与"需要知道"的概念相结合，"需要知道"的概念要求在授予员工访问权之前说明他们为什么需要对某个系统或信息进行访问。这些概念广泛应用于军事和政府部门，通常使用分类级别和相应的许可级别来实现，这些级别决定个人是否具有访问特定部门、系统或信息的许可权。全球大多数政府都实施了有效的"最小特权和需要知道"制度。

然而，私营企业却很少严格地实施这两个概念。根据我的个人经验，政府承包商之外的私人公司很少将请求访问系统或信息片段作为其安全程序的一部分，以及对请求进行审查、批准或拒绝，并定期重新评估的过程。即使在极少数为大多数员工实施最小特权的公司中，也经常有例外发生，这会在计划中引入重大漏洞，给公司带来风险。

信息技术部门的系统管理员是各种组织中普遍存在的过度许可的例子。许多组织不希望将系统访问与数据访问分开，这是主要问题。例如，许多系统管理员需要对系统进行完全访问。这并不意味着他们需要访问存储在该系统上的每一条信息，但大多数公司并没有将这些权限分开，这意味着管理员可以访问公司内部的所有数据，即使他们不需要。

1．易贝入侵事件

备受欢迎的在线拍卖网站和零售商易贝由于未能正确实施最小特权概念，在 2014 年遭遇了一次黑客攻击，1500 万用户的信息被窃取。作为事件响应的一部分，发现入侵源自一组员工凭证被泄露。不管员工凭证是如何被泄露的，到底是什么样的人会需要访问 1.45 亿人的信息？这个人不可能使用他们获得的信息，即使他想这样做。

2．特权访问管理

访问权限管理（PAM）是一种解决过于宽松的管理员账户所带来的威胁的解决方案。PAM 允许为特定原因执行特定功能，并在特定时间范围内授予用户更高级别的访问权限。仅因用户有时需要更高级别的访问权限来执行工作职能，并不意味着他们总是需要更高级别的访问权限。

PAM 管理的另一个好处是，由于可以控制用户使用其提升访问权限的时间范围，因此使用这种技术可以实现最大程度的可控性。此外，"需要知道"可以作为变更控制过程的一部分进行建立和审核，因为"需要知道"可以成为变更请求的必要元素，该元素是在为特定任务授予提升访问权限之前提交的。

9.8.2 职责分离和职位轮换

职责分离这一概念在某种程度上与最小特权概念相关，但它更关注防止欺诈，而不是限制访问数据。职责分离的本质是，不让任何一个人承担独自完成整个流程的责任。实行职务分离管制，不仅对保护安全有利，同时作为复核工作和查找错误的一种手段，也十分可取。

工作轮换是另一个与职责分离相关的概念，因为它旨在减少欺诈。其想法是，当你对一个员工的职位进行轮换时出现问题，就可以找到问题的源头。由于许多知识工作者都是高度专业化的，岗位轮换很难实施。但在容易发生欺诈的行业，如金融服务行业，拥有更通用的技能，可能会从定期的职责轮换中受益。请注意，工作轮换并不意味着必须是永久的，或者长期的。工作轮换可以通过调动一名员工一个月的时间来完成，如果不能长期替换，可允许另一名员工提供审查和辅助工作。

9.8.3　兴业银行违规

法国兴业银行是一家金融服务公司，参与各种金融服务活动，从传统银行业务到各种交易活动。根据该公司的指控，2008 年，法国兴业银行（Societe Generale）交易员科维尔被指获准进入系统，从事与其工作相关的活动。据称，他还可以进入另一个系统，批准自己的交易，这些交易被控存在欺诈行为。

如果指控属实，那么发起和批准交易的能力明显违反了"职责分离"的规定，这为科维尔实施大规模欺诈创造了必要的条件。根据对该事件的研究，结合当时的汇率，未能正确执行"职责分离"导致的交易损失约为 49 亿欧元。[①]

有很多技术控制可以监测和执行职责分离。一些解决方案和平台甚至需要两个不同的人同时登录以执行某些活动。其他系统要求审批者与申请者分开登录，以确保更难实施欺诈。无论怎样做，职责分离都是一项重要的保障措施，有助于防止欺诈活动或其他内部威胁造成的重大损失。

9.8.4　漏洞扫描和修补

我经常告诉安全团队，人们每天都应该扫描系统漏洞，如果不这样做，他们就处于明显的劣势。事实是，无论你是否是该公司的一部分，扫描公司的知名漏洞既不困难也不昂贵。对于攻击者来说，使用商品化的恶意软件去破坏一个众所周知的漏洞也很轻松。因此，了解系统内部存在哪些漏洞对于公司保护系统是至关重要的。

知道漏洞存在是不够的，当有补丁可用时，确保漏洞已打补丁也很重要。如果某个补丁对系统不可用，或者该系统的功能使其无法被打补丁，则应该构建特殊的保护，以确保服务器不会因众所周知的漏洞而受到损害。这些对策可以包括外部安全产品，如入侵检测系统和入侵防御系统（IDS/IPS），或者通过 SIEM 系统发出警报，对系统进行更全面的监视。正如在第 1 章中所讨论的，许多攻击者在操作时都

[①] http://www.novell.com/docrep/documents/wsxar92soq/Consulting%20Mag,%20Eliminating%20SOD%20Violations%20White%20Paper_en.pdf.

会考虑进行成本效益分析。对于这些攻击者来说，他们能否利用商品化的恶意软件进行攻击，而不是需要更多资源和时间，比如瞬时攻击或某种类型的社会工程活动，这是非常重要的。

9.8.5 社区卫生系统违规

2014 年 4 月，一个昵称为"心脏出血"（Heartbleed） 的开放式安全套接层协议（Open SSL）的漏洞被公开。该事件成为许多国内和国际新闻广播的晚间头条，并登上了世界各地报纸的头版。塔吉特遭黑客攻击后，网络安全事件在新闻媒体上的曝光率越来越高。在该漏洞发布后的数天或数周内，大多数系统都可以使用补丁来解决威胁。

2014 年 8 月，来自 29 个州的 207 家医院组成的美国第二大医院系统，社区卫生系统（Community Health Systems）宣布，"心脏出血"漏洞让他们遭遇了一次大规模数据泄露。在补丁发布的几个月之后，怎么还会出现这种情况？450 万人受到了影响，他们中的许多人加入了集体诉讼，寻求解决和赔偿。

关于社区卫生系统发生了什么，我没有内部消息，但这次泄露的产生只可能有两个原因。首先，社区卫生系统可能没有对基础设施漏洞进行扫描，在这种情况下，他们认为所有系统都打了补丁，但没有办法验证，一些服务器由于失误没有打上补丁。其次，他们可能扫描并识别了漏洞，但出于某些原因没有打补丁。不打补丁是有理由的，但在无法打补丁的情况下，要谨慎地采取对策，确保这些服务器不会暴露在互联网上。不管根本原因是什么，损失是巨大的，而漏洞似乎是可以避免的。这是一个很好的例子，说明了对系统进行漏洞扫描的重要性，并且这些漏洞可以通过成熟的漏洞管理程序进行处理。

9.9　参与业务

坦率地说，在本书中我与全球各公司的每一次对话，都有一个基调或主题，即为了构建一个全面的信息安全计划，对话中需要涉及业务。再次强调这一点很重要。如果你从本书中学到一点，就应该明白，想建立一个有价值并且能够保护公司的计划，你必须与公司领导接触。如果一个安全公司只是为了安全而去做安全工作，那么它们只是额外的开销。要为公司提供价值，计划和企业活动应该密切相关。

当我在会议中向信息安全专业人士介绍这个概念时，我时常会对如何有效地参与业务产生好奇，在第 4 章中进行过详细说明。然而，有些时候，我又会有这样的感觉："当然，我们要参与到业务当中，快告诉我一些我不知道的事情。"然而，目前还没有一个人采取这种态度，能够为我提供一个把公司业务和信息安全凝聚到一起的方法。事实上，对于大多数安全程序来说，最困难的事情就是在安全和业务操作之间架起桥梁。

信息安全部门最大的失败是缺少与业务部门进行沟通的能力。在我看来，这样做的重要性再怎么强调也不为过，如果不这样做，必然会导致项目的失败。

第10章 以史为鉴

自 2013 年美国塔吉特公司遭黑客攻击以来，针对系统、应用程序、组织、流程甚至人员的网络攻击和漏洞不断涌现。很多时候，受害组织发布声明，旨在使其看起来好像没有什么可以阻止攻击的发生。这些攻击与声称这些攻击无法防御的说法相结合，使组织很容易将情况视为绝望，尤其是对于非技术组织。许多漏洞和利用它们的方法本质上是高度技术性的，攻击者的技能使组织的胜算看起来几乎是不可能的。但是，现在回想起来，大多数入侵或攻击都会导致流程或程序发生变化，从而可以完全阻止入侵行为，或限制攻击造成的损害。许多声称无法阻止攻击的声明都是为了逃避受害组织的责任；我们团队，以前也遇到过类似的困难，并已找到了取胜的方法。

曾经有一段时间，传统观念认为，银行和公共马车劫案注定永远是美国日常生活的一部分。这种情况与当今存在的网络犯罪情况非常相似。然而，如今在美国，很少有人会出于正当理由担心自己在银行里会被抢劫，也很少有银行客户受到抢劫的负面影响。在我们面临自己所处的情况时，重要的是要记住一点，在解决之前，每个大问题似乎都是不可能解决的。我们可以选择采取失败主义的态度，接受网络攻击和破坏是不可避免的事实，或者我们可以成为解决方案的一部分，寻求一切可能的途径来击败这些威胁并使其难以成功。

> **注释** 狂野西部的例子并不是唯一一个与之相关和类似的例子。这与 14 世纪的海盗将全球贸易和国际航运变成一种危险的行为类似。解决这个问题的方法之一就是股票市场。另一些则为一个国家的公共部门和私营部门如何合作，以帮助世界成为一个更安全的商业场所树立了先例。我们将在本章中使用狂野西部的例子，但其他例子也表明了同样的观点。

就像 19 世纪的狂野西部一样，解决虚拟世界中存在的问题需要安全专家、技术公司、执法机构和政府之间的全面努力，以制定和执行有效遏制虚拟世界这种类型的犯罪。区别在于，我们现在生活在一个全球互联的世界，这意味着任何解决方案都需要各国政府间的全球合作，以造福全球经济。这种合作绝对是前所未有的，但绝对不是不可能的。

10.1　狂野西部

20 世纪的银行劫匪"狡猾的"威利·萨顿曾被问及为什么他一直在抢劫银行。他直白地说："因为那是钱的来源。"在现代世界中，这与全球网络犯罪集团通过互联网不断攻击组织的原因是一样的。19 世纪美国的西部地区基本上是无法无天和危险的地方。随着越来越多的移民在缺乏机会和廉价土地的情况下移民到美国西部，有野心的犯罪分子在这些基本上不受监管和不稳定的地区，在执法部门努力跟上向西扩张的步伐之际，抢劫银行、公共马车和火车。部分原因是缺乏确定犯罪和起诉罪犯的既定框架，特别是跨越州界，这创造了一个对罪犯有利可图、执法专业人员难以监管的环境。这就是为什么 19 世纪的美国西部被称为"狂野西部"的原因。这些情况听起来耳熟吗？

跨越全球、无视陆地边界的并行电子世界的现状在某些重要方面与 19 世纪美国的西部地区相似。首先，这是一个非常危险的地方，因为这里现金充裕，财富的积累和损失速度远远快于传统物理世界。有野心的犯罪分子已经找到了利用信息和资本的转移方法以及全球连通性，以惊人速度从个人和组织那里窃取大量金钱和有价值信息的方法。此外，很难对这些在线会话进行监管，因为犯罪分子可以利用法律的盲区并隐藏在互联网鲜为人知的角落，例如暗网，就像 19 世纪的犯罪分子可以躲在不那么拥挤的边境城镇的角落里，以逃避抓捕、逮捕或一般执法人员的注意。

金融机构在网上的存在是一个相对容易攻击的目标，也是一个有利可图的目标，就像 19 世纪在边境城镇之间流动的公共马车，为四处游荡的银行抢劫犯和其他不法分子提供了一个诱人的目标一样。事实上，美国西部面临的挑战与丝绸之路没有什么不同，丝绸之路把富裕的商人或者是中世纪在欧洲大陆边界的城镇之间抢劫富裕旅行者的拦路强盗从欧洲带到亚洲。它们共同的主题是，只要有文明的扩张，就有通过合法手段创造财富的巨大机会，也有通过非法手段转移财富的巨大机会。事实上，纵观历史，只要有新的令人兴奋的方式让人们合法地创造或扩大财富，非法创造财富的机会就会成比例地存在，这通常会损害正在扩张的合法经济。可以说，做生意的新方式与从犯罪中获利的新方式直接相关，而犯罪，如盗窃和海盗，仍然是人类社会历史悠久的传统。很少有人会在关注新兴的全球互联市场时，不认为这是一个正在迅速变化、很大程度上仍在探索的前沿。数字前沿的主要区别在于，在历史上的其他前沿，本来应该存在的东西确实存在，它只是还没有被发现。数字世界似乎正在无限扩张，在可预见的未来不太可能放缓。一个昨天可能不存在的事物今天需要我们去了解，因为数字世界的创造不像物理世界的创造那样受到限制。专门为这一领域制定的法规已经开始出现，以便管理这一新的市场并防止犯罪活动对合法商业造成损害。这些法规包括全球隐私法、安全港条例以及各国间关于跨国界起诉犯罪的协议等。此外，物理世界中已经存在的法规也被扩展到数字世界，例如在一些国家，人们可以因破坏网站而起诉他人，或者可以在脸书等社交媒体平台上对欺凌行为提出指控。

法规的问题在于，它们不是很快制定出来的，并且难以跟上瞬息万变的市场。这就需要各个组织内部具有灵活性和适应性的团队来弥补差距。

狂野西部与被称为万维网的全球互联世界的当前状态之间的相关性很强，正如现代加利福尼亚是一个相对安全的旅游胜地一样，我坚信最终会出现一个互联网不充斥犯罪和危险的时代。许多事情需要改变才能实现这一点，像暗网这样的地方很可能总是危险的，就像世界上任何主要城市的任何黑暗小巷仍然危险一样。我们知道旧西部需要做很多工作才能将其变成一个安全和文明的地方一样，信息安全行业今天也有很多工作要做，以使数字世界成为一个更安全的经商场所。虽然我们的工作会很困难，但它对全球经济至关重要，而且并非不可能实现的。

10.1.1 不断演变的规则

内战后，美国西部的执法人员和治安官发现自己在处理边境城镇的一连串银行抢劫案和公共马车抢劫案时处于危险的境地。他们在武器和人数上都处于劣势。此外，关于他们是否可以用来打击这些罪行的方法的法律暂时没有明确规定。法律和罪犯之间的界限非常模糊。事实上，许多在狂野西部成为执法人员的人都是前罪犯，通常使用有问题的方案来维持那个时代和地方的和平。

这种情况对现代任何一位信息安全专家来说都应该是熟悉的。坏人比好人多得多，坏人不必按规则行事，而好人则要。此外，在很多情况下，被抓到的坏人还有机会改变立场以换取较轻的刑罚。由于规则在不断演变，好人就会受到进一步的阻碍，因为昨天实行的措施明天可能是非法的，这导致实施起来犹豫不决。更糟糕的是，数字世界是数字连接的，边界并不能减缓网络犯罪。相反，每个国家/地区都有影响信息安全团队的不同法规，从微小的障碍到有效的计划再到众所周知的手铐，阻止安全组织采取必要措施保护自己。从一个国家到另一个国家，由于这些规则的不一致以及不断演变，安全组织面临的形势似乎是可怕的。我感到欣慰的是，19 世纪后期治安官所面临的令人生畏的、涉及个人生死的情况，在数字世界中不会出现。

10.2 历史经验

乔治·桑塔亚那有句名言："那些记不住过去的人注定会重蹈覆辙。"狂野西部的银行抢劫蔓延与我们今天看到的网络犯罪流行之间存在相似之处，这一事实十分有趣，使我们可以在相似性中汲取相应的历史经验。为了让充斥于 19 世纪影响西部扩张的银行抢劫成为过去，人们做了很多事情。其中一些举措是特定的问题和特定的时间的产物，但有可能借鉴其中的一些来解决我们目前面临的问题。

也许历史上与网络犯罪有关的最重要的经验是，就像对 19 世纪美国西部的银行雇员而言一样，虽然情况看起来可怕和绝望，但我们可以而且必须战胜这种威胁。这样做并不容易，这将需要目前是竞争对手的私营公司、政府和私营部门之间的相互合作和共同努力，以及全球安全公司和信息安全专业人员之间的创新和合作精神。首先，我们应该审视一下百年来不断地进步和演变的对策在应对不断演变的威胁的过程中，如何把成功率很高的银行抢劫这一常见的犯罪几乎根除的方法。

10.2.1　联邦调查局的成立—1908 年

1908 年，美国司法部长查尔斯·波拿巴与美国总统西奥多·罗斯福合作成立了美国联邦调查局（FBI）[①]。该局的成立代表了美国执法方式的重大变化，曾引起了极大的争议。在 FBI 成立之前，很多时候犯罪分子可以通过跨越州或县界线来逃避起诉或逮捕。联邦调查局创建了一个全国性的执法机构，迫使传统的不法之徒做出改变。20 世纪 20 年代和 30 年代，美国狂野西部的不法之徒逐渐转变成更有组织的犯罪分子，与此同时联邦调查局（FBI）也成立了，而这并非巧合。

我们今天面临的问题不受国界的限制，这使我们更难应对。然而，在美国内战之前，美国更像是一个松散的州集合，而不是一个有凝聚力的联邦政府。事实上，联邦调查局成立之前的情况和我们目前所处的情况类似，攻击通常起源于一个主权国家并针对另一个主权国家，大多数人都不会意识到这一点，与曾经的联邦调查局成立之前美国的情况相似。然而，其中主要区别在于美国宪法，它提供了一种机制来规范各个州如何合作。但是暂时没有类似的法规来要求各国如何合作以应对全球经济中对国际商业的威胁。

启用这种跨境执法机构的第一步是制定某种协议或条约，明确其目的是打击全球网络犯罪。就像联邦调查局的成立在美利坚合众国引起极大争议一样，这种条约同样也会在世界范围内引起极大争议。在网络犯罪盛行并为那些通过网络犯罪在经济或政治上受益的人提供机会的国家，将会尤其引起争议。然而，这种类型的协议对于能够跨国起诉犯罪分子至关重要，或者至少可以代替受害的国家起诉这些罪行。理想的情况是达成一项全球引渡协议，但这极不可能。在我看来，比较可能的是允许受害国家的检察官对他或她自己国家的网络犯罪分子提出指控。更有可能的

[①] http://www.fbi.gov/about-us/history/brief-history

是，出台一个更高权限的法规，这很重要并且是全球社会所希望的。因为如果被起诉和对"黑客攻击"的惩罚尺度很小，或者网络反击是非法的，那么对于劝阻网络犯罪分子的行为再次发生的可能作用会更小。拥有一个可以跨国起诉网络犯罪分子的法规很重要，但这只是在复制美国联邦调查局在大幅减少银行抢劫案发生率方面取得的成功经验的第一步。一个在理论上有希望且在大部分发达国家都能复制美国联邦调查局成功的组织，目前以联合国的形式存在。但是需要新的决议，需要扩大现有的条约才能涵盖数字世界，在联合国内部实施这些类型的改革要比建立一个全新的组织容易得多。除此之外，还必须有一个对多个国家有管辖权的调查机构，或者至少是属于不同国家的工作组之间的伙伴关系。国家可以以追查为名在不同的国家之间逮捕进行跨境攻击的犯罪集团。如果世界选择利用联合国履行这一职能的话，这些案件可以在海牙国际法院审理。

成立一个全球特别工作组来减缓有组织的犯罪活动将会引起争议并且非常困难。这需要一个非常受欢迎和做事很有效率并且拥有大量的政治资本的世界领袖。更现实的是，这需要多个世界领导人在几十年的时间里协同工作，逐步实现这些目标。不幸的是，要为这样一项事业提供充分的政治意愿的话，这将需要更多的犯罪，对个人和经济造成更多的伤害的事件发生，这样大家才会更加重视。

更有争议和困难的是，成立一个类似的特别工作组来打击国家支持的攻击。历史上，目标国家的军队或其情报机构的作用是保护政府免受国家支持的网络间谍活动。然而，当国家支持的攻击是针对私人公民和公司时会发生什么？当目标公司是跨国公司时，情况会如何变化？军队的传统职责难道不是保护公民免受伤害吗？如果军队正在保护自己免受网络攻击，他们是否应该像使用传统武器进行攻击一样保护其公民和公司免受此类攻击？这呈现出一个灰色地带，其中大多数私营公司不知道其政府能力的高低，在大多数情况下，这被视为国家机密，但政府有某种义务来保护其公民。最终，成立一个旨在打击国家支持的网络攻击的全球特别工作组是不太可能的，因为每个国家都有主动发起网络攻击的能力。相反，它将需要公私合作，这将在第 12 章中详细介绍。

10.2.2 联邦存款保险公司（FDIC）—1933 年

成立于 1933 年的联邦存款保险公司（FDIC）与犯罪或银行抢劫几乎没有关系。在某种意义来说，它们更多与大萧条和恢复公众对银行系统的信心有关，因为银行系统是公民存放资金的安全场所。联邦存款保险公司是在富兰克林·德拉诺·罗斯福担任总统期间由国会创建的，旨在防止银行破产。联邦存款保险公司目前为每个存款人向其所存款银行提供高达 250000 美元的保险。[1]

---

① http://www.investopedia.com/articles/economics/09/fdic-history.asp.

联邦存款保险公司没有明确涵盖银行抢劫，然而法规要求银行持有被称为"银行一揽子债券"的补充保险。在这些通用债券和联邦存款保险公司提供的存款保险之间，银行的客户将受到保护，免受银行的伤害。许多人错误地认为这是联邦存款保险公司涵盖的保险内容。但无论如何，为消费者提供的各种保险保护意味着银行几乎不会发生对其客户产生负面影响的事情。世界各地都有类似的保险和担保，以确保消费者免受犯罪活动的影响。

使客户免受银行抢劫影响的保险已在网络世界中得到复制。支付卡行业（PCI）委员会和发卡银行已经提出使客户免受涉及信用卡的零售违规的方案，该行业已采取措施在报告信用卡被盗后的几分钟内取消和更换卡，并检测消费模式中的异常行为并暂时暂停账户，直到持卡人确认消费。例如，最近在休假期间，当我站在杂货店的收银台准备付款时，收到一条短信，要求我在交易之前确认我的费用。所有这些相互配合采取的步骤限制了犯罪分子从窃取信用卡号码中获得的收益，同时几乎消除了对消费者的伤害。

只要有可能，就应该执行这些类型的改进。针对世界各地用来识别身份的号码，如美国社会安全号码（SSN）、加拿大社会保险号码（SIN）等身份识别号码，有必要实施类似的改进，这将在第 12 章中概述。

10.2.3　银行防抢技术

这些年来，随着流程和人员的变化，人们在执法方式和法律法规上有着各种各样的技术创新，这些举措都有效地遏制了美国银行抢劫案的发生。从狂野西部的不法分子到 20 世纪大部分时间困扰美国主要城市的有组织犯罪分子，银行面临着复杂且不断变化的威胁，类似于当今信息安全团队面临的威胁。

随着当今技术的进步，即使不会在近几十年内发生，但击败当前威胁的过程很可能与银行处理威胁的方法是相似的。我们需要信息安全专业人员、安全计划流程、与政府和执法部门的合作以及技术方面的进步。在下一节中，我们将探索一些技术，这些技术有助于减少银行抢劫这种高成功率、利润丰厚的犯罪行为，并将其与理论上可用于支持信息安全事业的类似技术进行比较。对我们来说，吸取历史教训，寻找机会借鉴过去的成功经验，同时对当前的问题采用类似的解决方案，这一点很重要。

1．武装警卫

武装警卫与文明本身一样古老，他们保护着统治者以及历史悠久的珍贵资产的存放地。公平地说，武装警卫并不是真正的技术创新，而是银行业务运作方式的改变，但银行内部武装警卫的存在是一项值得探索的重大发展。为了应对狂野西部地区银行抢劫案的增加，内战后，美国西部和前美国南部联邦的银行内开始配备武装警卫人员。

如果有事件发生的话，因为武装警卫不太可能袖手旁观或被和平安抚，肯定会增加暴力的可能性。也就是说，有些犯罪分子会被劝阻，并选择不犯罪。武装警卫确实改变了可能袭击银行的犯罪分子的类型。如果有人在武装警卫盛行的情况下继续将银行抢劫作为主要收入来源，则必须愿意并能够将暴力作为其活动的一部分。因此，越来越多的银行雇用武装警卫导致抢劫案减少，但在持续存在的抢劫案中，有人被枪杀的可能性增加。

在网络安全领域，并不存在死亡或严重伤害的威胁，但是，拥有警惕性很高的安全团队（相当于网络空间的武装警卫），很可能会阻止偶然或不老练的攻击者。然而，这并非总是如此，因为攻击性安全，或"黑客攻击"对于那些以法律为准绳的人来说不是很好的选择。这一规定类似于不允许警察或武装警卫向正在射击他们的罪犯开枪还击。这不仅会让警卫处于极度危险之中，而且还会大大削弱这些人的威慑力，对一个失败的攻击者几乎不会造成任何伤害。除了浪费时间外，失败的攻击几乎没有什么负面影响。此外，当业余攻击者跨越违法的边界时，从中获得的经验教训使得他们相对容易获得技能和经验，而没有任何风险。

任何时候你面对对手时，都必须确保至少为好人提供一个公平的竞争环境。在我看来，必须做出一些努力，争取以负责任的方式进行反击。一个防守组织若有桎梏是难以反击的。也就是说，必须尽一切可能将连带损害和身份误判的情况降到最低。这些问题也存在于物理世界中，但由于允许攻击者隐藏其身份并冒充其他人的技术的存在而使问题加剧。

2. 爆炸染料包—1965 年

爆炸染料包于 1965 年在佐治亚州发明，作为一种协助执法部门逮捕罪犯和降低罪犯潜逃不被发现的可能性的装置。即使罪犯逃跑了，染料包也会标记他们偷来的钱，使其变得毫无用处。在撰写本书时，大多数银行目前仍使用爆炸性染料包来阻止劫匪抢劫银行，并帮助逮捕劫匪或在他们仍然选择这样做时使他们所抢的财物毫无价值。实质上，染料包是利用无线发射器起作用的。每袋钱里面都有一个染料包，只要染料包在发射器的一定距离内，它就不会爆炸；一旦它被移出房屋，并因此失去了对发射机的信号，它就会爆炸，摧毁现金，并标记嫌疑人。[①]

有一段时间我曾涉足音乐行业，有一些音乐分销商在他们的音乐文件中制造了一个"毒丸"。从本质上讲，如果你合法购买了音乐并下载，你就真的会收到一个嵌入了病毒的音乐文件和另一个作为该病毒解毒剂的不易察觉的文件。但是，如果你随后非法分享音乐，则只会共享带有病毒的原始音乐文件，而不会共享解毒剂，这会安装一种勒索软件，要求非法接收该文件的用户为其付费，或在当产生负面后

---

① http://articles.sun-sentinel.com/1989-11-19/news/8902100716_1_dye-packs-bank-robbers-robbery

果时，擦除硬盘驱动器上的数据并向有关部门报告用户和计算机的位置。在许多地方，这种技术是不被允许的，但这个想法很有吸引力，并且可以提供一个机会来阻止现代犯罪分子，就像染料包阻止银行抢劫一样。

如果某些数据被盗会使整个系统变得毫无价值的话，在许多政府看来是非常严重的。反之，如果数据本身无法使用但不会对系统造成损害，又该如何？这个想法是这样的：数据内部有一个毒丸，如果它错过了一定数量的连续签入，它就会打乱数据内容并使其变得毫无价值。据我所知，这项技术现在还不存在，但类似于爆炸染料包，如果数据被盗的话，可能会导致被盗数据无法使用。允许共享加密文件和访问随后撤销的文件的类似技术确实存在。就像上面所述的那样，将这些类型的技术用于不同的应用程序，利用现有的技术是有可能实现的。

3．安全摄像头—1968 年

1968 年，纽约州的安全摄像头作为一种打击犯罪的手段首次亮相。突然间，罪犯会为他们的犯罪活动被记录下来而担心。显然，对正在进行的犯罪活动进行记录，有助于执法部门逮捕犯罪嫌疑人和罪犯，并因为有了犯罪过程的录像，提高了他们的定罪率。

最终，许多企业因为负担不起真正的视频监控系统，就部署了假摄像头或假监控系统，以有效慑潜在的犯罪分子。犯罪分子的一举一动都能被监视和记录，催生了一个对犯罪行为偏执的新时代，限制了犯罪分子自由进行非法活动的能力。当然，在安全与隐私之间有一种平衡，这种平衡今天在世界各地就安全摄像头而言仍在继续。在现代生活中，有人在记录我们的一举一动，这是大多数公众不愿意承认的事实。然而，今天人们普遍认为，一个人在公共场合上的任何行为都不会受到保护，都被监视或记录。[①]

在数字世界中，存在类似的技术，可以跟踪用户在系统上执行的所有操作，包括他或她在屏幕上点击的位置以及在每个应用程序中键入的字符。在安全和隐私之间也存在类似的争议，而世界各地的政府都在寻求平衡，使他们能够在网络空间保护公民的隐私，同时为其企业公民提供安全的营商环境。正如双方在视频监控方面最终达成的共识，我认为，当企业寻求在能够提供更多自我保护机会的国家开展业务时，那些不允许企业自我保护的国家将遭受经济损失。最终，随着监控变得无处不在，将很少有人认为隐私是网络空间的一种特权。作为一个全球社区，如果我们选择隐私而不是安全，我们将继续受到我们今天面临的网络犯罪泛滥的困扰。

4．无声警报

无声警报是一种警报，用来提醒当局发生抢劫事件，而不会提醒劫匪警报响了。这并没有给犯罪分子在执法当局到来之前做出反应的时间。当他们意识到已经

采取了对策时，它也不会给犯罪分子在抢劫真正开始之前中止抢劫的机会。因此，犯罪分子不知道其他银行是否安装了无声警报，从而使他们在抢劫银行之前暂停，或者使他们在抢劫期间花费更多的时间，因为他们知道当局可能会在他们不知情的情况下已在来的路上。最后一个好处是，无声警报极大地增加了犯罪嫌疑人被逮捕的可能性，从而防止该嫌疑人未来犯下罪行，并对该嫌疑人的犯罪网络产生影响。

坚持部署技术响应作为安全计划一部分的行为与无声警报类似。在第 4 章中我们探讨了贝克顿·迪金森盗窃案，在该案例中，攻击者试图探测系统以确定可能存在哪些防御措施。如果攻击者感受到触发了警报，他可能会中止盗窃，或者更有可能尝试其他方法来窃取数据，直到他发现一种不会触发警报的方法。相反，在这个案例中，只有网络安全分析师才会收到异常活动的警报。由于攻击者的侦察行动，他受到密切监视，但他并没有警觉到越来越多的监视，只有当他真正开始窃取大量数据时，陷阱才会出现，嫌犯才会被捕。

在信息安全圈子里，人们经常说，程序只能抓住那些没有经验或技术不熟练的罪犯。然而，根据贝克顿·迪金森盗窃案的公开记录，这个人至少在另一个组织成功实施了同样的计划。这一事实表明，窃贼至少有足够的经验和智慧，能够成功地从至少一家财富 500 强公司窃取有关未来产品的敏感和有价值的信息。这种无声报警方法对银行抢劫和数字盗窃都很有效。

5. 运动传感器

在应该没有运动的地方，利用运动传感器来检测运动。银行安装这些传感器是为了防止在不营业时被抢劫。运动传感器的基本原理是检测偏离基线的情况。系统在银行营业时间内忽略动作，因为营业时间的动作应该发生。然而，几小时后，银行下班后，银行内部不应该发生任何动作，特别是在金库附近。因此，在下班后检测运动可以触发报警。这种方法成功地挫败了保险箱窃贼在下班后的攻击，他们擅长在没有授权的情况下闯入保险箱和金库。

今天，系统事件和事件管理（SIEM）系统等上下文分析系统，如 logrhyth、Intel Security 和 IBM 提供的产品；下一代终端安全产品，如 Bit 9 和 Carbon Black；或基于网络的系统，建立行为基线，并检测偏离基线的情况，如 Trip Wire 或 FirEye，都是现代的运动传感器技术。从定量的角度分析正常的系统行为和用户行为，以建立行为模式。现代的保险箱窃贼，作为技术娴熟的攻击者，非常擅长关闭系统上的警报并侵入那些系统。虽然攻击者善于回避防护措施，他们仍然必须遍历网络，并导致系统以异常的方式运行，以获得异常的结果，例如将数据泄露到未经授权的目的地。这是没有办法的。一些攻击者专门从事"低速和慢速"攻击，这些攻击旨在通过一次只做很少的攻击而不被发现，但这些攻击仍然导致一个或多个系统、一个或多个用户账户或这些账户的组合出现异常。

运动传感器技术，以及现代的上下文分析工具，可以有效抵御外部威胁，尤其是当这些威胁在正常工作时间之外攻击系统或数据存储库时。通常情况下，攻击者知道系统被安全团队或安全运营中心监控的主要时间片，他们会避开这一时间片。尽管许多安全运营中心 7 天 24 小时全天候有人值班，但非工作时间的班次通常是由技能较低的分析师，或者是不具备在正常工作时间工作的分析师或团队所拥有的某些能力的分析师值守。真正的 7 天 24 小时全天候监控需要具有同样高超技能的分析师协同执行，这是一个非常昂贵的提议。通常，此类操作可以由管理服务模型中的几家公司之间分担，提供具备相应技能的所需人才，以构建有效的安全计划，这是一种流行的方法。

10.3　不法分子的演变

不法之徒无处不在：从公海海盗到中世纪欧洲公路上的拦路强盗；从 19 世纪的银行劫匪和 20 世纪早期被称为黑手党的有组织犯罪团伙到 20 世纪后期市中心的帮派成员和今天的数字犯罪集团，历史上，犯罪分子采取了不同的形式和运用与时俱进的策略，为了领先执法部门一步。为了应对这些不断变化的犯罪情况，执法部门和安全专业人员不断开发方法，使具体的犯罪行为未能成功，对整体经济没有造成损害。

犯罪与文明本身一样古老。只要存在社会，社会内部就有一些人为了获得优于其同胞的利益而愿意违反社会规范。构建打击网络犯罪全球战略的想法并不是要完全消除犯罪，而是要使犯罪分子不那么成功，并减轻他们对合法业务造成的损害。有句谚语说"只有死者才能看到战争的结束"。我认为这句话可以用于犯罪，可以说"只有死者才能看到犯罪的终结"。作为安全行业，我们有责任通过降低犯罪的效力来降低犯罪率。

10.3.1　19 世纪的不法分子

19 世纪狂野西部时期的不法分子主要是一些美国内战期间受过骑马和战斗训练的人。 许多年轻人在战后移居西部，那些没有钱或者在战时没有习得一定军事技能的人转而以犯罪为谋生手段。

> **注释**　并不是说所有的亡命之徒都是退伍军人，因为射击和骑马等技能并不罕见，只是说存在许多老兵，尤其是战后找不到工作的联邦老兵，他们要么转向犯罪要么成为执法人员以养活自己或家人。

像杰西·詹姆斯和比利小子等著名的不法分子就生活在那一时期，主要是在1865 年美国内战结束后和世纪之交期间，特别集中在美国西部，由于该地区的迅速扩张，没有足够的基础设施来全面治理和监管该地区。

淘金热也加剧了这个问题，因为一些掘金者非常迅速地创造了巨额财富，而这些财富需要储存起来，并在这个基本上无法无天的平原和沙漠地区中加以转移。这为那些拥有骑马和射击相关技能的人提供了一个机会，毕竟他们面前并没有太多的挣钱机会。

虽然在狂野西部确实形成了帮派，但犯罪分子尚未形成规模大、范围广的有组织犯罪团伙，并且犯罪通常以小团体的形式运作。相比现代技术，在 19 世纪，由于缺乏广泛的通信设备，信息传播的速度并不快，这使得犯罪分子能够从容地从一个城镇转移到另一个城镇，而执法部门却几乎没有能力赶在他们前面。此外，当时的执法不像今天这样有组织，维持治安和调查是地方执法的主要方式。

10.3.2　20 世纪的不法分子

多年来，各种因素使狂野西部式的银行抢劫案变得不再那么有效。其中就包括铁路的扩建，使更多的人可以方便地进入美国西部，并将东北工业区与西部连接起来。而且，随着进入这些以前偏远地区的方式变得更加容易，越来越多的人在这里定居和发展。此外，通信系统的发展使城镇和州之间的通信变得更加容易。

在 20 世纪 20 年代和 30 年代的禁酒令期间，产生了一种新型罪犯，通常称为"公敌"，这是联邦调查局局长约翰·埃德加·胡佛创造的一个词，他们比狂野西部的不法分子更为复杂和有组织。这些犯罪分子建立犯罪网络来分发和销售非法酒精，这催生了现在的有组织犯罪。这些犯罪组织并无意将自己限制在单一的犯罪或收入来源上。[①]

像漂亮男孩弗洛伊德、娃娃脸纳尔逊和约翰·迪林格这样的银行劫匪都是这些高度有组织的犯罪集团的一部分，他们的存在使执法部门和金融服务界面临重大挑战。那个时代犯罪的成功率和整体利润率都呈爆炸性增长，但时间相对短暂。本章前面已经介绍过了一些技术，随着每一种技术的介绍，抢劫银行逃脱惩罚的可能性逐渐减小，犯罪本身也变得不那么轻而易举了。因此，银行抢劫案的数量在过去的几十年里稳步下降，金融机构在一个相对安全的环境中运作，直到互联网的出现。

需要记住的是，在本章中，我们将银行抢劫作为主要的例子，但这并不是那一时期唯一流行的犯罪类型，意大利黑手党也在那一时期处于鼎盛时期。重点是，犯罪分子没有改变，最主要的变化是那些有技巧、有决心和无视法律的人为了一己私利，如何规避法律制裁的手段。

---

① http://www.crimemuseum.org/crime-library/history-of-bank-robberies.

10.3.3　千禧年的不法分子

犯罪活动在近年的演变中已经变得不那么繁重和危险了。曾经有一段时间，犯罪分子必须去他们想要偷窃的资产所在的地方，并冒着在犯罪过程中立即被捕、死亡或被肢解的风险。而现代犯罪分子穿着睡衣，在家里舒服地喝着咖啡就可以抢劫数千家银行。公平地说，与过去相比，成为一名犯罪分子需要具备比过去更多的技能，但危险因素已大大减少。

1. 社会经济贡献

网络犯罪为发达国家和不发达国家之间的大规模财富转移提供了便利。在许多国家，网络犯罪是一项大生意，而且往往是有技能的年轻人最赚钱的选择。此外，许多国家支持的网络攻击也有类似的动机。财富转移非常重要，因为在一个高度互联的世界里，财富可以通过非法手段从较富裕的国家或地区转移到那些不发达国家或地区。到目前为止，犯罪很少将财富从一个经济体转移到另一个经济体，而是在宏观经济内部转移财富。

在美国和欧洲大部分地区，信息安全是一项相对有利可图的业务。虽然失业率为负值，但许多拥有技能的专业人士发现自己可以生活在任何想住的地方，同时因为自己的努力而赚取丰厚的薪水。但世界上许多地方都缺乏这样的机会。在这样的环境下，许多在网络安全方面技术娴熟的人通常都是网络犯罪分子和国家支持的黑客团队的成员，这取决于所处的地区。重要的是要明白，我们的对手是往往是一个国家中最优秀、最聪明的人，而不是过去提到罪犯时经常想到的社会渣滓。

这些高技能个人通常会加入团体或组织来共享信息、漏洞和策略。在许多方面，这些黑客集团与世界各地的有组织犯罪非常相似，尤其是与 20 世纪 30 年代的公敌时代非常相似。在世界某些地区，犯罪组织有时是最赚钱的职业道路。例如在罗马尼亚的黑客之都，网络犯罪不仅是最大的行业，甚至有人认为这是唯一能提供良好就业机会并可持续性发展的行业。

2. 黑客之都

罗马尼亚有一个小镇，离布加勒斯特只有几个小时的路程，相当于现代版的无法无天的边境小镇。它被称为勒姆尼库沃尔恰小镇，你一到这里，就会发现勒姆尼库沃尔恰小镇与罗马尼亚其他乡村不同。这个小镇周围都是相对贫穷的村庄，而小镇本身却充斥着欧洲跑车和高档服装等奢侈品。

对于那些熟悉意大利黑手党、20 世纪的美国芝加哥和纽约等城市的人来说，很容易就能认出这一幕场景。在这里，城镇的一部分甚至是整个城镇，几乎没有多少合法的从业机会，但是这里现金充裕。附近或城镇中的每个人都知道钱从哪里来，但制止这种非法活动对任何人都没有好处。

罗马尼亚并不是一个特别富裕的国家，2013 年的人均国内生产总值（GDP）

为 9499 美元，相比之下，美国的人均 GDP 约为 53000 美元，英国约为 42000 美元。①然而，据世界银行的数据，罗马尼亚是世界上增长率最高的国家之一，接近 4%，这主要是由国内需求增长推动的。国内需求的增长通常需要外部资金的注入，我们知道罗马尼亚既没有充足的自然资源也没有全球出口市场，到底是什么推动了罗马尼亚 GDP 的快速增长。可能勒姆尼库沃尔恰小镇会提供一些线索。

任何一个城镇要想成为罪犯的天堂，其居民必然是同谋。勒姆尼库沃尔恰小镇的许多人都非常清楚网络犯罪和犯罪分子的身份，但他们都遵守一个沉默的守则，不向当局报警。罗马尼亚的沉默守则被称为"缄默守则"，这与本章之前讨论过的银行劫案的"公敌"时代，禁止黑手党成员和美国人社区的意大利裔公民与当局交谈的沉默守则相同。事实上，如果你去探索历史上任何一个成为罪犯天堂的地点和时间，你可能会发现，罪犯和他们生活在其中的公民之间的沉默准则是犯罪事业成功的必要和关键。有句谚语虽然有很多变体，但本质上是说，世界上总会有坏人，但只有当好人选择对他们周围的邪恶袖手旁观时，邪恶才会滋生。

罗马尼亚在 1989 年革命之前是一个共产主义国家。在共产党的控制下，罗马尼亚几乎无法获得信息，城镇里几乎看不到进口产品，尤其是汽车、科技和媒体受到严格控制，这在很大程度上使民众与世隔绝。罗马尼亚人民在革命后迅速扭转了这一趋势，他们可以接触到遍布全球的信息和系统。到 1998 年，罗马尼亚的互联网已经普及，到 2002 年，网络犯罪已成为家常便饭。

罗马尼亚黑客一开始使用相对原始的攻击方法，主要包括利用社会工程策略说服单纯的客户自愿披露他们的信息的骗局以及因能成功猜测到密码，对使用不安全密码的账户的攻击。在那些日子里，像密码为"123456"这样的猜测能够破解数量庞大的系统。

这些年来，网络攻击和攻击者变得越来越复杂，但勒姆尼库沃尔恰小镇的网络罪犯通常分为两类：一种是不一定精通技术，但擅长对天真或毫无戒心的受害者实施诈骗的骗子；还有一种就是拥有一定技能的黑客。

骗子和黑客必须与时俱进。黑客们不得不避开日益警觉的安全团队和越来越有效的应对措施，而骗子们则不得不面对更加警觉的公众，以及他们为自己建立的糟糕声誉。在这一点上，由于罗马尼亚网络犯罪的猖獗，发达国家中很少有人愿意把钱汇到罗马尼亚。因此，骗子不得不发展一种国际业务，他们的员工驻扎在欧洲各地更值得信任的国家，这样他们就可以接收转账，并将钱汇回勒姆尼库沃尔恰小镇的骗子手中。这使得这个拥有 12 万人口的相对贫穷的小镇变成了一个网络犯罪的国际中心。

那些有道德倾向且有能力成为黑客或骗子的人，可以通过各种方式在勒姆尼库沃尔恰小镇——黑客之都谋生。许多人加入有组织的犯罪团伙或自己做生意。还有

---

① https://www.google.com/publicdata/explore?ds=d5bncppjof8f9_.

一些人已经变成了一种数字雇佣军，他们把自己的技能和用途提供给那些想要针对某个人或组织发起攻击的组织或个人。在黑客之都，技术能力或人际交往能力可能会带来相对较高的收入，许多地方的情况也是如此。然而，在黑客之都，对有技术的个人来说，最赚钱的机会是在互联网的非法方面。

讲黑客之都事件的目的不是要吓唬人，也不是要谴责那里的人民。这个故事的重要性在于了解催生黑客之都的条件，并着手消除这些条件，以防止出现下一个黑客之都，并帮助罗马尼亚当局能够控制在黑客之都的网络犯罪活动。在任何能够接入互联网的环境中，如果能够为从事非法业务的技术人员提供比从事合法业务人员更好的机会，并将这些经济条件与强有力的沉默准则结合起来，网络犯罪就会生根。如果放任不管，这种犯罪将继续蔓延，直到它成为目标并被消灭。

10.4　小结

美国 20 世纪作家伊恩·考德威尔曾写道："我写的是现代人，他们与神秘的过去有着深深的联系。我发现，当我能够把历史当作一面镜子来看待时，我能更好地理解自己和我的世界。"我们必须用历史的镜子来看待今天的问题，以便在实际情况下理解这些问题，并找出能够帮助我们赢得这场斗争的相似之处。这种情况有时可能会让人感到无助，但如果我们站在历史的镜子前，我们可能会发现 18 世纪的我们关注的是发生在美国边境的猖獗犯罪。当我们哀叹这个问题的全球性，并对罗马尼亚的"黑客城"这样的地方感到绝望时，镜子向我们展示了一个人的肖像，他像我们一样关心跨越国界和地方的犯罪。

毫无疑问，我们今天面临的挑战已经演变，但它们并非新鲜事物。自人类文明之初，就有人企图偷窃他人的东西。今天的"白帽"安全专业人员类似于中世纪的"白衣骑士"。在中世纪，具有战斗、剑和长矛技能的人——现在是键盘和命令行界面——在整个人类历史中保护无辜者免受伤害。今天所面临的问题和美国西部之间的联系非常紧密。"白帽"和"黑帽"这两个词甚至可以追溯到一部关于美国西部拓荒时期的电视剧《独行侠》，指的是好人戴着白色的牛仔帽，而坏人都戴着黑色的牛仔帽。

这并不是说所有的答案都是显而易见的。然而，拥有自由且不屈不挠的精神能够克服所有威胁，包括我们目前面临的威胁。本书的其余部分，在第 11 章中讨论私营部门如何相互合作以帮助解决我们面临的问题，在第 12 章将提出一些关于公私伙伴关系如何有效减少伤害的想法来应对全球经济。我们面临的这个问题是困难的和多方面的。我们面对的对手是聪明且适应性强的。无论如何，我们都得获胜，我们必须获胜，而且我们终将获胜。

第 11 章　信息安全社区

　　长期以来，私营企业一直被告知，为了保持竞争优势，他们应该在竞争中对一切保密。在许多情况下，保护这些机密是信息安全计划的目标。但有时候，各行各业需要联合起来，共享情报，努力解决问题。目前，有人正在从个人层面、公司层面和行业层面对信息安全造成威胁；世界各国政府都在以中立的态度对待这场屠杀，很少以一种有效的方式介入帮助他们的国民。有来自组织和政府的志同道合的人在信息安全方面开始合作，他们努力加强社区安全，分享成功和失败的网络攻击的信息。这些行动应该得到赞扬和传播。

> **注释**　第 12 章探讨了政府的作用。本章的内容主要是关于组织和行业在没有政府参与的情况下可以做什么。

　　正如第 1 章和第 10 章所讨论的，黑客经常相互交流，分享成功的战术、技术和协议，以及购买和出售被使用很多次的漏洞，这一点想想就很可怕，但当你研究这种手段时，你就会发现，如果私人公司这样共享信息，可以限制重复循环攻击的效率，这会影响网络犯罪成功率。此外，如第 10 章所述，特斯拉、微软和其他公司正在使用漏洞奖励，以补偿黑客社区直接向他们报告漏洞，而不是使用漏洞来对付他们。这类项目服务于整个行业的各种领域，不仅仅是软件制造商和生产商，这样可以在安全漏洞导致入侵之前识别它们。为了打败那些拥有技术和知识的犯罪群体，我们也必须在信息安全领域分享知识，但分享的知识不能让我们面临风险，也不能公布会导致品牌声誉的信息。找到掌握主动权的方法也很重要，包括像漏洞奖励这样，让企业有机会在安全漏洞入侵之前寻找有可能关闭的漏洞。必须承担同领域信息和合作伙伴与竞争对手共享的相关风险，不能以不参与此类信息交流的借口而不参与进来。个体企业应该尽其所能保护自己，可以利用对客户信息的保护记录作为企业对企业、企业对消费者的竞争优势。从他人的成功和失败中吸取教训，对整个行业和全球经济都有很大帮助。在信息安全方面，建立公众对行业和机构的信任，对建立客户的信心、使货币安全购买商品十分重要。掌握主动权，在安全漏洞被利用之前识别并且关闭这些漏洞，是很严谨的做法，适当地向市场传递信息，还可以极大地提高客户的信心。

11.1　共享信息

为了对抗不断演变的威胁，信息安全界的成员必须自由分享信息，以便我们可以从彼此的错误中学习。从哲学上讲，同一领域的公司很难分享信息，因为他们是竞争对手，但如果不这样做，就会提高攻击者在一个行业的不同组织中复制攻击并取得成功的可能性。在过去几年里，我们已经看到攻击者在整个零售业使用类似的攻击方法，在极短时间内，攻破塔吉特（Target）、内曼·马库斯（Neiman Marcus）和家得宝（Home Depot）。曾几何时，安全服务外包行业，不侧重于保护和监控企业内部最关键信息资产的安全服务提供商（MSSP）。当我第一次开始BEW Global 时，我很大一部分职责是帮助组织机构转变他们的思维方式，使他们能够看到拥有一个专门的安全专家团队来监控和管理他们的系统的好处，这超过外包服务带来的风险。多年来，将此类服务外包已成为主流；如果该行业致力于通信，随着时间的推移，我们很可能会转变我们与安全通信相关的思维方式。社区中有一些活跃的成员，包括新泽西州的 Blue Cross Blue Shield，他们正在努力在其行业中促进此类交流。老练的攻击者会分享关于什么是成功的攻击和什么是失败的攻击信息，甚至在他们开发的框架之间分享漏洞和零日攻击，以便领先于组织机构正在实施的反措施。为了对抗这些类型的威胁，作为一个社区团体，我们必须找到分享有关攻击信息的方法，包括尝试的攻击和成功的攻击。理想情况下，我们会更进一步，找到在法律上和道德上都可接受的攻击并且夺取主动权。界限在哪里划定还有待观察，相对来说，我们可以探测自己的防御系统，以便在攻击者攻击之前找到并修复我们的弱点，这是没有争议的。我们必须找到保护自己的方法，创造一个安全的环境来分享信息。一些组织机构已经开始这样做，特别是在保健领域。医疗保健中的信息共享通常始于一个会议。举个例子，医疗保健信息和管理系统协会（HIMSS）在地方会议和国家会议，组织机构利用 HIMSS 作为工具，讨论信息安全的成功和失败经验。

健康记录对许多人来说是非常敏感的信息。它们适用于任何曾经接受过某种医疗护理的人。许多人都是将健康记录与个人身份存储在一起，我就是其中一员。在一些地方的方案是令牌化，它允许病人的身份被替换成在医疗机构之外的其他东西。这是有帮助的，但并没有达到它应该达到的程度。另一个方案是使用多因素认证来访问病人记录的隐私部分。例如，需要指纹来解锁患者的信息，这对患者本人可能非常好。除了帮助医生和患者沟通之外，还有其他功能，如计费和转诊，这类想法应该在处理个人身份信息或金融服务的行业中讨论。其他组织已经在合作伙伴和服务商之间建立信息安全论坛。这是跨行业共享信息的良好开端，但需要发扬这些交流并跨行业学习它们。为了真正成为一个保护自己免受不断变化威胁的社区，我们必须承诺共享信息的同时保护敏感信息。任何共享的信息都必须经过匿名处理，并且在遵守保密协议的情况下共享，这一点至关重要。我们必须承诺在不造成伤害的前提下努力完善计划，改善社区。

11.1.1　埃尔德伍德框架

在一个网络安全峰会上，我有幸在乔恩·迪马吉奥（Jon DiMaggio）之后发表了演讲。乔恩·迪马吉奥是赛门铁克安全技术和响应（STAR）团队的成员，该团队负责调查世界各地的漏洞和威胁。具体来说，他们跟踪过多个组织机构的威胁因素，努力研究他们的模式，检测他们的危害，并努力找到击败他们的方法。

迪马吉奥做了一场演讲，介绍了一个对医疗保险漏洞造成威胁的攻击团体，赛门铁克称其为"黑藤"。演讲的内容非常吸引人，乔恩带领听众（包括我在内）回顾了他和他的团队组建的历史，以及他们尝试寻找问题和结果的过程。埃尔德伍德框架本质上是一种机制，在这个机制中，攻击者团队可以分享漏洞和战术，对特定目标领域成功和失败的战术的说明。复杂程度难以想象，但也说明了一个有趣的问题。你的对手正在与其他威胁者分享关于他们如何能够最好地击败你的防御和对策的信息，你难道不应该与你的同行分享关于攻击者正在做什么以及我们如何能够打击它的信息？

11.1.2　创建共享信息的框架

创建一个框架，在组织之间共享安全、漏洞、事件和薄弱信息，虽然这不是一项容易的任务，但它可以提高所有参与者的安全性。框架可以跨渠道共享匿名信息并向组织机构提供技术，如金融服务行业，也可以是一个经常开会的小组，在会议期间共享信息，就像在健康保险行业领域。无论用什么方法分享信息，信息被自由分享其实是整个行业和部门成功的一个重要先决条件。还有一些其他活动，如创新、对安全性的判断、业务流程的改进，以及本书前几章所讨论的许多其他主题，会为各个组织带来高质量的结果。在各组织间共享信息并从彼此的成功和失败中吸取教训，可以大大加快组织的整体安全，不用每个组织都去学习这种教训。创建框架可能需要很大的努力和投资，这取决于建立框架的类型，在我看来，分享有关攻击的信息带来的好处超过了成本。监管机构也可以建立框架，以推进他们所监管的组织机构的安全。例如，支付卡行业（PCI）委员会可以创建一个框架，以电子方式共享涉及信用卡信息泄露的信息，或者卫生与公众服务部（HHS）可以提供涉及医疗保健信息泄露的信息。目前，人们获得详细的信息，例如哪个组织机构遭到破坏以及丢失了多少记录，这有助于提高消费者和他们有业务往来的公司的安全性，但对其他组织机构避免类似攻击没帮助。相比简单地提供发生攻击的信息和时间信息而言，添加有关攻击如何发生的信息更有价值。在一些情况下，研究人员提供关于攻击发生原因的信息或假设，也会有帮助。有些人会认为攻击入侵可能是有针对性的。比如，如果有人攻击医院并访问病人的记录，他们一定是针对受保护的健康信息吗？不一定。Anthem 公司漏洞案件的研究表明，虽然个人身份信息与受保护的健康信息在同一台服务器上，但似乎只有个人身份信息被盗。他们为什么要攻击医疗机构来获取个人信息记录？各种理论层出不穷，但大多数理论都围绕着这样一个事实：健康保险公司有关于客户是谁的信息，这对攻击者来说可能很有价值，特别是客户可能是美国政府。

> **注释** 有比较令人信服的传言，安泰保险公司所泄露的是与美国政府客户有关的信息，目的是识别美国政府内部的间谍和使用虚假身份进入其他国家的人。潜在的一点是，这些攻击者可能会攻击保存就业信息记录的组织机构，这意味着攻击者的攻击方向可能根本不集中在医疗保健方面。这是一个例子，说明从攻击中获得的经验教训非常重要。

11.1.3 行业预警

每个行业都有不同的方向，这些方向以不同的方式遭受攻击。这样的攻击通常是针对同一行业的不同组织。创建一种机制来分享整个行业的攻击信息是最有帮助的，这可能会以前面讨论的框架的一部分来实施。框架建立起来后，预警和更新成员信息的机制也很重要，在第二个组织成员受到攻击之前利用获得的信息来增加组织的保护文件。从本质上讲，这是一个警报系统，或早期预警系统，它将减小漏洞产生的影响。

> **注释** 有一些思想界人士反对与行业或部门竞争对手共享信息。他们的想法是，如果他们的竞争对手比他们更不安全，那么他们被攻破的可能性就更小，因为攻击者更有可能将目标锁定在他们安全性较低的竞争对手身上。这一理论有一定的道理，但由于攻击者往往有能力将一个漏洞武器化，同时对几个目标发动攻击，这种思路可能会过时。一些组织发现，与他们竞争对手和行业内的非竞争性实体合作会产生更好的结果。今天有些地方在这方面做得很好。

我的目的不是强调这个想法新颖，而是强调成功，希望可以在不同的行业中复制，并在已经做得很好的行业中扩展。我的多数例子是传闻，一些是我与企业内部的安全团队交谈听说，一些信息可以在互联网上找到。由于我与那些与我分享这些信息的组织机构达成的协议，我不能公布这些组织机构的细节，但我可以说，它们通常采取威胁情报反馈的形式，如果有一个组织机构被入侵，就会更新所有参与组织机构的安全软件。用这种方法的一般是医疗保健和金融服务行业，并不包括行业内的所有成员。所有的案例都有一个共同点：它们都是从一个点开始的。K. C. Sherwood 曾经写道："万事开头难"。当我们看待那些看起来很大的问题或努力创建看起来不可能的组织或团体时，这一点尤其正确。完美主义有时是行动的敌人。重要的是要明白，有些事情不一定要完美才可以实施，只要它比以前存在得更好，它就可以随着时间的推移被实施和批准。一个行业团体可以简单地从两个安全团队之间的沟通开始，如果他们看到有问题发生，就互相打电话。不要被整个行业合并的想法淹没。相反，寻找与你认识的人合作的机会，并让他们邀请他们认识的人加入合作小组。不知不觉中，这个小组在分享情报的同时慢慢扩大。

11.1.4　安全供应商的作用

安全供应商当然应该向他们的客户和社区提供关于他们对攻击信息方面发挥作用。我们看到他们收集的研究和发布的年度威胁报告。他们也开始提供机制，以匿名的方式与他们的客户分享关于影响彼此的攻击的信息。这些供应商发挥着越来越重要的作用，而且在某些时候，他们可能创造出能够进行信息交流的技术框架。在写这篇文章的时候，像英特尔安全公司、赛门铁克、Forcepoint、FireEye 和 Palo Alto 这样有足够的影响力的公司，它们可能已经部署全球组织。这些供应商有能力在全球范围内收集有关攻击的信息，并以安全反馈通知的形式向客户分享这些信息。安全供应商在未来采取的可能是向其他供应商的客户提供反馈的方法，使客户能够获得更广泛的信息。哲学上讲这是很难的，因为这些组织机构中许多都是激烈竞争者，但这样做对整个社区是非常有益的，如果这样的计划还没有进行，我认为这以后会发生。有时，直接竞争的安全厂商不太可能相互分享信息。在这种情况下，供应商应该寻找那些非竞争性安全产品的实体，利于形成伙伴关系。不管大家合作的规则如何，合作关系对整个安全事业都是有益的。

11.1.5　保护参与者

为了推进安全事业，为了让其他组织从一个组织的错误中吸取教训，而必须共享的信息，这种信息如果被泄露，可能会导致隔阂或财务损失。有一些法律协议旨在保护组织免受各方之间共享的信息的不当披露，这些协议应在共享信息之前成立。此外，有些信息不应该在小组环境中分享，所以每个参与组织在向小组分享信息之前都应该经过审查，以确保他们没有侵犯员工、合作伙伴或客户的隐私，也没有违反任何法律规定。

11.1.6 隐私和法律审查

在小组中分享任何内容之前，组织应进行隐私和法律审查，以确保所分享的东西没有违反任何隐私限制或任何法律要求。小组的参与者应该与隐私和法律团队分享他们提交的内容，以确定是否有内容不应该被分享。在初步审查后，隐私和法律团队应该确定可能会问的问题，并向参会者提供指导，告诉他们哪些问题应该回答，哪些问题不应该回答，以及他们有权提供详细信息的指导。有些人会认为，限制信息的自由共享违反了小组的预期目的。然而，如果小组成员分享了他们不应该分享的信息，这些成员很可能被禁止参与未来的会议，这对小组本身存在来说构成威胁。可以找到一个平衡点，允许组织共享有益于其他组成员的信息，在不损害法律协议或私人信息的前提下，加强安全态势或在漏洞被利用之前解决这些漏洞。在某些情况下，将数据匿名化就足以保护该数据主体的隐私，不会破坏信息本身。

11.2 平台的兴起

信息安全已经成为产品和供应商宠儿。不同的研究数据表明，作为信息安全计划的一部分，每个企业有接近 25 个安全供应商提供产品。糟糕的是，这些产品往往不能相互沟通。我每年都会参加在旧金山举行的 RSA 会议，如果你走在 RSA 会议的会场上，你会看到成百上千的供应商在展示他们的网络安全技术。作为一个社区，我们如何了解这些不同的产品？

在任何行业中，新成立的组织肯定都有其作用。新公司往往提供一种不同的办事技巧和独特的能力，而这种能力在公司创立之前是不存在的。这是对市场的一种压倒性的积极贡献。然而，无论是从财务角度还是从持续管理的角度来看，将每个功能分离成一个单独的产品对消费者来说都不是好事。

这个问题的解决方案开始在安全行业出现，它就是平台。一些供应商创建平台，要求客户购买他们所有的产品获得利益，但这种类型的平台的受欢迎程度正在减弱。这个行业所需要的，是一个不仅支持平台供应商的产品，也能支持开放市场上的产品平台。

这些平台可以让初创企业和成熟的信息安全品牌共存，并各自为整个社区提供价值。一个单独的方案开始出现，即平台本身是一个独立的产品。然后这些平台与每个解决方案整合，提供一个集中的管理和报告界面，使安全团队能够将不同的产品视为单一的综合平台解决方案。这种方法在传统的单一产品驱动市场和未来市场之间提供了一个很好的桥梁，未来市场将由平台产品组成，不仅可以集成到单一的控制台，而且还可以在一个集中的信息库中共享信息。

不管是哪种交付机制，所有安全信息都需要存放在一个地方，而且能够在不同的安全供应商提供的平台和产品之间进行非常快速的关联。这是推动系统事件管理（SIEM）工具普及的最初想法。当然，需要比目前这些类型工具支持更密切的关联和更丰富的信息。SIEM 系统可能填补这一空白，因为它其中一些系统在核心基础不变的情况下，开始转变为真正的安全智能平台。通过一个平台来管理和监控所有设备，有太多操作和安全方面的好处。下面简要介绍一下其中的一些好处。

11.2.1 丰富的相关性

有各种各样的安全产品，它们根据不同的要求设计出来。每个产品都有自己的侧重点，将它们的功能关联起来，对一个组织机构来说有巨大的价值。例如，网络网关的设计是为了防止从互联网上下载恶意软件，防止用户访问被组织机构认为是危险或不适当的网站。数据丢失防护系统旨在监测通过各种方式（包括互联网）传输数据的内容，以识别数据，阻止数据从一个环境中泄漏。当发现一个员工将客户名单下载到外部 USB 设备上，会发生什么？这种行为很可能违反公司政策，但是它是恶意的，还是该用户只是试图绕过系统以便周末在家工作？我们怎么能知道呢？网络网关包含这个人的浏览历史的信息，可能提供关于这个人意图的重要线索。迄今为止，大多数成功的数据丢失防护设计都包括在建议组织领导层采取的行动前手动搜索这些线索的机制。然而，如果来自两个系统的所有信息在一个平台上，则该平台可以自动提供这种关联，并为事件本身提供一个风险评分，给它一个上下文的优先级，而不是该系统的传统优先权，是基于敏感数据的优先权。这两个系统仅用作示例，有无数安全系统在其主要性能中收集信息，这些信息可能有助于其他技术。这种相关性为平台提供了一个优势。

11.2.2 易于操作管理

平台的另一个好处是有限的信息安全团队成员数量。目前，网络安全技术的缺口很大，而且在不断扩大。根据信息系统审计与控制协会（ISACA）的数据，到2019 年，全球将缺少 200 万网络安全专业人员。[①]这种短缺真正的影响是，企业需要花费很长的时间来雇佣员工，而且往往他们所雇用的员工在加入企业后平均 6 到18 个月就会离开，去寻找高薪的机会。这意味着，一旦雇佣网络安全专业人员，他们能够很快接受培训，而且如果他们需要被替换，他们的替代者也能很快接受培训。这种动态，增加一个整合不同产品的平台价值。根据你询问的对象，一般的企业组织拥有 20 到 40 个安全供应商的产品。即使一个企业拥有来自一个供应商的多种产品，但这些产品往往有不同的方向，这意味着网络安全专业人员必须学习他

---

① http://www.isaca.org/cyber/PublishingImages/Cybersecurity-Skills-Gap-1500.jpg.

（她）的工作所需的每个方向，然后才能有效地发挥作用。将所有这些产品整合到一个或几个平台上，是确保新员工能够尽快接受培训并发挥作用的理想选择。此外，即使在员工接受培训后，使用平台管理系统也能节省大量时间。员工每次登录系统时，都会进行资源分配。员工通过平台完成工作，可以显著节约时间。

11.2.3 监控和审计

网络安全技术差距的另一个影响是，许多时候，组织机构根本无法找到自己期望水平的员工。因此，人们担心缺乏经验的工作人员会造成问题。许多平台都有监控和审计他们正在做的事情的功能。这种监控和审计的结果可用于追溯问题的根源或在未来培训团队成员。

11.2.4 访问控制

平台的另一个积极影响是，能够控制谁可以访问什么资源，以及他们如何访问这些资源。正如本书通篇所讨论的，多因素身份验证对于帮助保护系统至关重要。然而，建立多因素身份认证可能很耗时，而且花的时间要乘以使用用户的数量。通过平台整合对系统的访问，也减少了为实施多因素认证而花费的精力。

11.2.5 平台结论

如上所述，部署一个平台来管理不同的技术有很多好处。组织机构会有多种选择，他们的想法是在哪里才能获得一个安全平台。

> **注释** 平台也有一些缺点或问题。数据越是集中合并，就越有吸引力。在我看来，保护单个平台比保护多个产品更容易，由于平台容纳的信息量多密度大，平台的安全更值得关注。整合的另一个问题是，它可能与"深度防御"相悖。我们仍然建议在一个同质平台之外设置警报器或辅助系统，以检测平台中的弱点或漏洞的利用。

11.3 终端用户模式

人们常说，终端用户是安全计划中最薄弱的环节，这通常是正确的。相反，终端用户也是任何安全程序的第一道防线。真正成功的安全项目会找机会利用他们的用户群体作为第一道防线，并在用户容易犯错的薄弱领域帮助他们。这种范式的第一步是为用户找到一部分解决方法，而不是将他们视为一部分问题，或者问题的全部。

11.3.1 尊重终端用户

正如第 6 章所讨论的，信息安全团队和终端用户社区需要相互尊重，使他们能够为组织和项目提供价值。重要的是要明白，安全团队不会像每天创建和使用数据的用户那样，对数据的各个部分了解得那么多。例如，我在设计一个项目时，有一位工程师找到我，他对他自己和其他终端用户没有参与到这个项目中来感到不满。他告诉我："你知道设计图很重要，但如果我给你看两个不同的设计图，你能不能告诉我哪个已经向美国专利和商标局申请，并在美国国会图书馆公开，哪个还没有申请专利？我可以。"

他的言论让我暂时忘记他问了一个反问句，并在我说话之前回答了他自己的问题。安全团队和业务部门的领导必须关注对整个组织机构重要的事情，同时建立一个可以促进保护终端用户数据的机制。现在是由完全集成的数据丢失防护系统和数据分类系统来实现的。

11.3.2 邓宁–克鲁格效应

康奈尔大学的一项研究发现了一种认知偏差，表面过度自信和无知之间的关联。这证实了我最喜欢的爱因斯坦的一句话，他说："我学得越多，就越意识到我的无知"。从本质上讲，那些认为自己无所不知的人是我们中最无知的人。像那些假装对信息安全这样深奥、复杂和不断变化无所不知的人，我们要小心。

邓宁–克鲁格对学生进行了一次测试，在测试结束后，问他们认为自己成绩表现如何。在测试中表现最好的人倾向于低估他们的成绩，因为他们认为大多数人都和他们一样聪明。那些得了 80 分的人往往把自己打到 50 分的水平。虽然他们不认为自己做得很差，但他们拥有谦逊的态度，使他们相信自己的良好表现并不特别。那些得分最低的人，给自己打的分数也是最高的。例如，许多得 10 分的人，认为自己的分数是 80 分或更好。人们认为，其原因是他们没有掌握足够的知识来理解他们不知道的东西。可以在全世界观察到，这种影响渗透到信息安全领域。从本质上讲，每一个答案都应该激发出更多问题。因此，你学得越多，你就会有越多未解决的问题。

我遇到过很多人，他们属于邓宁–克鲁格效应所揭示的极端无知的类别。在信息安全领域很容易发现这些人，因为他们说话很绝对。他们会说"每个人都知道"或"攻击总是以某种方式开始"之类的话。在信息安全领域，没有绝对的东西。患有邓宁–克鲁格效应的人最困难的地方在于，他们真的相信自己是正确的，你无法说服他们。如果你发现自己与这类人谈话，尽量与他们保持距离，他们的无知是危险的。

在我看来，谦虚在任何方面都很重要。为了进步，一个人必须首先接受他（她）并不完美，不是什么都懂。因此，傲慢是智慧和创新的敌人。领导对其下属谦逊会让团队更加成功。在我的职业生涯中，我一直要求我的团队每个人谦虚，我也为整个团队自豪。我认为最好的方法是把它作为一项规定。

谦虚并不意味着一个人不能强势，它只是意味着他们要保持开放的心态并倾听不同的观点。通常情况下，领导者会负责做出决定，并指明方向。谦逊的领导者会很容易听取各种不同的观点，并在做出决定和采取行动之前考虑到这些观点。谦卑不应该被视为行动的敌人。

11.3.3　搭建内部桥梁

很多时候，信息安全计划和团队是默默培养的，没有被看作为重点对象。这个问题原因在本书前面已经概述。我们需要具有包容性。我在 2016 年开始做了一个题为"如何建立一个包容性的安全计划"的演讲活动。我这样做的目的是试图教授那些立项的人，教他们将视野和经验纳入项目。

从历史上来讲，安全部门一直是隐蔽的，他们的工作更多的是在暗地里执行。很多安全专家不希望任何人知道他们在实施何种监控以及他们所采用的安全措施，以防外界知晓后能够有针对地规避。这种担忧并不是毫无根据的，在构建安全计划中，的确有方法去平衡安全计划的隐蔽性与多团队信息共享的需求。重要的是每个组织都需要这种平衡，并且平衡方法各不相同。

我开始研究讨论隐私专家和安全专家争论的一个领域，这两个群体之间存在着一种自然对抗的关系，因为完全的安全要求没有隐私，而完全的隐私要求没有安全。然而，也有一些共同点。例如，一个良好有效的安全计划可以保护员工和客户的隐私，防止信息有意或无意地被泄露。此外，有方法可以使安全计划的建立符合当地和国际隐私法和企业隐私标准，而且仍然为组织提供保护。必须找到这些平衡，使安全计划在组织内部和谐地运作。

11.4　小结

毫无疑问，还有其他解决方案可以帮助我们改善企业社区的安全态势。本章的想法不是要建立一个详尽的、包罗万象的清单，而是要激发人们的思考并引发讨论。我们如何才能更好地合作，使网络世界对其所有居民更加安全？哪些类型的事情对我们的合作是有意义的，我们应该在哪里划清界限？这些问题的答案在个人和公司之间会有所不同，在不同的国家地区、行业和部门之间也会有不同。然而，只要能找到共同点，合作就会有价值。我们应该寻求这种共同点并鼓励这种合作，尤其我们要知道老练的黑客团体正在这样做。

第12章　与政府合作

很少有人会争辩说，世界各地的组织现在所面临的网络安全挑战并不严峻。前任秘书长表示，如此严峻的问题需要有力的解决方案，我认为通过合作解决问题特别适用于我们当前所面临的挑战。如果我们要使网络世界成为一个更安全的经商场所，就需要公民与其政府之间建立伙伴关系，同时也需要在全球范围内进行某种程度的广泛合作。往好了说是不寻常的合作，往坏了说是前所未有的合作。

根据历史上许多著名思想家的说法，与政府合作以促进公民利益的做法是非常吸引人的，而且也是政府存在的真正原因。然而，在实际生活中与政府的合作要复杂得多。在撰写本书时，美国发生的一起案例突出了对公共和私人伙伴关系的需要，以及政府所面临的内在挑战。当技术提供机会时，政府倾向于不加选择地收集民众的信息，从而失去了民众对他们的信任。

12.1　苹果公司和圣贝纳迪诺

2016年2月苹果公司与联邦调查局（FBI）的案件，围绕加利福尼亚州圣贝纳迪诺制造大规模枪击案的两个人展开，其中争议的焦点是苹果公司。在法庭上，关于嫌疑犯和受害者的手机信息问题产生了争议。本质上，美国联邦调查局试图收集有关已死枪手的信息，并尽可能多地收集关于这次袭击的信息，包括两名嫌疑人的同伙的信息。从表面上看，这个案子似乎比较简单。绝大多数美国民众赞成向政府提供合理支持，以防止针对平民的后继袭击，并将罪犯绳之以法。然而，在涉及本案和其他案例中政府要求试图绕过安全技术的时候，合理支持政府的行为存在问题。

苹果公司的核心观点是，目前还没有一种方法可以绕过他们设备的本地加密，虽然说创建这样一种方法可能会为获得授权的合法政府部门提供帮助，但是同样也会为许多非法攻击者提供机会，即他们会使用同样的方法从民众那里窃取信息。许许多多的公民在数小时内达成了这样一个共识:如果在一个特定的情况下美国联邦需要苹果公司去帮助他们获取民众的个人信息时，那么他们的隐私将不复存在。而一些州和地方政府已经发布声明表示他们也同样希望类似的功能来帮助调查其他罪行。

在美国，私营公司有义务破坏自己的安全机制，以利于刑事调查，这一点最终是毋庸置疑的。比如说，如果联邦调查局与一家成功闯入公众视野的公司签订了合同的话，那么无需就此提起诉讼。该案件还在世界各地的类似问题上开创了一个国际先例。世界各地的政府是否应该被允许迫使企业破坏旨在保护其世界各地用户的安全措施，以协助正在进行的调查？如果是的话，如何定义严重到足以迫使私人公司这样做的犯罪行为或调查的范围在哪里？它是否仅限于恐怖主义？那谋杀呢？在这一点上，我们作为一个社区，将不得不等到下一次政府迫使某一家私营公司做类似的事情后，法院判出相应的结果，我们再从中得到对比，以判断下一次该怎么判断。

世界各国政府在收集民众个人的信息方面有着悠久的历史，有时是在普通民众的知情下，有时是以更秘密的方式。有几则引人注目的新闻报道证明了这些大规模数据收集计划在全世界都存在。所以为了让数字世界成为一个更安全的营商场所，发达国家公共和私营部门之间的伙伴关系必须建立、培育并不断加强。然而，政府和民众之间的信任是一个核心问题，必须得到解决，才能使任何公私伙伴关系以更加有意义的方式存在。

12.2　加油站寿司

在美利坚合众国流传着一个笑话，人们可以随便说出一个可笑的东西，而这个可笑的东西比他们的中央政府更值得信任。一个常见的例子是，有人可能会说："比起美国联邦政府或政府内部的某些人，我更信任加油站的寿司。"在许多情况下，美国政府赢得了这种声誉，因为有许多未被国会授权就实行的秘密计划，这些计划旨在收集有关美国公民的大量信息，有时甚至有违法的迹象。在其他情况下，政府向 Facebook、Verizon、谷歌和其他拥有大量公民信息的公司施压，要求他们在未经公众同意的情况下与政府分享这些信息。还有许多涉及对美国政府对个人信息处理不当的丑闻。这两类新闻的结合让美国的许多人在与政府分享更私密的信息方面犹豫不决。另一方面，政府似乎不愿意与公民分享信息。对信息自由法案（FOIA）的抵制已经证明了这种不情愿。该法案的目的是向公众提供政府活动的透明度，但许多人会质疑该目标的实现是否有意义。

这个问题和观点也不仅限于美国。许多其他国家的公民与他们的政府之间存在着敌对关系，并且对政府试图收集有关他们的信息深表不信任。因此，政府对这种现象提出相应举措通常是有充分理由的。为了使政府与私营部门的伙伴关系有效，政府必须以真正透明的方式来实施他们的计划。即使他们这样做了，也会有一些社区成员迟迟不愿接受政府在保护他们关键信息方面的帮助。

世界各地的人们有很多理由不信任他们的政府。然而，在很多时候，他们担心的同一个联邦机构却在帮助保护组织关键资产方面提供了至关重要的帮助。我们在

第 4 章中讨论了 FBI 在美国 BD 医疗公司案中的作用。公共部门和私营部门之间必须重建一定程度的信任，以便组织开展合作保护信息。因为网络犯罪可能产生的宏观经济后果不仅会影响普通公民，还可能影响更大的经济统计数据，所以将公共和私营部门联合起来保护信息符合共同的利益。这有时可能会让人不舒服，但如果我们要在一个联系日益紧密的世界中推进安全和保障事业，这是必要的。

12.3 信任问题

本章中我们要讨论的所有内容都需要在受到信息安全影响地区的政府和被治理者之间建立信任。如果政府在某种程度上不信任其公民，那么这些想法都不会有效，反之亦然。美国总统罗纳德·里根曾经说过："信任，但要验证。"在这种情况下，只要能够建立信任，那么这种态度是可以接受的。

信任不是单行道。首先，世界各国政府在收集什么信息、如何收集信息以及收集后打算如何处理这些信息方面必须更加透明。这不适用于间谍活动，相信秘密信息收集会永远停止是幼稚的，但这些活动不应该被政府用来监视自己的公民。只要它存在，政府与其民众之间就存在一种敌对关系，这不是任何政府生产体系的意图。公民应成为政府的合作伙伴，而政府应该为公民提供服务。伙伴关系应建立在相互信任和尊重的基础上。没有信任，就没有伙伴关系。

其次，公民必须在一定程度上信任他们的政府，信任但要验证是一种可以接受的方法，以建立富有成效的伙伴关系。此外，公民必须了解他们的个人信息是脆弱的，大多数公民无力保护它。在你的一生中，你向多少组织提供了你的个人身份信息？对于我们大多数人来说，这个数字是成千上万的。政府经常因为人们丢失了信息而惩罚他们，但这能让信息少丢失一些吗？建立帮助普通公民从信息丢失中恢复的机制才是这些讨论的关键。

12.4 政府与私营部门的作用

在讨论个别伙伴关系或合作机会之前，重要的是要讨论政府的适当角色。这是一个有争议的话题，但我认为有一些概括是相对没有争议的。我在做这些归纳时充分意识到，世界不同地区的文化态度各不相同，这些地区的个人也有很大的意见分歧。我对那些掌握权力的人有一种天然的怀疑，所以我并不主张个人和组织以安全的名义放弃隐私。然而，在信息安全方面，某些角色自然更适合政府机构。

首先，政府是收集其公民遭受攻击的相关信息的自然场所。在美国，向 FBI 报告网络犯罪的人数比过去多得多。这是向前迈出的积极一步，我们需要向政府报告更多的网络犯罪。私人组织应该向政府报告攻击者使用的策略、技术和协议（TTP），以及他们如何获得访问权限、如何遍历系统、提升访问权限、并最终泄露数据。这些信息对政府的调查工作很重要。提供有关攻击如何发生的详细信息与提供有关个人的信息之间存在重要区别。前者势在必行，后者应避免。

这种类型的合作关键就是在这个过程中必须拥有足够的信任和透明度。任何向政府提供信息的人都应该非常透明，他们提供了什么，没有提供什么。如果公众发现信息被秘密中转，很可能会引起强烈反对。

最后，当攻击者被抓住时，政府会以给他们减刑的机会迫使他们合作。这在美国是有先例的，可以在全球复制。这种合作随后被用来帮助组织保护自己免受其他使用类似策略攻击者的攻击。

12.5 有效的合作伙伴关系

在我看来，提高全球组织的整体安全态势将需要世界各地的私人组织和政府之间建立更多的合作伙伴关系。现如今，已经存在着一些类似的合作伙伴关系，它们提供了很好的例子来说明公共和私营部门合作是可以实现的目标。这些例子中的每一个都对安全产生了重大影响。虽然毫无疑问还需要做更多的工作，但我们应该继续努力。

重要的是要了解网络安全领域的公共攻击者和私人攻击者之间存在合作关系。攻击者领域充斥着国家支持的团队和完全独立的犯罪分子。还有证据表明，若双方都能从中受益，这些群体之间有时会共享与漏洞相关的商业信息。例如，有证据表明，国家支持的和其他高级的组织将他们找到的零日漏洞出售给那些缺乏自行构建此类漏洞能力的低级组织，然后，从发现漏洞到制定并广泛部署对策期间，这些漏洞被重复使用。

为了打击经验丰富、资金充足的国家支持组织与网络犯罪分子之间的这种合作，防御者将需要从政府的军事和情报部门获取信息。需要明确的是，这种访问有助于向系统搜寻情报，以便检测和减轻威胁，而不是以口头或书面形式传达信息。秘密的军事和情报信息也应如此，只要这些信息能够在不泄露军事机密的情况下协助私营公司的安全，就应充分利用这些机会。随后我将解释这种类型的合作是如何开始出现的，并且合理利用这些机会对于降低网络攻击的效力至关重要。在接下来的部分中，我们将探讨我接触到的一些目前已经存在的公私合作伙伴关系的例子。

> **注释** 由于我的整个职业生涯都是在美国度过的，我所举的大多数例子都是我在美国接触过的例子。其目的不是说世界其他地区不存在类似的例子。我只是使用我熟悉的例子。

12.5.1 InfraGard 组织

1996 年，美国联邦调查局克利夫兰外勤办公室要求俄亥俄州北部的一些网络安全专业人员协助该局确定如何更好地保护公共和私人信息技术（IT）基础设施[①]。联邦政府明白可以从私人网络安全团队那里获得很多信息，而这些团队也明白 FBI 拥有他们永远无法访问的信息。将联邦政府收集的情报与私人组织的实际经验相结合，对双方来说都是一种宝贵的合作伙伴关系。

InfraGard 于 1998 年获得比尔·克林顿颁布的总统 63 号令的正式授权。从那时起，InfraGard 分会遍布美国各大城市。我亲自参加了 InfraGard 在全国各地组织的活动，并发现听取联邦调查局成员、军事网络战团队和高级情报官员的见解很有价值。

InfraGard 是联邦调查局和私营部门之间的合作伙伴关系。然后，联邦调查局将信息匿名化，并与可能从该信息中受益的其他社区成员共享。例如，如果公用事业公司受到某种类型的攻击，对关键基础设施构成威胁，联邦调查局可以将该信息匿名化，进行调查，并向其他公用事业公司提供有关攻击中发生的事情以及他们如何做的信息。保护自己免受类似攻击和类似行为者的侵害。还有一些会议，来自政府的演讲嘉宾与成员社区或组织分享信息。信息范围从观察到的攻击概况到在紧急情况下他们可以与适当的政府当局密切合作的方式。有时，主题专家会担任演讲嘉宾，向会员介绍相关主题和行业趋势。InfraGard 的成员受益于从政府机构获得的宝贵见解，政府机构受益于帮助推进其保护关键基础设施的目标，并保护美国的经济利益免受网络犯罪和个人组织的侵害。与我交谈过的大多数参与 InfraGard 的人都认为它非常有价值。

InfraGard 在美国获得成功，而这些成功很容易在其他国家复制。大多数国家既有情报机构，也有负责网络安全或网络战的军队部门。这些国家的私营组织也有大量与其面临的威胁相关的信息。我的建议是每个国家都应该建立与 InfraGard 类似的组织，并且每个组织都参与到类似 InfraGard 的项目中。事实证明，这种伙伴关系对其实施的所有各方都有益。

12.5.2 国防工业基地

在美国，国防工业基地包括所有提供设备、信息或人员的组织，这些组织是美

---

① http://www.infragard.org/CFAjRMAWzORWLy%25252FOHFCSxODyvXzq713BivnobcQKrbg%25253D

国国防所依赖的。这似乎是一个有针对性的公司名单，但它包括了超过 100000 个组织[①]。

作为国防工业基地的一部分，美国政府制定了一项针对特定行业的计划，其中详细说明了风险框架和风险处理计划，该计划旨在保护这些关键组织，以确保他们掌握信息来保护自己并继续提供对国防至关重要的服务。

> **注释** 在回顾本节时，我注意到了一篇博客[②]，其中提到了国防工业基地（DIB）的重要性和影响力正在缩小。在我看来，这样的文章具有误导性。美国用于国防的资金并没有以任何有意义的方式减少。它根据战时或和平时期而波动，但总体而言，美国在军事上的支出比世界上任何其他国家都多。基本上，该博客引用的是最大的国防承包商正在萎缩的事实。有几个因素导致此类情况，包括国防部承诺在可能的情况下与小企业合作，以及许多同时为商业部门服务的公司正在赢得政府合同。因此，最大的 DIB 参与者正在萎缩，但 DIB 的成员正在增长。这是为了防止军事机构过度依赖少数公司。我认为这使得 DIB 和国防部的特定部门计划变得更加重要而不是更少。

在美国，每个被认为是关键基础设施的部门，如国家电网、国防工业基地、金融部门、供水部门等，都会有一个指定给监管政府机构的特定行业风险计划。例如，DIB 由国防部赞助，电力公司由能源部赞助。通过这种机制，可以与构成关键能力的公司共享与每个部门相关的信息。该机制允许政府内部获得许可的人员评估分类级别，以确定某些相关信息是否可以在政府之外分享。

在其他国家这种类型的伙伴关系也可能存在。但在我看来，应该扩大到涵盖对经济至关重要的所有部门，而不仅仅是关键基础设施。这将向世界上几乎所有的组织开放这种类型的信息共享。归根结底，没有什么比一个国家的经济更重要的了，因为如果经济下滑严重并且持续下去，导致经济衰退，最终会使任何政府垮台。因此，如果网络犯罪和工业间谍活动变得广泛和持续，足以以负面方式影响特定国家的国内生产总值（GDP），那么理论上网络犯罪和工业间谍活动可能对经济构成生存威胁。因此，如果网络犯罪和工业间谍活动的问题变得广泛和持久，足以对特定国家的国内生产总值（GDP）产生负面影响，那么从理论上讲，网络犯罪和工业间谍活动可能对经济构成生死攸关的威胁。

12.5.3　国家网络安全中心

美国曾经有一个重要的合作伙伴关系，在它成立初期，称为国家网络安全情报中

[①] http://www.dhs.gov/defense-industrial-base-sector
[②] http://www.afcea.org/content/?q=Blog-incredible-shrinking-defense-industrial-base

心（NCIC）。目前，军方、国防部和私人网络安全专家正在计划成立一个这样机构，作为智库和情报共享中心，为那些没有资源进行网络威胁研究的中小型企业服务。

该中心并非旨在取代拥有网络安全预算的大型组织中现有的网络安全设备，而是旨在以最佳实践的形式提供最低水平的知识和保护。以帮助那些无法负担建立全面网络安全规划所需的人员或咨询的组织。

该中心还试图在一定程度上填补网络安全人才缺口。填补现有网络安全职位的合格候选人严重短缺，而且在可预见的未来，这一差距预计还会扩大。科罗拉多州技术协会"估计今天该州的企业和政府机构需要 4000～6000 名具有计算机网络和网络安全专业知识的人员"，而这只是在科罗拉多州。这个问题在其他州和国家也存在[1]。

> **注释** 这些类型的举措有可能在全球其他地方发生，但由于我身在美国，推动了我对这个项目的认识。

这些举措对于促进保护组织以及提高攻击者的进入门槛至关重要。借助军方和传统情报机构提供的情报，建立一个安全基准是个好主意，也是政府为企业公民提供服务和保护的一个很好的例子。

12.5.4 国家漏洞数据库

在美国，有一个国家漏洞数据库，借助它可以在通用计算平台和系统中共享已识别出的漏洞的信息。据政府网站称，"NVD 是美国政府使用安全内容自动化协议（SCAP）表示漏洞管理数据的标准资源库。此数据库可实现漏洞管理、安全测量和合规性的自动化。NVD 是包括诸如安全检查列表、与安全相关的软件缺陷、错误配置、产品名称和影响指标等在内的数据库。"[2]

该数据库是一种宝贵的资源，可确保已知漏洞在被有效利用后不会继续被利用。这对于防范不老练的攻击组织的攻击非常有帮助，因为他们经常重复别人已经发现并成功使用的攻击。向公众提供此类信息非常重要，这与通过晚间新闻或"头号通缉犯"名单发布通缉令类似，信息在世界各地共享。此数据库的目的是将漏洞告知公众，以便他们可以调整系统以保护自己免受这些类型的攻击。

12.5.5 CREST 组织

CREST 是英国的一个非营利性组织，与政府标准和最佳实践有着一定的联系。CREST 正在着手填补渗透测试和事件响应服务认证的全球空白。除了 CREST

---

① http://m.gazette.com/national-cybersecurity-center--could-become-huge-economic-driver-for-colorado-springs/article/1567957.

② http://www.dhs.gov/defense-industrial-base-sector

之外，其他组织也提供认证，如道德黑客认证。但 CREST 致力于为那些超过同行平均技能水平的人提供更高水平的认证。这类为个人技能认证而建立的机构通常不是纯粹的政府组织，而是准政府组织，它从其成员中收取会费，并充当管理机构的经费。CREST 绝不是唯一一个这样的组织，而是为了满足市场不断变化的需求而组建的诸多组织中的一个。

12.5.6　法规

将法规列入此列表对我个人来说是有争议的，因为许多法规在信息安全领域弊大于利。也就是说，在保护组织和消费者方面，世界各地都有行之有效的法规。还有一些法规，通常与员工隐私有关，这使得在该国保护关键信息资产的难度大大增加。

与员工隐私相关的争议的核心是所有权。我在工作中创造的东西是属于我自己的还是属于我的雇主，甚至我的政府？大多数国家会说雇员的工作成果属于他们的雇主，因为雇主在雇员创造工作成果时就对其劳动进行了补偿。在每个人都受雇于政府的国家，这意味着他们的工作成果是政府所有的，而在个体公司雇佣员工的社会中，公司通常拥有工作成果。在我看来，这意味着员工在工作中创造的任何东西都应该受到监控。然而，许多国家，尤其是欧洲国家，并不同意这种观点。欧洲国家通常都有规定，禁止企业监控员工的"私人通信"。这个想法的核心问题是，如果员工错误地认为他们的工作产品属于他们，即使他们的雇佣协议明确规定，他们也可能会考虑将他们的工作产品复制到家庭系统以备将来使用，这就构成了"个人通信"。这对那些试图保护他们委托的知识产权的组织来说是个问题。

在北美，人们的态度是，如果你希望以私密和个人的方式进行通信，则这些通信应在组织不监控的私有设备上进行。然而，在欧洲，普遍的态度是，即使在使用公司资产时，员工也有隐私权。因此，要求对员工通信的任何监控都有可能被认为是歧视。

其他国家希望对员工实施合理原因保护。从本质上讲，组织需要有合理的理由来监视员工的行为。例如，在美国，如果确定某在职员工正在寻找另外的工作，则足以有理由来监控他们的活动，但在许多国家，这是不允许的。问题是，如果你无法监控员工，你会以何种方式确定可能的原因？你如何知道正在寻找另一份工作的员工是否随身携带了公司信息？通常情况下，那些打算对他们的组织采取恶意行动的人会有意确保他们在进行相关电子活动之外不会引起怀疑。

不管我对此事的看法如何，隐私法在可预见的未来都不太可能消失。因此，安全计划的设计必须考虑并遵守这些规定。在这样的环境中建立安全计划的关键是找到符合当地法律的方法，同时保护他们的财产。这是一个很难解决的问题，但如果每个国家都独立地与法律顾问接触，很多时候是可以找到解决办法的。

还有一些法规对提高各个组织的安全状况非常有帮助。正如我们在本书中所讨论的那样,合规性不是安全性,但以合规性要求组织组建团队,然后可以将其扩展到合规性之外,并采取更有效的安全措施。20 年前,很少有组织拥有 IT 安全部门,但目前大多数组织都有。当然,日益增长的全球威胁发挥了重要作用,但法规也可能起到了重要作用。通常,合规性会要求组织具有特定的安全能力。虽然该功能的功效不是强制性的,但安全团队可以利用强制性投资来改善其组织的安全状况。

12.6　政府的作用是什么?

政府在信息安全方面的作用在全球不同地区可能会有所不同。每个地区都有自己的文化和对政府角色的态度,这些文化和态度都具有悠久的历史,而且往往深深植根于国家的民族认同和公民的心理中。一刀切不可能适用所有国家,但所有国家都需要政府提供一定程度的支持以保护自己。尤其是在试图抵御复杂的其他国家所发起的威胁时,更希望得到政府的支持。

我在 InteliSecure 公司的安全管理服务部门工作期间,我们发现了世界各地政府都有误导消费者在他们个人计算机上安装恶意软件的案例,然后恶意软件在后台会将公司或者个人信息传输给政府。这种类型的活动将政府定位为安全对手而不是私营企业的盟友,并导致了我们在本章前面讨论的信任问题。

网络威胁的问题在于,它明显模糊了个人保护自己的责任与中央政府保护公民的责任之间的界限。在互联的世界中,在攻击结束之前很难确定攻击的来源。即便如此,确定的攻击来源通常是一种假设,而不是确定的答案。另一个问题是,在传统情况下,军队使用的武器远比普通罪犯能够使用的武器复杂得多。例如,私营企业可能会用手枪防备持械抢劫,但如果有主战坦克袭击的话,则少有保护手段。

在网络战场中,大多数犯罪组织可以像民族国家一样利用漏洞,甚至是民族国家利用的二手漏洞,然后转售给网络犯罪分子或恐怖分子社区。网络战场是一个巨大的灰色地带,这使得政府很难确定他们应该在哪里进行干预以及对该组织将采用何种程度的保护是合适的。有效的角色和责任尚未确定,这都增加了不确定性。然而,可以明确的是,随着世界各地的形势逐渐明朗,这种自愿的公私伙伴关系有可能解决商界所面临的一些问题。

12.7　有效的公共伙伴合作机会

对于合法企业而言,关键是要明确知道哪些类型的对策和反击是可接受的。组织希望部署的各种对策如下所述。每个政府都应尽快明确什么是可接受的，什么是不可接受的，以便为维权者提供关于他们能走多远的指导方针。而且，为了阻止后继的攻击，当攻击者被抓住时，必须要承担相应的后果。不幸的是，涉及目前这方面的内容几乎没有，非常少。

12.7.1 合理回击和黑客回击

许多拥有强大安全计划的组织已经开始提出要求，当明确识别出攻击者时，他们可以反击，对攻击者造成伤害。这是一个非常棘手的政治问题，而且由于攻击大多发生在国家和地区之间，这也是一个地缘政治问题。其中核心问题是，如果有人攻击我的网络，我为什么不能反击他们？

这个想法很有说服力，看起来也很吸引人，但通常情况下，细节决定成败。首要关注点是正确识别，你如何确定你对攻击来源的调查是准确的？许多攻击将欺骗作为攻击的一部分。我们如何知道反击的对象是对的，而不会造成附带损害？在这种情况下，本质上，是你使私人组织进行网络战活动，并参与可能被认为是战争行为的活动。

然而，核心问题是这些攻击者中很少有人通过合法渠道受到起诉，如果我们希望阻止后继的攻击，攻击者必须承担一些后果。从本质上讲，私人组织很沮丧，因为他们是目标，但是几乎没有任何保护。为此，很多这样的组织都热衷于发展进攻能力。

尽管不太可能允许这类反击，因为它可能会导致混乱，但需要解决这种情绪。全球大多数政府都具有进攻能力，如果在发生攻击事件时，私人组织被授权交出他们的法庭证据，而该国拥有攻击能力的军事或情报机构代表其公民攻击攻击者，情况会如何？讨论这个问题很奇怪，但在一个全球互联的世界里，这些问题已经出现了。

其中一个想法是在经济上惩罚那些允许从其边界发起攻击的世界各国政府。例如，美国向世界上许多国家提供资金和援助。设定各国在网络世界中应如何行动的安全基准，并通过经济手段强制执行这些基准，可能是激励这些国家在其境内起诉针对其他国家组织发起的犯罪活动的有效途径。

12.7.2 军方和企业携手合作

通常情况下，军方有责任保护企业不受诸如传统间谍或轰炸活动等对其财产的威胁。这是否能延伸到网络世界？在我看来，它是可以的。这意味着国家支持的对企业的攻击，无论是旨在窃取信息还是破坏系统或基础设施，都应该被视为是对国家利益的攻击，在这种情况下，军方的回击被认为是适当的。这并不能免除组织在可行的范围内保护自己的责任。这仅仅意味着，当识别出国家支持或恐怖分子的网络攻击时，企业有一种机制可以将这些攻击和攻击证据报告给政府当局，这样军方就会反击，降低或摧毁攻击者的攻击能力，以免对其公民造成进一步伤害。这类决定显然具有地缘政治影响，但一个国家可以在另一个国家的主权领土上支持攻击私人组织而不承担后果的想法必须改变。

全球几乎每个国家的企业都必须纳税，以换取保护以及道路等基础设施的服务，以及越来越多的互联网接入服务。世界各国不仅是在税收和其他经营成本方面，也包括它们所提供的服务方面，积极竞争，争取更多的企业总部入驻。我认为，如果一个国家或几个国家投入资源，积极保护总部设在本国的企业，打击在其境内发动攻击的攻击者，可能会吸引企业入驻其国家。

网络世界与传统世界在许多方面都有所不同，但人类和企业的基本愿望是感到安全，并能够在有价值的东西不会被窃取的情况下开展业务，执法部门和军队是政府为其企业和公民提供服务的重要组成部分。在我看来，类似的保护措施应该扩展到数字世界。

12.7.3 你不是一个数字！

曾经有一段时间，数字作为一种终生身份识别的手段是实用的，而且除了这种身份识别方式，几乎没有其他选择。在许多这种身份识别形式的初期，一个人被授予一个号码，并在他们的一生中对这个号码保密是很现实的。他们的名字、生日和这个数字的组合通常足以唯一地识别一个人。

现在那种日子已经一去不复返了，那些规则已经不适用于一个高度互联的世界。如果有一组数字是基本数字，是最容易受到损害的身份验证因素，那么窃贼只需要通过窃取这组数字，可能还有其他一些个人特征，就有机会窃取你的整个身份。这在我看来是危险的和不负责任的。身份盗用是一个全球性的重大问题，对个人和国家造成了许多微观和宏观经济后果。

可能有许多我没有想到的方法，可以解决因为号码被盗取，给人的生活带来麻烦的问题。我的建议是要么使用多因素身份验证来识别个人，要么创建一种机制，允许人们在他们的身份被盗取时获得一个新的身份证号码，就像信用卡被盗取时可以重新发行一样。

无论采用何种方法，政府都必须解决身份被泄露的比例越来越高的问题。如果不改革识别人的方法，我们最终会达到一个饱和点，在这个饱和点上，有足够多的人已经泄露了身份，身份识别已经毫无价值。在我的一生中，见证了许多重大转变。我出生在美国，所以一出生时就获得了一个社会安全号码。当我还是个孩子的时候，我的社会安全号码被当作我身份的可靠证明。在许多信息中，仅需这一条信息，就可以识别我的身份。我所建议的改变不会显著增加个人的识别负担，但会显著加强身份识别。

1. 多因素身份验证

大多数人已经习惯工作中使用多因素身份验证来访问系统。申请长期债务或签订可能影响一个人的信用评级，进而影响其未来借贷能力的合同，会需要不止一个认证因素，这是否有意义？很多时候，这些类型的交易需要多个信息，如姓名、出生日期、母亲的婚前姓氏、高中吉祥物等。问题是，所有这些事情都是你知道的，这仍是身份验证的单一因素。正如第 4 章所讨论的，技术已经发展到我们可以增加身份验证因素的程度，例如你拥有的东西或你的身份，以便进一步识别一个人。

这种情况需要世界各国政府要么建立基础设施来识别人员，要么将身份管理交给第三方，可能是信用报告机构。身份私有化在政治上是一个有争议的举措，不太可能在短期内发生，但政府建设基础设施，要么发布标识个人的令牌，要么注册已有的东西来识别他们，这种可能性越来越现实。

例如，如果政府给每个人一个硬件令牌来标识自己，并且在他们想要申请信贷、政府福利或任何其他需要他们标识自己身份的东西的时候，他们基本上都会向政府门户网站提供两种身份验证因素，随后政府门户网站会结合此人的姓名和生日，并经贷方或银行向政府代理机构核实后，才会发出一次性使用令牌来授权这次交易。这种情况对人们来说很难接受，并且肯定会对身份盗用的流行产生一些切实的影响。这种类型的提案很可能会引起很大争议。可事实是，为了实现这些改变，公众必须改变他们在安全方面的思维方式，并确认自己对这些变化的执行力度。因为身份盗用对公众造成了真正的伤害，这些措施可以帮助减轻这种风险。当然这种措施需要一位有号召力的领导者向公众解释这一点，但这样做是值得的。

2. 非持久性身份

信用卡行业提供了一个很好的例子，说明如何有效地使用非持久性号码来减少网络犯罪的影响。当网络犯罪分子窃取信用卡号码时，该号码不会持久存在，并且可以在被报告被盗或观察到异常行为后立即停用。

类似的方法可以应用于身份证号码，使它们更加安全。这种方法肯定需要比目前更多的管理，但在我看来，好处超过增加的管理开销。在这种情况下，如果你的身份证号码被盗，系统会向你发放一个新的身份证号码，而旧的身份证号码将很快失效。

这样的系统将需要更多的可能性和数字组合，以便增加系统能力。这可以通过增加数字的数量来实现，但这会使数字更难记住；或者可以将数字变成字母数字组合，以提供足够多的组合以满足要求，而不改变数字的长度。目前大多数国家都采用 9 或 10 位的数字。

此外，还需要建立一个系统，在号码发生变化时自动向债权人更新信息。这需要信用报告机构和处理身份的政府机构之间建立重要的合作关系。这个过程的本质是，当身份更新时，数据库也会更新，并且每天都会将更改推送到信用报告机构。然后，信用报告机构将有一种机制，以某种批处理方式通知与此人有关的债权人。也许还有其他更易于管理的方法来实现这一过程，但这是一种利用人员、流程和技术来实现此类过程的一种方式。

12.8　小结

政府的适当作用以及在公共和私营部门之间应该存在多大程度的伙伴关系，很可能是未来几年辩论的主题。然而，不太可能引起争论的是，政府在帮助保护其私人和企业公民免受数字领域伤害方面发挥了一定的作用。重要的是，遍布全球的两个领域的成员正不断提出想法和创造机会，以进行有效的合作。

与 19 世纪和 20 世纪美国西部面临的情况类似，我们面临着能力扩张的时代，这为全球人民带来了前所未有的机会，并以前所未有的方式实现繁荣。思想和信息可以以光速在世界范围内传播的想法令人兴奋和激动。然而，随着万物互联，这可能是好的趋势，但危险也随之而来。纵观历史，任何快速扩张的繁荣时期都会带来新的威胁。这个数字时代也不例外。美国家庭保险公司的网络安全专家伊桑·伍德森曾告诉我：“互联网的好处是一切都在互联网上。互联网的问题在于，一切都在互联网上。”这个想法很简单，但它总结了我们面临的问题。

我们今天面临的挑战既不是令人惊讶的，也不是不可能克服的。历史在这个问题上教会了我们许多教训，包括作为一个民族，我们将克服我们所面临的所有挑战这一事实。我们将找到在全球互联的世界中保护信息的方法。我们将想方设法劝阻罪犯并将他们绳之以法。我们将使数字世界成为一个更安全的经商场所。我坚信遵循本书中概述的原则，这些原则建立在广为人知的最佳实践之上，但不幸的是，并未在信息安全领域普遍实施，与政府合作将为各个组织解决他们面临的问题提供坚实的基础。毫无疑问，我们将需要继续以这些原则为基础。这本书最重要的信息是希望。我们可以解决这些挑战，正如我们一直以来所做的那样。

作者简介

杰里米·维特科普（Jeremy Wittkop）是信息安全行业的领导者，在军事、国防、物流、娱乐以及信息安全服务行业，特别是在关键数据保护、数据丢失预防、安全信息和事件管理及云访问安全代理等方面，对当今不断演变的安全威胁有着独特的见解。

杰里米·维特科普在 InteliSecure 从托管服务部门经理做起，在公司全球化的过程中解决了众多信息安全难题并见证了部门 100%的发展。杰里米现在在 InteliSecure 担任销售工程总监，负责架构针对人员、流程、技术的创造性解决方案。杰里米还是 InteliSecure 公司的首席技术官，他手下的前沿团队调查并确保为客户设计的每个定制解决方案的完整性和功能性。他为公司客户评估新产品，开发解决方案，以应对企业新的和不断变化的安全风险。